乡村振兴战略之人才振兴系列
高素质农民教育培训教材

农业农村
综合实用技术

阴秀君　杜彦江　李　锋◎主编

- 培训技能人才
- 推动乡村振兴
- 助力农民增收致富

中国农业科学技术出版社

图书在版编目（CIP）数据

农业农村综合实用技术／阴秀君，杜彦江，李锋主编. —北京：中国农业科学技术
出版社，2020.8

ISBN 978-7-5116-4917-1

Ⅰ.①农… Ⅱ.①阴…②杜…③李… Ⅲ.①农业技术 Ⅳ.①S-49

中国版本图书馆 CIP 数据核字（2020）第 144689 号

责任编辑	白姗姗
责任校对	李向荣

出 版 者	中国农业科学技术出版社
	北京市中关村南大街 12 号　邮编：100081
电　　话	（010）82106638（编辑室）　（010）82109702（发行部）
	（010）82109709（读者服务部）
传　　真	（010）82106650
网　　址	http://www.CASTP.cn
经 销 者	各地新华书店
印 刷 者	北京富泰印刷有限责任公司
开　　本	787mm×1 092mm　1/16
印　　张	14.75
字　　数	335 千字
版　　次	2020 年 8 月第 1 版　2020 年 8 月第 1 次印刷
定　　价	45.00 元

目　录

第一部分　种植产业篇

第二部分　养殖业技术篇

第三部分　果树产业篇

第一部分　种植产业篇

第一章　粮食作物生产技术

第一节　玉　米

一、玉米播种技术

（一）确定播种期

玉米的适宜播种期主要根据玉米的种植制度、温度、墒情和品种来决定，既要充分利用当地的气候资源，又要考虑前后茬作物的相互关系，为后茬作物增产创造较好条件。

春玉米一般在5~10厘米地温稳定在10~12℃时即可播种，东北等春播地区可从8℃时开始播种。在无水浇条件的易旱地区，适当晚播，可使抽雄前后的需水高峰赶上雨季，避免"卡脖旱"。

夏玉米在前茬收后及早播种，越早越好。套种玉米在留套种行较窄地区，一般在麦收前7~15天套种或更晚些；套种行较宽的地区，可在麦收前30天左右播种。

无论是春玉米还是夏玉米，生产上都特别重视适期早播。适期早播可延长玉米的生育期，充分利用光热资源，积累更多的干物质，为穗大、粒多、粒重奠定物质基础。适期早播对夏玉米尤为重要，因其生育期短，早播可使其在低温、早霜来临前成熟。

春玉米适时早播，能在地下害虫为害之前出苗，到虫害严重时，苗已长大，抵抗力增强，能相对减轻虫害。适期早播还能减轻夏玉米的大、小叶斑病、春玉米黑粉病等为害程度。

夏玉米早播可在雨季来临之前长成壮苗，避免发生"芽涝"，同时，促进根系生长，使植株健壮。

（二）选择种植方式

1. 具体要求

采用适宜的种植方式，提高玉米增产潜能。

2. 操作步骤

（1）等行距种植。种植行距相等，一般为60~70厘米，株距随密度而定。其特点是在植株抽穗前，叶片、根系分布均匀，能充分利用养分和阳光。播种、定苗、中耕除草和施肥时便于操作，便于实行机械化作业。但在高肥水、高密度条件下，生育后期行间郁闭，光照条件较差，群体个体矛盾尖锐，影响产量进一步提高。

（2）宽窄行种植。也称为大小垄，行距一宽一窄，宽行为 80~90 厘米，窄行为 40~50 厘米，株距根据密度确定。其特点是植株在田间分布不均匀，生育前期对光能和地力利用较差，但能调节玉米后期个体与群体间的矛盾。在高密度、高肥水的条件下，由于大行加宽，有利于中后期通风透光，使"棒三叶"处于良好的光照条件之下，有利于干物质积累，产量较高。但在密度小、光照矛盾不突出的条件下，大小垄就无明显的增产效果，有时反而减产。

（3）密植通透栽培技术。玉米密植通透栽培技术是应用优质、高产、抗逆、耐密优良品种，采用大垄宽窄行、比空、间作等种植方式，良种、良法结合，通过改善田间通风、透光条件，发挥边际效应，增加种植密度，提高玉米品质和产量的技术体系。通过耐密品种的应用，改变种植方式等，实现种植密度比原有栽培方式增加 10%~15%，提高光能利用率。

①小垄比空技术模式。采用种植 2 垄或 3 垄玉米空 1 垄的栽培方式。可在空垄中套种或间种矮棵早熟马铃薯、甘蓝、豆角等。在空垄上间种早熟矮秆作物，如间种油豆角或地覆盖栽培早大白马铃薯。当玉米生长至拔节期（6 月末左右），早熟作物已收获，变成了空垄，改善了田间通风透光环境，使玉米自然形成边际效应的优势，从而提高产量。

②大垄密植通透栽培技术模式。把原 65 厘米或 70 厘米的 2 条小垄合为 130 厘米或 140 厘米的一条大垄，在大垄上种植 2 行玉米，两行交错摆籽粒，大垄上小行距 35~40 厘米。种植密度较常规栽培增加 4 500~6 000 株/公顷。

（4）单粒播种技术。也称为玉米精密播种技术，用专用的单粒播种机播种，每穴只点播一粒种子，具有节省种子、不需要间苗和定苗、经济效益好的优点。

玉米精密播种（单粒播种）技术适用于土壤条件好、种子纯度高、发芽率高、病虫害防治措施有保证的玉米地块。要求种子净度不低于 99%、纯度不低于 98%、发芽率保证达到 95%、含水量低于 13%。选定品种后，要对备用的种子进行严格检查，去掉伤、坏或不能发芽的种子以及一切杂质，基本保证种子几何形状一致。

（三）确定播种量

1. 具体要求

根据种子的具体情况和选用的播种方式确定播种量。

2. 操作步骤

种子粒大、种子发芽率低、密度大，条播时播种量宜大些；反之，播种量宜小些。一般条播播种量为 45~60 千克/公顷，点播播种量为 30~45 千克/公顷。

（四）种肥施用

1. 具体要求

种肥主要满足幼苗对养分的需要，保证幼苗健壮生长。在未施基肥或地力差时，种肥的增产作用更大。硝态氮肥和铵态氮肥容易为玉米根系吸收，并被土壤胶体吸附，适量的铵态氮对玉米无害。在玉米播种时配合施用磷肥和钾肥有明显的增产效果。

2. 操作步骤

种肥施用数量应根据土壤肥力、基肥用量而定。种肥宜穴施或条施，施用的化肥应通过土壤混合等措施与种子隔离，以免烧种。

3. 注意事项

磷酸二铵做种肥比较安全；碳酸氢铵、尿素做种肥时，要与种子保持 10 厘米以上的距离。

（五）确定播种深度

1. 具体要求

玉米播深适宜且深浅一致。

2. 操作步骤

一般播深要求 4~6 厘米。土质黏重、墒情好时，可适当浅些；反之，可深些。玉米虽然耐深播，但最好不要超过 10 厘米。

3. 相关知识

确定适宜的播种深度，是保证苗全、苗齐、苗壮的重要环节。适宜的播种深度依土质、墒情和种子大小而定。

（六）播后镇压

1. 具体要求

玉米播后要进行镇压，使种子与土壤密接，以利于种子吸水出苗。

2. 操作步骤

用石头、重木或铁制的碌子于播种后进行。

3. 注意事项

镇压要根据墒情而定，墒情一般时，播后可及时镇压；土壤湿度大时，待表土干后再进行镇压，以免造成土壤板结，影响出苗。

二、苗期田间管理

玉米田间管理是根据玉米生长发育规律，针对各个生育时期的特点，通过灌水、施肥、中耕、培土、防治病虫草害等，对玉米进行适当的促控，调整个体与群体、营养生长与生殖生长的矛盾，保证玉米健壮生长发育，从而达到高产、优质、高效的目的。

这一时期的主攻目标是培育壮苗，为穗期生长发育打好基础。

（一）查苗补苗

1. 具体要求

玉米出苗以后要及时查苗，发现苗数不足要及时补苗。

2. 操作步骤

补苗的方法主要有两种，一是催芽补种，即提前浸种催芽、适时补种，补种时可视情况选用早熟品种；二是移苗补栽，在播种时行间多播一些预备苗，如缺苗时移苗补栽。移栽苗龄以 2~4 叶期为宜，最好比一般大苗多 1~2 叶。

3. 相关知识

当玉米展开 3~4 片真叶时，在上胚轴地下茎节处，长出第 1 层次生根。4 叶期后补苗伤根过多，不利于幼苗存活和尽快缓苗。

4. 注意事项

补栽宜在傍晚或阴天带土移栽，栽后浇水，以提高成活率。移栽苗要加强管理，以促苗齐壮，否则形成弱苗，影响产量。

(二) 适时间苗、定苗

1. 具体要求

选留壮苗、大苗，去掉虫咬苗、病苗和弱苗。在同等情况下，选留叶片方向与垄的方向垂直的苗，以利于通风透光。

2. 操作步骤

春玉米一般在 3 叶期间苗，4~5 叶期定苗。夏玉米生长较快，可在 3~4 叶期一次完成定苗。

3. 相关知识

适时间苗、定苗，可避免幼苗相互拥挤和遮光，并减少幼苗对水分和养分的竞争，使苗匀、苗齐、苗壮。间苗过晚易形成"高脚苗"。

4. 注意事项

在春旱严重、虫害较重的地区，间苗可适当晚些。

(三) 肥水管理

1. 具体要求

根据幼苗的长势，进行合理的肥料和水分管理。

2. 操作步骤

套种玉米、板茬播种而未施种肥的夏玉米于定苗后及时追施"提苗肥"。

3. 相关知识

玉米苗期对养分需要量少，在基肥和种肥充足、幼苗长势良好的情况下，苗期一般不再追肥。但对于套种玉米、板茬播种而未施种肥的夏玉米，应在定苗后及时追施"提苗肥"，以利于幼苗健壮生长。对于弱小苗和补种苗，应增施肥水，以保证拔节前达到生长整齐一致。正常年份玉米苗期一般不进行灌水。

（四）蹲苗促壮

1. 具体要求

在苗期不施肥、不灌水、多中耕。

2. 操作步骤

蹲苗应掌握"蹲黑不蹲黄，蹲肥不蹲瘦，蹲湿不蹲干"的原则，即苗色黑绿、长势旺、地力肥、墒情好的宜蹲苗；地力薄、墒情差、幼苗黄瘦的不宜蹲苗。

3. 相关知识

通过蹲苗控上促下，培育壮苗。蹲苗的作用在于给根系生长创造良好的条件，促进根系发达，提高根系的吸收和合成能力，适当控制地上部的生长，为下一阶段株壮、穗大、粒多打下良好基础。蹲苗时间一般不超过拔节期。夏玉米一般不需要进行蹲苗。

（五）中耕除草

1. 具体要求

苗期中耕一般可进行2~3次。

2. 操作步骤

第1次宜浅，掌握3~5厘米，以松土为主；第2次在拔节前，可深至10厘米，并且要做到行间深、苗旁浅。

3. 相关知识

中耕是玉米苗期促下控上的主要措施。中耕可疏松土壤，流通空气，促进根系生长，而且还可消灭杂草，减少地力消耗，并促进有机质的分解。对于春玉米，中耕还可提高地温，促进幼苗健壮生长。

化学除草已在玉米上广泛应用。我国不同玉米产区杂草群落不同，春、夏玉米田杂草种类也略有不同。春玉米以多年生杂草、越年生杂草和早春杂草为主，如田旋花、荠菜、藜、蓼等；夏玉米则以一年生禾本科杂草和晚春杂草为主，如稗草、马唐、狗尾草、异型莎草等。受杂草为害严重的时期是苗期，此期受害会导致植株矮小、秆细叶黄以及中后期生长不良。

目前，玉米田防除杂草的除草剂品种很多，可根据杂草种类、为害程度，结合当地气候、土壤和栽培制度，选用合适的除草剂品种。施药方式应以土壤处理为主。

4. 注意事项

中耕对作物生长的作用不仅为了除草，即便是化学除草效果很好的田块，为了疏松土壤、提高地温、促进根系发育仍要进行必要的中耕。

三、穗期田间管理

这一时期的主攻目标是促进植株生长健壮和穗分化正常进行，为优质高产打好基础。

（一）追肥

1. 具体要求

在玉米穗期进行 2 次追肥，以促进雌雄穗的分化和形成，争取穗大粒多。

2. 操作步骤

（1）攻秆肥。指拔节前后的追肥，其作用是保证玉米健壮生长、秆壮叶茂，促进雌雄穗的分化和形成。

攻秆肥的施用要因地、因苗灵活掌握。地力肥沃、基肥足，应控制攻秆肥的数量，宜少施、晚施甚至不施，以免引起茎叶徒长；在地力差、底肥少、幼苗生长瘦弱的情况下，要适当多施、早施。攻秆肥应以速效性氮肥为主，但在施磷、钾肥有效的土壤上，可酌量追施一些磷、钾肥。

（2）攻穗肥。指抽雄前 10~15 天即大喇叭口期的追肥。此时正处于雌穗小穗、小花分化期，营养体生长速度最快，需肥需水最多，是决定果穗籽粒数多少的关键时期。所以这时重施攻穗肥，肥水齐攻，既能满足穗分化的肥水需要，又能提高中上部叶片的光合生产率，使运输到果穗的有机养分增多，促使粒多粒饱。

穗期追肥应在行侧适当距离深施，并及时覆土。一般攻秆肥、攻穗肥分别施在距植株 10~15 厘米、15~20 厘米处较好。追肥深度以 8~10 厘米较好，以提高肥料利用率。

3. 注意事项

两次追肥数量的多少，与地力、底肥、苗情、密度等有关，应视具体情况灵活掌握。春玉米一般基肥充足，应掌握"前轻后重"的原则，即轻施攻秆肥、重施攻穗肥，追肥量分别占 30%~40%、60%~70%。套种玉米及中产水平的夏玉米，应掌握"前重后轻"的原则，2 次追肥数量分别约占 60%、40%。高产水平的夏玉米，由于地力壮，密度较大，幼苗生长健壮，则应掌握前轻后重的原则。

（二）灌水

1. 具体要求

玉米穗期气温高，植株生长迅速，需水量大，要求及时供应水分。

2. 操作步骤

一般结合追施攻秆肥浇拔节水，使土壤含水量保持在田间持水量的 70%左右。大喇叭口期是玉米一生中的需水临界期，缺水会造成雌穗小花退化和雄穗花粉败育，严重干旱则会造成"卡脖旱"，使雌雄开花间隔时间延长，甚至抽不出雄穗，降低结实率。所以此期遇旱一定要浇水，使土壤含水量保持在田间持水量的 70%~80%。

玉米耐涝性差，当土壤水分超过田间持水量的 80%时，土壤通气状况和根系生长均会受到不良影响。如田间积水又未及时排出，会使植株变黄，甚至烂根青枯死亡，所以遇涝应及时排水。

（三）中耕培土

1. 具体要求

拔节后及时进行中耕，可疏松土壤、促根壮秆、清除杂草。

2. 操作步骤

穗期中耕一般进行 2 次，深度以 2~3 厘米为宜，以免伤根。到大喇叭口期结合施肥进行培土，培土不宜过早，高度以 6~10 厘米为宜。

3. 注意事项

培土可促进根系大量生长，防止倒伏并利于排灌。在干旱年份、干旱地区或无灌溉条件的丘陵地区不宜培土。多雨年份，地下水位高的地区培土的增产效果明显。

（四）除蘖

1. 具体要求

当田间大部分分蘖长出后及时将其除去，一般进行 2 次。

2. 操作步骤

于拔节后及时除去分蘖。

3. 相关知识

玉米拔节前，茎秆基部可以长出分蘖，但分蘖量少，玉米分蘖的形成既与品种特性有关，又和环境条件有密切的关系。一般当土壤肥沃、水肥充足、稀植早播时，其分蘖多，生长亦快。由于分蘖比主茎形成晚，不结穗或结穗小，晚熟，并且与主茎争夺养分和水分，应及时除掉，否则会影响主茎的生长与发育。

4. 注意事项

饲用玉米多具有分蘖结实特性，应保留分蘖，以提高饲料产量和籽粒产量。

（五）使用乙烯利防倒伏

1. 具体要求

通过使用乙烯利对玉米的生长发育进行调控，增强玉米抗倒伏性。

2. 操作步骤

最佳施用时期是在玉米雌穗的小花分化末期。从群体看，是田间有 60% 左右的植株还有 7~8 片余叶尚未展开，喷药后的 5~6 天将抽雄，有 1%~3% 的植株已见雄穗。应均匀喷洒到上部叶片上，做到不重喷、不漏喷，对弱苗、小苗避开不喷。如喷后 6 小时遇雨应重喷 1 次，但药量减半。

每公顷 15 支（每支 30 毫升），对水 225~300 千克，喷于玉米植株上部叶片。

3. 相关知识

乙烯利是一种植物生长调节剂的复配剂，它被植物叶片吸收，进入体内调节生理功能，使叶形直立短而宽，叶片增厚，叶色深，株形矮健节间短，根系发达，气生根多，发育加快，提早成熟，降低株高和穗位，是高密度高产玉米防止倒伏、提高产量的重要措施。

此外，玉米壮丰灵、玉黄金、吨田宝、达尔丰、维他灵 2 号、矮壮素、多效唑、玉米矮多收、40%乙烯利等，都具有抗倒增产的效果。

4. 注意事项

乙烯利不能与其他农药化肥混合喷施，以防止药剂失效。

用药过早，使植株过于矮小，不仅抑制了节间伸长，还使果穗发育受到很大影响，造成严重减产；用药偏晚，在雄穗抽出后才喷药，那时大多数节间已基本定型，降低株高的作用不明显。此外，由于不同品种、不同播期（春播或夏播）的玉米叶片总数常有一定的变化，以叶片数为喷药标准，应注意品种特性，还应注意基部已经枯萎的叶片。

喷施乙烯利最明显的效果是降低株高防止倒伏。因此，应适当增加密度，靠增穗降秆防倒伏来增加产量，一般可掌握在常规播种密度下再增加 0.75 万~1.50 万株/公顷。在不增密度并且无倒伏危险的情况下，喷施乙烯利的增产幅度较小，甚至不增产或减产。

四、花粒期田间管理

花粒期的主攻目标是：促进籽粒灌浆成熟，实现粒多、粒重。

（一）巧施攻粒肥

1. 具体要求

根据田间长势施好攻粒肥。

2. 操作步骤

在穗期追肥较早或数量少，植株叶色较淡，有脱肥现象，甚至中下部叶片发黄时，应及时补施氮素化肥。

3. 注意事项

攻粒肥宜少施、早施，施肥量为总追肥量的 10%~15%，时间不应晚于吐丝期。如土壤肥沃，穗期追肥较多，玉米长势正常，无脱肥现象，则不需再施攻粒肥。

（二）浇灌浆水

1. 具体要求

通过浇灌浆水，促进籽粒灌浆。

2. 操作步骤

抽穗到乳熟期需水很多，适宜的土壤水分可延长叶片功能期，防止早衰，促进籽粒形成和灌浆，干旱时应进行浇水，以增粒、增重。田间积水时应及时排水。

（三）去雄

1. 具体要求

在玉米雄穗刚刚抽出能用手握住时，进行去雄。

2. 操作步骤

采取隔行或隔株去雄的方法。去雄时，一手握住植株，另一手握住雄穗顶端往上拔，要尽量不伤叶片不折秆。同一地块，当雄穗抽出 1/3 时，即可开始去雄，待大部分雄穗已经抽出时，再去 1 次或 2 次。

3. 相关知识

玉米去雄是一项简单易行的增产措施，一般可增产 4%~14%。每株玉米雄穗可产生 1 500 万~3 000 万个花粉粒。对授粉来说，一株玉米的雄穗至少可满足 3~6 株玉米果穗花丝授粉的需要。由于花粉粒从形成到成熟需要大量的营养物质，为了减少植株营养物质的消耗，使之集中于雌穗发育，可在玉米抽雄穗始期（雄穗刚露出顶叶，尚未散粉之前），及时地隔行去雄，这样能够增加果穗穗长和穗重，使双穗率有所提高，植株相对变矮，田间通风透光条件得到改善，提高光合生产率，因而籽粒饱满，产量提高。

4. 注意事项

去雄不要拔掉顶叶，以免引起减产。去雄株数最多不宜超过 1/2。边行 2~3 垄和间作地块不宜去雄，以免花粉不够影响授粉；高温、干旱或阴雨天较长时，不宜去雄；植株生育不整齐或缺株严重地块，不宜去雄，以免影响授粉。

（四）人工辅助授粉

1. 具体要求

在玉米散粉期，如果花粉数量不足，可及时进行人工辅助授粉。

2. 操作步骤

人工辅助授粉一般在雄穗开花盛期，选择晴朗的微风天气，在上午露水干后进行。隔天进行 1 次，共进行 3~4 次即可。可采用摇株法或拉绳法授粉，也可用授粉器授粉。

3. 相关知识

正常情况下，一般靠玉米天然传粉都能满足雌穗授粉的需要，但在干旱、高温或阴雨等不良条件影响下，雄穗产生的花粉生活力低，寿命短，或雌雄开花间隔时间太长，影响授粉、受精、结实。此外，植株生长不整齐时，发育较晚的植株雌穗吐丝时，花粉量不足，也会影响结实。因此，人工辅助授粉可保证受精良好，减少秃尖、缺粒。

（五）站秆扒皮晾晒

1. 具体要求

在玉米蜡熟中期进行。

2. 操作步骤

将苞叶扒开，使果穗籽粒全部露出。扒皮晾晒的适宜时期是玉米蜡熟中期，籽粒形成硬盖以后。过早进行影响穗内的营养转化，对产量影响较大；过晚，脱水时间短，起不到短期内降低含水量的作用。

3. 相关知识

站秆扒皮晾晒，可以加速果穗和籽粒水分散失，是一项促进早熟的有效措施。

4. 注意事项

扒皮晾晒时应注意不要将穗柄折断，特别是玉米螟为害较重、穗柄较脆的品种更要注意。

第二节　春小麦

春小麦是我国北方一季作区传统种植的重要粮食作物，主要分布在长城以北地区，因北方一季作区气候独特，无污染，化肥用量少，不使用农药，是理想的有机食品。是农民收入的主要依靠种植业之一，也是本区家喻户晓且不可缺失的主要粮食作物，因其口食性好、易吸收被定为细粮。

一、品种选择

根据种植地区的土壤条件、种植环境、气候特征来对应选择能够适应本区种植环境条件的春小麦品种，一般选择适应在宁夏回族自治区（全书简称宁夏）、甘肃、内蒙古自治区（全书简称内蒙古）、新疆维吾尔自治区（全书简称新疆）、河北坝上地区、东北平原区等春麦区大面积种植区的主要推广种植品种，如"内麦系列""新春系列""津强系列""永良4号"等品种。

二、深耕细旋

为保护土壤墒情、保证苗齐苗壮，提供良好的土壤生长环境，于秋季深耕25~30厘米，翌年春季播前7天旋耕。

三、适时播种

当日平均温度达2~4℃，白天化冻6~7厘米，夜间仍然冻结时播种。播种4月10—20日，春小麦以主茎成穗为主，所以要适当密植，播量15~17千克/亩，旱田或墒情差时播量增加到22.5~25千克/亩，保证基本苗35万~40万，亩穗数40万~50万，穗粒数30~35粒，千粒重40~45克，穗粒重1.2~1.5克。为保证春化应适时早播，提倡顶凌播种。播种方式一是采用双箱播种机，前面播肥后面播种；二是单机重播，先播肥然后播种。播种深度以3厘米为宜，浅播温度高，出苗快，根系发达，易形成壮苗。施肥深度以7~10厘米为宜，试验证明，浅施7~10厘米比深施15~20厘米每亩[①]增产25~35千克。为防止垄内苗子拥挤，要增粒缩行，改耧播为机播，采用15~

---

① 1亩≈667平方米，1公顷=15亩。全书同

20 厘米等行距条播，或宽窄行条播。

四、肥水管理

根据地力条件，产量指标，科学配方，合理施肥。氮、磷、钾配合，重施底肥，辅以追肥，春麦田和冬麦地一样，普遍缺氮，严重缺磷，加之施肥习惯上的重氮轻磷，致使当前麦田氮磷失调严重，并已成为春麦生产上的主要限制因素。春小麦比冬小麦对磷素更为敏感，而且春小麦生长发育快，小麦 3 叶 1 心（分蘖期）是水肥管理的临界期，是幼穗分化、亩穗数多少的关键时期，又值离乳阶段，生殖生长和营养生长并进，需要吸收大量肥料。此时脱肥，一是容不得时间追补，二是即使追补也不能弥补脱肥所造成的减产损失。所以底肥一定要施足，要增施磷肥，调整氮磷比例。一般亩施底肥 50 千克（小麦专用肥 40 千克，尿素 10 千克），在 3 叶 1 心时，结合浇水追施碳铵 35~40 千克，或尿素 15 千克。头水过后要适当蹲苗防倒，待第一节间定长时，孕穗到抽穗期二水亩追尿素 10 千克，钾肥 5 千克。三水为扬花灌浆水，灌浆期如遇干热风，功能叶片出现早衰现象，应叶面喷施磷酸二氢钾或其他叶面肥。实施节水灌溉科学用水，根据气象信息和小麦生长发育规律，灵活掌握关键的浇水节点，重点浇好分蘖、抽穗、灌浆关键的三水。

五、病虫防治

小麦 4 叶 1 心至 5 叶 1 心（拔节期）这一时期以控为主，这一时期重点防止病虫草害的发生，实行综合防治，利用大型喷药器械、无人植保机及时喷施化学除草剂和杀虫杀菌剂。生长过旺水肥条件好的麦田结合除草防虫灭病喷施植物调节剂，矮壮素或其他抗倒调节剂，以防止小麦生长过旺发生倒伏。

六、及时收获

小麦成熟如不及时收获，如遇降雨，籽粒容易变色，软化变质，所以成熟后要及时收获、晾晒，千万不能遭雨，否则质量下降，每千克少卖 0.2~0.3 元，而且容易出现穗发芽的现象，这样损失就更大了。

七、机械化操作

实施高度机械化种植，能有效降低生产成本，精准作业，及时完成工作任务，提高工作效率和抗御自然灾害的能力，为丰收夺产提供强有力保障。

八、水地倒茬

多数水地连年种植蔬菜、甜菜、土豆等作物，连茬种植不倒茬，导致病虫草害严重，特别是土传病害更为突出。尤其是大量施用化肥、农药导致土壤污染，板结严重，有机质下降，有害物质增加。大量用水，地下水资源逐年下降，产品质量差，产量低，投入成本逐年增加，经济效益逐年下降，多数种植户不赚钱，甚至赔钱。想轮作倒茬种植其他作物又没有合适的品种，种旱地作物莜麦、小麦、胡麻等因不适应水地种植，抗病抗倒伏能力差，产量只有一二百千克。无效益，不划算。春小麦因产量高、好管理、生产周期短、效益高，是理想的水地轮作倒茬作物。

九、小结

在正常年份浇好分蘖、抽穗、灌浆关键三水，施足底肥，追好分蘖肥的情况下，就获得亩产 400~500 千克的较高产量，效益显著。在气候冷凉干燥地区，日照充足降雨少，小麦锈病、黄矮病、白粉病、赤霉病很少发生，甚至不发生，是水浇地进行轮作的理想品种。对调整水浇地种植结构，实行轮作倒茬，改良土壤实现节水灌溉，缓解水资源紧张，提高农作物产量、质量具有重要意义。

第三节 水 稻

一、水稻育苗播种技术

水稻育秧就是要培育发根力强，植伤率低，插秧后返青快、分蘖早的壮秧。这种育秧方法的主要优点是秧龄短、秧苗壮，管理方便，可机插、人工手插，工效高，质量好。

（一）育苗前的种子处理

1. 种子的选用

如果种子贮藏年久，尤其在湿度大、气温高条件下贮藏，具有生命力的胚芽部容易衰老变性，种子细胞原生质胶体失常，发芽时细胞分裂发生障碍导致畸形，同时，稻种内影响发根的谷氨酸脱羧酶失去活性，容易丧失发芽力。在常温下，贮种时间越长、条件越差、发芽能力降低越快。因此，最好用头年收获的种子。常温下水稻种子寿命只有 2 年。含水率 13% 以下，贮藏温度在 0℃ 以下，可以延长种子寿命，但种子的成本会大大提高。因此，常规稻一般不用隔年种子。只有生产技术复杂、种子成本高的杂交稻种，才用陈种。

2. 种子量

每公顷需要的种子量，移栽密度 30 厘米×13.3 厘米时需40 千克左右；移栽密度 30 厘米×20 厘米时需 30 千克左右；移栽密度 30 厘米×26.7 厘米时需 20 千克左右。

3. 发芽试验

水稻种子处理前必须做发芽试验，以防因稻种发芽率低影响出苗率。

4. 晒种

浸种前在阳光下晒 2~3 天，保证催芽时，出芽齐，出芽快。

5. 选种

选种指的是浸种前，在水中选除瘪粒的工作。一般水稻种子利用米粒中的营养可以生长到 2.5~3 叶，因此 2.5~3 叶期叫离乳期。如果用清水选种，就能选出空秕粒，而没有成熟好的半成粒就选不出来。用这样的种子育苗时，没有成熟好的种子因营养不足，稻苗长不到 2.5 叶就处于离乳期，使其生长缓慢。到插秧时没有成熟好的种子长出的苗比完全成熟的稻苗少 0.5~1.0 个叶，在苗床上往往不能发生分蘖，而且出穗也晚 3~5 天。如果用这样的秧苗插秧，比完全成熟的种子长出的稻苗减产 6.0% 左右。所以选种时，水的相对比重应达到 1.13（25 千克水中，溶化 6 千克盐时，相对密度在 1.13 左右）。在这样的盐水中选种就可以把成熟差的稻粒全部选出来，为出齐苗、育好苗打下基础。但特别需要注意的是盐水选种后一定要用清水洗 2 次，不然种子因为盐害而不能出芽。

6. 浸种

浸种时稻种重量和水的重量一般按 1∶1.2 的比例做准备，浸种后的水应高出稻种 10 厘米以上。浸种时间对稻种的出芽有很大的影响，浸种时间短容易发生出芽不整齐现象，浸种时间过长又容易坏种。浸种的时间长短根据浸种时水的温度确定，把每天浸种的水温加起来达到 100℃（如浸种的水温为 15℃ 时，应浸 7 天）时，完成浸种，可以催芽。有些年份浸完种后，因气温低或育苗地湿度大不得不延长播种期。遇到这样的情况，稻种不应继续浸下去，把浸好的种子催芽后，在 0~10℃ 的温度下，摊开 10 厘米厚保管，既不能使其受冻，也不让其长芽。到播种时，如果稻种过干，就用清水泡半天再播种。

7. 消毒

催芽前的种子进行消毒是防止水稻苗期病害的最主要方法。按照消毒药的种类不同可分为浸种消毒、拌种消毒和包衣消毒，因此应根据消毒药的要求进行消毒。现在农村普遍使用的消毒药以浸种消毒为多，这种药的特点是种子和药放到一起一浸到底，简单易操作。但浸种过程中，应每天把种子上下翻动 1 次，否则消毒水的上下药量不均，消毒效果差。

（二）催芽方法

催芽的原则是催短芽，催齐芽。种子是否出芽的标准是，只要破胸露白（芽长 1 毫米）就说明这粒种子已出芽。现在农民催芽过程中坏种的事经常发生，问题主要出现在催芽稻种的加温阶段。催芽的最适温度为 25~30℃，但浸种用的水温度一般较低，因此催芽前需要给稻种加温。如果加温时温度过高，一部分种子就失去发芽能力，那么在以后的催芽过程中这部分种子先坏种，进而影响其他种子。如果稻种加温时，温度不够或不匀，催芽就不齐，所以催芽前的加温是出芽好坏的最关键的环节。加温最简单的方法是，先在大的容器里预备 60℃ 左右的水，之后把浸好的种子快速倒进并搅拌，此时的水温在 25~30℃，就在此温度下泡 3 小时以上。或用大锅把水加热至 35℃ 左右后，在锅上放两根棍子，在上面放浸完的种子，反复浇热水，把稻种加热到 30℃ 左右。此后不需要加温直接捞出，控干催芽。这样的方法催芽，一般 2 天左右就可以催齐芽。

催芽过程中出芽 80% 左右时，就把种子放到阴凉的地方（防止太阳光直射或冻害发生）摊开 10 厘米厚，晾种降温，在晾种降温过程中，余下的种子会继续出芽。如果等到所有的芽都出齐，那么先出的芽就长得很长，芽长短不齐，会影响出苗率或出现钩芽现象。

1. 快速催芽法

育苗过程中有时出现坏种或育苗中期坏苗现象，如果此时还用常规的办法催芽就会耽误农时。因此可以选择早熟品种，浸种催芽一条龙的办法加速催芽。在 33℃ 的水温下，将消毒药、种子和水一起放到缸中，始终保持水温 33℃ 左右，3~5 天在水中就可以催出芽，或泡 3 天后把种子捞出来，不加温直接催芽。

2. 催芽过程中常出现的问题

（1）浸种时间不足。有时在浸种的水温不够、浸种的时间短的情况下催芽，会出现出芽慢、出芽率低的现象。早熟品种往往表现更为严重。在相同品种中，成熟不好的品种先出芽，没有出芽的稻粒中心有时会出现没有泡透的白心。如果遇到这样的情况，应当把种子在 30℃ 水温下泡半天后，再直接催芽。

（2）催芽热伤。因掌握不好温度，催芽时会出现很多热伤现象。热伤的种子芽势弱，催芽时间拉长，出现坏种；热伤的稻种往往表现为开始时出一部分芽，后来就出芽少或基本不出芽。稻种是否热伤应先看已出的芽有没有变色，如果芽尖变色，但芽根没变色，应立即摊开稻种降温。如果种子已有 60%~70% 的芽率时可以播种，出芽少时，应在 30℃ 的水温下洗后，再催芽。但芽根已变色就应报废处理，重新购种按快速催芽法催芽。

3. 水稻催芽新方法

近年来，我们试验、推广"水浸种与电热毯催芽"相结合的全快速方法，较好地解决了优质稻、杂交早稻浸种催芽难的问题，深受广大农户欢迎。

这种方法的主要优点：一是能使催芽率提高到 95% 以上，且芽壮根短，安全可靠。二是缩短了浸种催芽时间。从浸种到催芽标准芽，一般只需 48 个小时左右，比其他方法至少要缩短一半时间，有利于抢时播种。三是操作简便，省工省时，其具体操作技术如下。

（1）催芽前温床准备。将电热毯用新塑料农膜（不能用地膜与微膜）包 2~3 层，使电热毯四周不能进水，以免受潮漏电。然后选择一间保温性能好的房舍，打扫干净后用无病毒的干稻草、锯末等保温物垫底 16~20 厘米厚，把包好薄膜的电热毯平铺于保温物上，再在电热毯上铺草席或竹席等，以便堆种催芽，并将温床四周用木板围好。

（2）种子消毒。按 10 克强氯精加 5 千克 45℃ 温水搅拌均匀浸种 3.5 千克的比例，消毒 2 小时，然后捞出用清水洗净沥干，准备催芽。

（3）预热稻种。将经消毒的种谷倒入盛有 55℃ 的热水容器中，边倒边翻动，静置 3~5 分钟后，再搅动调温 3~4 次，使种谷在 35℃ 左右的温水中，充分预热、吸水 1 小时左右。

（4）电热毯催芽。将预热吸水的种谷捞出滤干，均匀地摊堆在电热毯温床上，一般1床单人电热毯可催稻种15~25千克。然后用塑料薄膜把种谷包盖住，在薄膜上加盖保温物，四周封牢扎紧，即可通电催芽。温床中要等距离插入2~3支温度计，始终保持25~32℃，如达到39℃时应停电降温。为了不烧坏电热毯，白天中午可停止通电3~5小时。催芽期间要勤检查温度、湿度，如稻种稍干时，应及时喷水增湿，并常翻动换气，使稻种受热均匀，芽齐芽壮。用此法，稻种经8~10小时开始破胸，24小时后可达90%以上。破胸出芽后，温度控制在25~28℃，湿度保持在80%左右，维持12小时左右即可催出标准芽待播。其他管理方法同常规。

（三）苗床准备

1. 苗床选择

苗床应选择在向阳、背风、地势稍高、水源近、没有喷施过除草剂，当年没有用过人粪尿、小灰、没有倾倒过肥皂水等强碱性物质的肥沃旱田地、菜园地、房前房后地等。如果没有这样的地方也可以用水田地，但水田地做苗床时，应把土耙细，没有坷垃、杂草等杂质，施用腐熟的有机肥每平方米15千克以上。

2. 育苗土准备

采用富含有机质的草炭土、旱田土或水田土等，都可以用来做育苗土。如果要培育素质好的秧苗就应该有目标的培养育苗土，一般2份土加腐熟好的农家肥1份混合即可。据试验，盐碱严重的地方应选择酸性强的草炭土，因为草炭土有粗纤维多、根系盘结到一起不容易散盘、移植到稻田中缓苗快、分蘖多等优点。

3. 苗田面积

手工插秧的情况下，30厘米×20厘米密度时每公顷旱育苗育150平方米、盘育苗育300盘（苗床面积50平方米）。30厘米×26.7厘米密度时每公顷旱育苗育100平方米，每公顷盘育苗育200盘（苗床面积36平方米）。机械插秧一般都是30厘米×13.3厘米密度，每公顷盘育苗育400盘（苗床面积72平方米）。

这里还需要说明的是，推广超稀植栽培技术，要求减少播种量，因此有些人认为就应增加苗田面积。其实不然，如果在苗田播种量大的情况下，苗质弱的秧苗本田插秧时一穴可能插5~6棵苗。但苗田减少播种量后秧苗素质提高，稻苗变粗，有分蘖，本田插秧时只能插2~3棵苗。所以在同样的插秧密度下，减少播种量后也不应增加苗田面积。

4. 做苗床

育苗地化冻10厘米以上就可以翻地。翻地时不管是垄台，还是垄沟一定要都翻10厘米左右，随后根据地势和不同育苗形式的需要，自己掌握苗床的宽度和长度。先挖宽30厘米以上步道土放到床面，然后把床土耙细耙平。苗床土的肥沃程度也决定秧苗素质，育苗时床面上每平方米施15千克左右的腐熟的农家肥，然后深翻10厘米，整平苗床。

（四）播种技术

1. 播种时间

播种时间按着预计插秧时的秧龄来确定。育 2.5 叶片的小苗时，出苗后生长的时间需要 25~30 天，3.5 叶片的中苗时需要 30~35 天，4.5 叶片的大苗时需要 35~40 天，5.5 叶片的大苗时需要 45~50 天。催芽播种的条件下，大田育苗需要 7 天左右出苗。据此根据插秧的时间，推算播种的时间。一般 4 月 5—20 日是育苗的最佳时期，在此期间原则上先播播种量少的旱育苗，后播播种量大的盘育苗。

2. 苗床施肥与盘土配制

对土的要求是，草炭土、旱田土最好。要求结构好、养分全、有机质含量高，无草籽、无病虫害等有害生物菌体；而农家肥应是腐熟细碎的厩肥，不要用炕土、草木灰和人粪尿等碱性物质。土与农家肥的比例为 7∶3，充分混合后即是育苗土。有草炭土资源的地方，以 40% 的田土、40% 腐熟草炭土，再加 20% 腐熟的农家肥混合，搅拌均匀，即是很好的育苗土。

现在育苗一般都施用肥、调酸、杀菌一体的一次性特制育苗调制剂（营养土等），因调制剂的生产厂家不同，所配制的比例也不同，因此必须按照生产厂家说明书的要求的比例使用，不能随意增加调制剂的用量。

育苗前根据不同育苗方式的需要，事先用育苗土和育苗调制剂配制好盘土，覆盖土不对调制剂。不同的育苗方式需土量不同。

（1）旱育苗。把调制剂（营养土等）均匀撒在苗床上，然后深翻 5 厘米以上，反复翻拌，使调制剂均匀混拌在 5 厘米土层并整平。

（2）盘育苗。因为土的来源不同，土的相对密度（比重）有很大差异，所以应当先确定自备土的每盘需土量。一般每盘需要准备盘土 2.0 千克、覆盖土 0.75 千克。先装满配置好的盘土，然后用刮板刮去深 0.5 厘米的土，以备播种。

（3）抛秧盘育苗。一般每盘需要准备盘土 1.5 千克、覆盖土 0.5 千克，配制好的盘土每个孔装满后刮平，装完土的抛秧盘摞起来备用。

3. 浇苗床底水

因为经过翻地做床等工作造成床土干燥，因此播种前一天需要对苗床浇底水。如果水浇不透出苗就不齐，出苗率也低。所以播种前一天浇水是出苗好坏的关键，要反复浇，浇透 10 厘米以上，一定要把上面浇的水和地下湿土相连。

4. 播种量

盘育苗育 2.5 叶龄的苗时，每盘播催芽湿种 120 克；育 3.5 叶龄的苗时，播催芽湿种 80 克；育 4.5 叶龄的苗时，播催芽湿种 60 克；旱育苗每平方米播催芽湿种 150~200 克；抛秧盘苗每孔播 2~3 粒。播种前浇一遍透水，再把种子均匀撒在盘或床面上。播完种的盘育苗放在苗床后应把盘底的加强筋压入土中，抛秧盘育苗盘的一半压入床面，苗盘摆完后盘的四边用土封闭，以免透风干燥。

5. 覆土

盘育苗和抛秧盘，覆土后与盘的上边一样平。旱育苗的覆土应当细碎，是保证出苗最关键的技术环节。先覆土 0.5 厘米使看不到种子为止，然后用细眼喷壶浇一遍水，覆土薄的地方露籽时，给露籽的地方补土，然后再覆土 0.5 厘米刮平，最后用除草剂封闭。有些农户播种后用锹等工具把种子压入苗床后直接盖沙。这种播法的缺点是，一方面如果压种不细心，没有压入土中的种子就不出苗，出现秃床苗，另一方面直接盖沙土后用除草剂封闭，因沙子不能吸附药液，浇水时药液就直接接触到种子，使药害加重。所以把种子压入土中后，必须盖一层 0.5 厘米的土，以看不到种子为准，之后再盖沙子。

6. 盖膜

小拱棚育苗最好采用开闭式的方法，苗床做成 2 米宽，实际播种宽为 1.8 米，竹条长度 2.4 米，每隔 0.5 米插竹条，竹条高度为 0.4 米，用绳连接竹条固定。盖塑料薄膜后，固定竹条，防止大风掀开塑料薄膜。

大棚育苗的育苗设施，采用钢架式结构，标准大棚的长度是 63.63 米、宽 5.4 米、高 2.7 米，每隔 0.5 米插一骨架（钢管），两边围裙高 1.65 米，钢管与钢管之间用横向钢管固定，两面留有门。用三幅塑料膜覆盖，顶棚用一个膜盖到边围裙下 0.2 米，两边围裙各盖一个膜到顶棚膜上 0.2 米，每个钢架中间用绳等物固定塑料膜。

中棚育苗是农户创造的介于小棚和大棚的中间型，生产上使用的中棚有很多方式，但大部分中棚的高度不足，影响作业质量。因此中棚的高度应该高于作业者的身高，其他方法参考大棚育苗盖膜方法。

（五）苗期管理

1. 温度管理

出苗至 2.5 叶前，棚内温度控制在 30℃以下；秧苗长到 2.5 叶后，棚内温度控制在 25℃以下。

水稻的生长过程中，一般高温长叶、低温长根。因此在温度管理上应坚持促根生长的措施，严格控制温度。据观察育苗期间，晴天气温与棚内温度处于加倍的关系（如气温 15℃时棚内温度就可能达到 30℃以上），所以可以利用这个规律，当天的气温 15℃以上时，就应进行小口通风，随温度的升高逐步扩大通风口。

2. 水分管理

育苗过程中水分管理是最重要的技术，每次浇水少而过勤就影响苗床的温度，而且容易造成秧苗徒长，影响根系发育，所以育苗期间尽可能少浇水。浇水的标准是早晨太阳出来前，如果稻叶尖上有大的水珠（这个水珠不是露水珠，而是水稻自身生理作用吐出来的水）时，不应浇水，没有这个水珠就应当利用早晚时间浇一次透水。但是抛秧盘育苗应根据实际情况浇水。

3. 壮秧标准

壮秧是水稻高产的基础，俗话说"秧好半年粮"。一般来讲，不同地区、不同栽培制度、不同育苗方式、不同熟期的品种等，应具有不同的壮秧标准。尽管壮秧标准不同，但基本要求是一致的，即移栽后发根快而多，返青早，抗逆性强，分蘖力强，易早生快发。综合起来就是生活力强，生产力高。这样的秧苗才是壮秧。

从外观讲，壮秧具备根系好，同根节位根数足，须根和根毛多，根色正，白根多，无黑灰根；地上假茎扁粗壮，中茎短，颈基部宽厚；秧苗叶片挺拔硬朗，长短适中，不弯不披；秧苗高矮一致，均匀整齐；同伸分蘖早发，潜在分蘖芽发育好，干重高，充实度好，移栽后返青快、分蘖早；无病虫害，不携带虫瘿、虫卵和幼虫，不夹带杂草。

培育水稻壮苗需要抓住以下几个时期：第一个时期是促进种子长粗根、长长根、须根多、根毛多，吸收更多的养分，为壮苗打基础。此期一般不浇水，过湿处需要散墒、过干处需要喷补水，顶盖处敲落、漏籽处需要覆土补水。温度以保温为主，保持在32℃以下，最适温度为25~28℃，最低不得低于10℃。20%~30%的苗第一叶露尖及时撤去地膜。第二个时期为管理的重点时期，地上部管理是控制第一叶叶鞘高度不超过3厘米，地下部促发叶鞘节根系的生长。此期温度不超过28℃，适宜温度为22~25℃，最低不得低于10℃。水分管理应做到，床土过干处，适量喷浇补水，一般保持干旱状态。第三个时期，重点是控制地上部1~2叶叶耳间距和2~3叶叶耳间距各1厘米左右；地下部促发不完全叶节根健壮生长。因此，需要进一步做好调温、控水和灭草、防病、以肥调匀秧苗长势等管理工作。温度管理，2~3叶期，最高温度25℃，适宜温度2叶期22~24℃，3叶期20~22℃。最低温度不得低于10℃。特别是2.5叶期温度不得超过25℃，以免出现早穗现象。水分管理要"三看"管理，一看早、晚叶尖有无水珠；二看午间高温时新叶展开叶片是否卷曲；三看床土表面是否发白和根系生长状况。如果早晚不吐水、午间新叶展开叶片卷曲、床土表面发白，宜早晨浇水并一次浇足。1.5叶和2.5叶时各浇一次pH值4~4.5的酸水，1.5叶前施药灭草，2.5叶酌情施肥。第四个时期，在插秧移栽前3~4天开始，在秧苗不萎蔫的前提下，不浇水，进行蹲苗壮根，以利于移栽后返青快、分蘖早。在移栽前一天，做好秧苗"三带"，即一带肥（每平方米施磷酸二铵120~150克）；二带药，预防潜叶蝇；三带增产菌等，进行壮苗促蘖。

二、本田整地

（一）一般田整地

洼地或黏土地最好是秋翻，需要春翻时，应当早点翻地，翻地不及时土不干，泡地过程中不把土泡开很难保证耙地质量。耙地并不是耙得越细越好，耙地过细，土壤中空气少，地板结影响根系生长。因此，耙地应做到在保证整平度的前提下，遵守上细下粗的原则，既要保证插秧质量，又要增加土壤的孔隙度。

（二）节水栽培整地

春季泡田水占总用水量的50%左右，而夏季雨水多，一般很少缺水。所以春季节水成为节水种稻的关键，水稻免耕轻耙节水栽培技术，极大地缓解了春季泡田水的不足，解决了井灌稻田的缺水问题。但此项技术不适应于沙地等漏水田。水稻免耕轻耙节水栽培技术的整地主要是在不翻地的前提下，插秧前 3~5 天灌水。耙地前保持寸水，千万不能深水耙地。因为此次耙地还兼顾除草，水深除草效果差。耙地应做到使地表3~5 厘米土层变软，以便插秧时不漂苗。

（三）盐碱田整地

盐碱地种稻在我国相对比较少。盐碱地稻田为了方便洗碱，一般要求选择排水方便的地块，并且稻田池应具备单排单灌的能力。稻田盐碱轻（pH 值 8.0 以下）时，除了新开地外，可以不洗碱。pH 值 8.0~8.5 的中度盐碱时，必须洗 1~2 次。洗盐碱时，水层必须淹没过垡块，泡 2~3 天后排水，洗碱后复水要充足，防止落干，以防盐碱复升。经过洗盐碱，使稻田水层的 pH 值降至轻度盐碱程度后施肥、插秧。

（四）机插秧田整地

机械插秧的秧苗小，插秧机的重量重，整地要求比较严格。机插秧地的翻地不能过深，翻地过深时犁底容易不平，造成插秧深度不一致，一般 10 厘米左右即可。耙地使用大型拖拉机时，尽量做到其轮子不走同一个位置，以便减少底部不平。耙地后的平整度应达到 5 厘米以内。

（五）旱改水田整地

一般玉米田使用阿特拉津、嗪草酮、赛克津等除草剂，大豆田用乙草胺、豆黄隆、广灭灵等除草剂除草。这样的除草剂的残效期都在 2 年以上，在使用这些除草剂的旱田改水田时，容易出现药害，表现为苗黄化、矮化、生长慢、分蘖少或不分蘖。如果使用上述农药的旱田改种水稻时，尽量等到残效期过后改种。旱田非改不可时，即使是没用上述农药，旱田改种水稻时，耙地前必须先洗一次。插秧前或后，打一些沃土安、丰收佳一类的农药解毒剂。

第四节 燕 麦

一、适宜坝上种植品种简介

（一）冀张莜 4 号（品五）

特征特性：生育期 88~97 天，幼苗直立，苗色深绿，生长势强；株型紧凑，叶片上举，株高 100~120 厘米，最高可达 140 厘米；茎秆坚韧，抗倒伏力强；群体结构好，成穗率高；抗旱耐瘠耐黄萎病，适应性广，较抗坚黑穗病；落黄好，口紧不落粒，增产潜力大。目前仍有很多农户种植该品种。

栽培技术要点：该品种适应在平滩地及肥坡地种植。较肥平滩地和二阴地 5 月 20日左右播种，肥坡地和旱滩地 5 月 25 日左右播种，瘠薄旱地和沙质土壤 5 月底播种。瘠薄旱地播量 7.5~8 千克/亩，较肥旱坡地和旱滩地播量 8~9 千克/亩，较肥平滩地和二阴地播量 10 千克/亩。

(二) 坝莜一号

特征特性：幼苗半直立，生育期 90 天左右，株高 80~123 厘米，千粒重 24~25 克；蛋白质 15.6%~16.67%，β-葡聚糖 4.63%，总纤维 9.8%，脂肪 5.56%~6.86%；一般亩产 150 千克以上，最高亩产 350 千克，比对照增产 23.34%。在河北、山西大同、朔州、内蒙古乌盟、锡盟大面积推广。特点是产量高、β-葡聚糖高、总纤维高、籽粒整齐度高、脂肪低、带壳率低，适宜加工燕麦片、燕麦米等。目前，是全国燕麦食品加工企业燕麦米、燕麦片的首选品种。

栽培技术要点：该品种适宜河北省张家口和承德坝上地区的二阴滩地、一般平滩地和较肥旱坡地以及内蒙古、山西等省（区）的同类型区种植。坝头冷凉区和阴滩地 5 月 20—25 日播种，较肥旱坡地和一般旱滩地 5 月 25—30 日播种。瘠薄旱坡地播种量 7.5~8 千克/亩，保证基本苗 20 万株/亩；较肥旱坡地和旱滩地播种 9~10 千克/亩，保证基本苗 23 万株/亩；二阴滩地和坝头区播种量 10~11 千克/亩，保证基本苗 25 万株/亩。结合播种施种肥磷酸二胺 7 千克/亩，于燕麦分蘖至拔节期结合中耕或乘雨追尿素 5~7 千克/亩。播种前 5~7 天种子用杀菌剂拌种，防治燕麦坚黑穗病。

(三) 坝莜八号

特征特性：生育期 92.8 天，属中熟型品种。株高 86.0~106.6 厘米，最高达 130.0 厘米，千粒重 23 克；籽粒浅黄色，蛋白质 14.51%，脂肪 5.71%，β-葡聚糖 5.42%；抗旱抗倒伏性强，适应性广，不抗燕麦冠锈病和燕麦坚黑穗病。在河北坝上、内蒙古锡盟、乌盟大面积推广，在乌盟作为注册品牌燕麦粉大量销售。一般亩产 150 千克以上，最高亩产 350 千克。

栽培技术要点：该品种适宜在旱坡地、旱平地、阴滩地种植。在河北省坝上地区阳坡地和沙质土壤地 5 月 25 日至 6 月 5 日播种；肥坡地和旱滩地 5 月 20—31 日播种；坝头冷凉区和二阴滩地 5 月 20—25 日播种。瘠薄旱坡地和沙质土壤地播量 7~8 千克/亩，基本苗数 20 万~25 万株/亩；肥坡地和滩地播量 9~10 千克/亩，基本苗数 20 万~25 万株/亩；坝头冷凉区和二阴滩地播量 10~11 千克/亩，基本苗数 25 万株/亩。结合播种施种肥磷酸二铵 5~7.5 千克/亩，于燕麦分蘖至拔节期结合中耕或乘雨追尿素 5~10 千克/亩。播种前 5~7 天种子用杀菌剂拌种，防治燕麦坚黑穗病。当麦穗由绿变黄、穗子中上部籽粒变硬时进行收获。

(四) 坝莜十八号

特征特性：该品系幼苗直立，苗色深绿，生长势强，生育期 105 天左右，属于晚熟品种；株型紧凑，叶片上举，株高 120 厘米，最高可达 135 厘米。抗倒伏力强，适合水地生产成熟一致，落黄好，群体结构优良；免疫坚黑穗病，高抗燕麦红叶病和锈病；耐旱性、避旱性强；耐瘠薄。

栽培技术要点：该品种适宜在水地、旱坡地、旱滩地、阴滩地、肥坡地种植。阴滩地 5 月 15 日左右播种；肥坡地和旱平地 5 月 20 日左右播种。阴滩地播量 10~12 千克/亩，基本苗数 30 万株/亩左右；肥坡地和旱平地播量 7.5~9 千克/亩，基本苗数 25 万株/亩左右。结合播种施种肥磷酸二铵 5~10 千克/亩，于燕麦分蘖至拔节期结合中耕或乘雨追尿素 5~10 千克/亩。

（五）白燕 2 号

特征特性：春性，幼苗直立，深绿色，分蘖力强，株高 99.5 厘米，生育期 81 天左右，属早熟品种；根系发达，抗旱性强，活秆成熟，粮草饲兼用。一般亩产为 160 千克，最高亩产 277.8 千克。

栽培技术要点：主要用于旱地种植，播种量 15 千克/亩，。结合播种施种肥磷酸二铵 7 千克/亩、硝酸铵 10 千克/亩，该品种适宜用于旱年应急抗旱种植。

二、播种前种子处理方法

（一）选种

种植户可在风选、筛选后再进行泥水或盐水选种。即把种子放在 30% 的泥水或 20% 的盐水中搅拌几次，待大部分杂物秕粒浮在水面时，即可去除，然后把沉在水底的种子捞出，放在清水中冲洗干净，晒干留作播种。

（二）晒种

播种前选种晴朗天气，将选好的种子摊放在通风向阳的地方晒种 2~3 天，增强种皮通气性和适水性，提高种子的活力和发芽率，杀死种皮表面的细菌，减轻某些病害的发生。

（三）拌种

播种前 5~7 天，用拌种霜、多菌灵或甲基托布津拌种，用药量为种子重量的 0.1%~0.3%，以防治燕麦坚黑穗病。拌种时要做到药量准确，拌种均匀。

三、播种方法

在坝上平川地一般采用机播方法，即拖拉机牵引播种机播种。此方法既有耧播的优点，又有犁播的好处，而且速度快，质量好。播种深度以 4~6 厘米为宜，早播的要适当深一些，晚播的要适当浅一些，干旱少雨地区和土壤墒情不好的年份要深一些。

四、旱作燕麦进行追肥的方法及适宜时期

到燕麦拔节期即第二次中耕时，结合中耕亩追尿素 5 千克，可产生明显的增产效果。肥料在雨前（干撒等雨）、雨中或雨后追施均可。

五、水地种植燕麦浇水的最佳时期

浇好分蘖水（第一水），燕麦 3~4 叶时进行，应掌握小水慢浇；浇好拔节水（第二水），在燕麦第一节间已停止生长，第二节间生长高峰已过时进行，防止后期倒伏，

此次浇水量要适当加大，结合浇水适量追肥；浇好开花灌浆水（第三水），燕麦开花初期浇开花水，开花后 10~15 天浇灌浆水。灌浆水要掌握小水轻浇，水量要小，地面不可积水，刮风时停止浇水，以防倒伏。

六、燕麦病虫草害防治

（一）燕麦黑穗病防治措施

1. 选用抗病品种或无病菌种子

2. 调节播种期、田间及时拔除病株

实行豆科—小麦—马铃薯—燕麦—亚麻—豆科 5 年轮作制，防止土壤等残存的病菌发生再侵染。

3. 最行之有效的措施是播前药剂拌种

（1）用克立秀以种子重量 0.1%~0.2% 的用药量拌种。

（2）用 25% 三唑醇、20% 粉锈宁、25% 萎锈灵、50% 苯菌灵、50% 拌种霜、立清以种子重量 0.2%~0.3% 的用药量拌种。

（3）用 50% 福美双、50% 克菌丹以种子重量 0.3%~0.5% 的用量拌种。

（4）用多菌灵、甲基托布津可湿性粉剂以种子重量 0.2%~0.3% 的用量拌种，并闷种 3~5 天防治效果更好。

（二）燕麦红叶病防治措施

燕麦红叶病是通过蚜虫传播的。因此，控制蚜虫数量是减轻红叶病的有效方法。播前用 75% 甲拌磷或 40% 甲基异柳磷乳油拌种，用药量为 1 千克药对水 100 千克喷拌燕麦种子 1 000 千克；田间一旦发现中心病株，使用的药剂 80% 敌敌畏乳油、40.7% 乐斯本乳油、50% 辛硫磷乳油、20% 速灭杀丁乳油或 50% 避蚜雾可湿性喷剂，按要求稀释喷雾防治；选用抗病耐病品种；改善栽培管理，增施氮肥、磷肥及合理配比，促进早封垄，增加田间湿度，减少黄叶，保持绿叶数量。

（三）燕麦秆（冠）锈病防治措施

选用抗病品种；消灭病株残体，清除田间杂草寄主；避免连作，实训轮作，加强田间管理；播前用 25% 三唑醇可湿性粉剂 120 克拌种处理种子 100 千克；一旦发病，要及时喷药处理。防治药剂有 25% 三唑醇可湿性粉剂、12.5% 速保利可湿性粉剂、12.5% 粉唑醇乳油、20% 萎锈灵乳油等。

（四）燕麦线虫病的防治措施

加强植物检疫工作，严防其由病区传入；实训 5~7 年轮作；用含有阿维菌素种衣剂进行包衣；播前带病田利用 10% 灭线磷颗粒剂或 0.5% 阿维菌素颗粒剂每亩 3~5 千克进行土壤消毒处理。

（五）燕麦田除草剂的使用

在燕麦播种后出苗前使用"普田"进行土壤喷雾，然后在燕麦苗期、拔节期或抽穗期使用立清乳油（或立清乳油和苯磺隆混用药剂）喷雾，严格按说明用量用药。

第五节　杂交谷子

谷子原产于我国，是我国北方地区的重要粮食作物。谷子是典型的耐旱作物。张家口市农业科学院利用谷子光温敏不育两系法研究育成世界上第一批谷子杂交种"张杂谷"系列（1~10 号）9 个杂交种，谷子杂交种与常规种比增产幅度在 20% 以上，亩增产 100~150 千克，最高亩产 800 千克以上。

一、品种选择

目前，种植面积较大的品种主要为"张杂谷 3 号、5 号和 8 号"，其中"张杂谷 3 号"生育期 115 天，适合在华北、西北、东北地区≥10℃积温 2 600℃以上春播地区推广应用，为当前河北、山西、内蒙古等地丘陵坡梁旱地的主栽品种。"张杂谷 5 号"生育期 125 天，适宜在以上区域≥10℃积温 2 800℃以上地区有水浇条件的地带种植。"张杂谷 8 号"夏播生育期 90 天，适于黄淮海地带的夏播区，目前河北省邢台市播种面积较大。

二、选地与倒茬

杂交谷子增产潜力大，要充分发挥它的增产潜力，应选择地势高燥、通风透光、排水良好、易耕作和疏松肥沃的沙性壤土为好。谷子忌重茬，应年年倒茬，以豆类、薯类和玉米等前茬为好。

三、精细整地

在上茬作物收获后应及时进行秋耕地，秋季深耕可以熟化土壤，改善土壤结构，增强保水能力，可接纳更多的秋冬降水，对翌年增强苗期抗旱具有重要意义，秋深耕一般 20 厘米以上，耕后耙耱，减少土壤水分蒸发。结合秋深耕最好一次施入基肥，亩施农家肥 3 000~5 000 千克、磷酸二铵或氮磷钾复合肥 15~20 千克，施肥深度以 15~20 厘米效果为佳。风沙地、土壤过干和秋雨少的地不宜秋耕，可进行浅耕灭茬保墒，翌年春耕。春季整地要做好耙耱、浅犁、镇压保墒工作。

四、适期播种

根据土壤墒情选择适宜品种，5 月上中旬趁墒播种。每亩用种量 0.5~1.0 千克，播种深度 2~3 厘米，春季风大、旱情重的地方播种不宜过浅，播后及时镇压，使种子紧贴土壤，以利种子吸水发芽。一般春播地区播深为 3~4 厘米，夏播播深为 2~3 厘米，行距 25~33 厘米。播种方式：人工撒播，先开沟，顺沟撒籽，然后覆土镇压；耧播一般用三腿耧或双腿耧播种，随后镇压；机播采用杂交谷子专用播种机，同时镇压。采用机播方式下籽匀、保墒好、出苗齐、工效高。

五、田间管理

（1）间苗。间苗时间以 4~5 叶期为好。留苗密度因地区、地力、品种不同而异，由于杂交谷子分蘖力强，秆粗穗大，应适度稀植，春播区的适宜留苗密度：中上等肥力的耕地 1.0 万~1.2 万株/亩（行距 33 厘米，株距 17~20 厘米），下等肥力的耕地 0.8 万~1.0 万株/亩（行距 33 厘米，株距 20~23 厘米）；夏播区的适宜留苗密度为 2 万~3 万株/亩（行距 33 厘米，株距 6.5~10 厘米）。

（2）假杂交苗的剔除。假杂交谷子种子为杂交种与自交种的混合种，因此在生产上要结合间苗予以去除，由于假杂交苗与自交苗在苗色上的区别，绿苗为真杂交苗，黄苗为假杂交苗，可以人工去除，还可利用假杂交苗具有抗除草剂的性能，用化学法剔除。化学剔除，可在谷苗长到 3~5 片叶子时，选用谷子专用间苗除草剂，按使用要求均匀喷到谷苗和杂草上，杀死假杂交苗和单子叶杂草。人工拔除，在谷苗 5~6 叶期，结合中耕除草一块进行，手工拔掉黄苗。

（3）追肥浇水。杂交谷子增产潜力大，要求生育期内肥水供应充足。春播区，结合浇水在拔节期和抽穗前各追施尿素 20 千克/亩。夏播区，氮肥施用要前轻后重。定苗后亩追 4~5 千克尿素作为提苗肥；拔节期结合深中耕，亩追尿素 5~7.5 千克、二铵复合肥 10~15 千克、钾肥 10~15 千克；抽穗前亩追尿素 15~17 千克。有灌溉条件的，应注意浇孕穗水和灌浆水。孕穗水以抽穗前至抽穗 10~15 天灌水最为关键，此时缺水易形成卡脖旱，严重影响结实率。灌浆期灌水可以延长根系与叶片的活力，提高粒重。

（4）中耕除草。中耕管理在幼苗期、拔节期和孕穗期进行，一般 2~3 次。第一次中耕，以定苗除草为主；第二、三次中耕，除草同时进行培土，以破除土壤板结，提高通透性，有利于接纳雨水，促进根系发育，防止倒伏。在谷苗 3~5 叶期，选用专用间苗除草剂，灭除谷子假杂交苗和单、双子叶杂草。如果出苗不均匀，苗少的地方少喷或不喷。

（5）防治病虫鸟害。杂交谷子也易受到病虫害的威胁而造成减产，为了保证谷子丰产，必须在搞好栽培管理的同时，注意防治病虫害。高温、高湿天气注意防治谷瘟病；干旱年份注意防治谷灰螟；小面积种植注意防治鸟害。

六、适时收获

收获期一般在蜡熟末期或完熟期最好。收获过早，籽粒不饱满，含水量高，出谷率低，产量和品质下降；收获过迟，茎秆干枯，穗码干脆，落粒严重。如遇雨则生芽，使品质下降。谷子脱粒后应及时晾晒。

七、不能留种

同玉米杂交种一样，杂交谷子只能种一代，不能留种，否则，由于自然混杂、分离和退化，将严重影响产量。

"张杂谷"系列品种专用除草剂使用方法

种植"张杂谷"系列品种，使用专用除草剂。本制剂是灰白色可湿性粉，为高效、低毒、内吸的选择性除草剂，对谷子安全，可有效防除谷田中常见的一年生单、双子叶杂草，如马唐、稗草、狗尾草、牛筋草、马齿苋、反枝苋、藜等。

应用作物：夏播谷子、春播谷子。

药用时期：夏播谷子，播后苗前土壤喷施；春播谷子，播后苗前土壤喷施，或者在谷苗3~5叶期间苗后杂草未出土前茎叶处理。

剂量及方法：本品净含量140克，一般为每亩用量。每袋内装3小袋，每小袋加水12千克（1喷雾器）喷0.33亩。先用水把药稀释成糊状，再加水搅拌均匀喷施于地表，施药时，喷头距地面25厘米左右，保证喷严喷湿，以便地表形成药膜，封闭地面，保证除草效果。

注意事项：

夏播谷子：前茬白地等雨播种，雨后最好翻地再播种、施药；前茬为小麦的，宜灭茬后播种、施药。后茬慎种阔叶作物。

春播谷子：要根据当地实际情况，如果杂草与谷苗同时出土，应播后苗前土壤喷施；如果杂草出土迟于谷苗，应在谷苗3~5叶后土壤喷施。切忌在种子顶土时施用。

本品适用"张杂谷"系列品种，其他谷子请先试验后作用。谷苗出土时对该药剂最敏感，禁止施药。

宜在土壤墒情较好地条件下施药，土壤墒情差会降低药效。

严格按规定剂量使用，不准随意增减用药量，喷药要均匀，不重喷、不漏喷。

本药剂低毒、无气味，操作工作完毕后洗涮用具，并用肥皂洗手、洗脸。

施药后35天内勿破坏土层，否则影响药效。

在谷子生育期内只能使用本品1次。

第六节　马铃薯

一、马铃薯优良品种介绍

（一）早熟品种

1. 早大白

（1）来源。原代号为8022-1，是辽宁本溪市马铃薯研究所通过有性杂交选育出的高产品种，1986年经农业部审定后推广。

（2）植物学特征。株型直立，繁茂性中等，株高48厘米左右。叶子绿色，花白色。薯块扁圆，大而整齐，大薯率达90%。白皮白肉，表皮光滑，芽眼较浅，休眠期中等。

（3）生物学特性。属极早熟菜用型品种，生育期（出苗到成熟）为60天，薯块含淀粉 11%~13%，一般每亩产量为 2 000 千克左右。

（4）突出特点。极早熟，结薯集中，整齐。薯块膨大快。

（5）分布地区及适宜范围。适宜于二季作及一季作早熟栽培及棉麦套种，目前在山东、辽宁、河北、江苏等地均有种植。

（6）栽培要点。适宜栽种密度为每亩 4 000 株左右，在中等以上肥力条件下种植。施足基肥，现蕾前完成 2 次中耕除草，注意防治晚疫病。

2. 费乌瑞它（Favorita）

（1）来源。荷兰用"ZPC50-35"做母本，"ZPC55-37"做父本杂交而成，1980年由农业部种子局从荷兰引入，经江苏省南京蔬菜科学研究所等单位鉴定推广，别名：荷 7 号、奥引 85-38、鲁引 1 号。

（2）植物学特征。株型直立，分枝少，株高 80 厘米左右，茎紫色，生长势强，叶绿色，花冠蓝紫色，瓣尖无色，花冠大，雄蕊橙黄色，天然结实性强，浆果深绿，大而有种子，块茎长椭圆，顶部圆形；皮淡黄色，肉鲜黄色，表皮光滑，块大而整齐，芽眼少而浅，结薯集中，块茎膨大速度快。半光生幼芽基部圆形，顶部钝形，蓝紫色，茸毛较多；块茎休眠期短，较耐贮藏。

（3）生物学特性。早熟，生育期 70 天左右，蒸食品质较好；加工品质：干物质17.7%，淀粉含量 12.4%~14%，还原糖 0.03%，粗蛋白 1.55%，维生素 C 含量 13.6毫克/100 克，植株易感晚疫病，轻感环腐、青枯病，抗 PVY（马铃薯 Y 病毒）和PLRV（马铃薯卷叶病毒），一般亩产 1 700 千克，高产可达 3 000 千克。

（4）突出特点。对病毒病抗性较强，薯块整齐，商品性好，熟期短，休眠期短。

（5）分布地区及适宜范围。适宜性广，主要分布在中原二季作区和南方冬作区，适宜与棉花、玉米、小麦间套作，在广东作为出口商品薯栽培较多，北方一季作区主要生产种薯。

（6）栽培要点。该品种较耐水肥，亩密度以 4 000~4 500 株为宜，二季作区播前要催芽，块茎对光敏感，应及早中耕培土，以免薯块变绿影响品质，注意防治晚疫病。

3. 中薯 2 号

（1）来源。中国农业科学院蔬菜花卉研究所用"LT-2"作母本，"Dto-33"父本杂交育成。1990 年通过北京市农作物品种审定委员会审定。

（2）植物学特征。株高 66 厘米左右，分枝较少，茎浅褐色，株型扩散，复叶中等大小，叶色绿，生长势强，花冠紫红色，花药橙黄色，花粉多，天然结实性强，花多，浆果大，种子多，块茎近圆形，皮肉淡黄、表皮光滑，芽眼深度中等，结薯集中，块茎大而整齐，休眠期短。

（3）生物学特性。特早熟品种，生育期 60 天左右。适宜食品加工利用。加工品质：淀粉含量 14%~17%，粗蛋白 1.4%~1.7%，维生素 C 含量 28 毫克/100 克，还原糖 0.2%左右；植株抗 PVX（马铃薯 X 病毒），田间不感染 PLRV，感染 PVY，块茎轻感疮痂病。春薯一般亩产 1 500~2 000 千克，高产可达 3 500 千克。

（4）突出特点。休眠期短、宜抗灾救急。

（5）分布地区及适宜范围。适宜南方冬作区、中原二季作区栽培，适宜间套作。适于水肥条件较高的地块种植。

（6）栽培要点。对水肥条件要求较高，干旱缺水易发生二次生长，每亩种植3 500~4 000株为宜，可与玉米、棉花等作物间套作。

4. 中薯3号

（1）来源。中国农业科学院蔬菜花卉研究所用"京丰1号"作母本，"BF66A"作父本杂交育成。1994年通过北京市农作物品种审定委员会审定。

（2）植物学特征。株型直立，分枝较少，株高55~66厘米，茎绿色，复叶较多，小叶绿色，茸毛少，侧小叶4对，花冠白色，花药橙色，雌蕊柱头3裂，可天然结实，块茎扁圆或扁椭圆形，表皮光滑，皮肉均为黄色，芽眼浅，块大且整齐，结薯集中，休眠期短、耐贮藏。

（3）生物学特性。早熟品种，生育期70天左右，食用品质佳，块茎干物质19.6%，淀粉含量13.5%。粗蛋白1.38%，维生素C含量20毫克/100克，还原糖0.3%。适宜食品加工利用，植株抗PLRV、PVY，较抗PVX，不抗晚疫病，一般亩产1 700千克，高产田2 000千克以上。

（4）突出特点。块大而整齐，生育期短、休眠期短。

（5）分布地区及适宜范围。适合二季作区棉薯或与玉米间套种和南方冬作区种植，适宜水浇地种植。

（二）中熟品种

1. 坝薯9号

（1）来源。张家口市农业科学院马铃薯研究所用"多子白"做母本，"疫不加"做父本通过有性杂交选育而成。1987年通过河北省农作物品种审定委会员审定，1990年经全国农作物品种审定委员会审定为国家级品种。

（2）植物学特征。株型半直立，分枝较多，主茎粗壮，株高50~60厘米，叶片深绿色，花冠白色，开花早，块茎圆稍扁，薯皮白色，薯肉白色，芽眼密深度中等，分布均匀，结薯较集中，大中薯率高达86.7%，块茎休眠期短，耐贮性中等。

（3）生物学特性。中早熟品种，生育期85天左右，蒸食品质中等，薯块大，适宜菜用；理化指标：干物质18.5%，淀粉14%左右，还原糖0.31%，粗蛋白质1.67%，维生素C含量17毫克/100克。对晚疫病具有田间抗性，轻感轻花叶和卷叶病毒，表现耐退化，对Y病毒过敏，一般亩产1 000~1 500千克，高产田2 000千克左右。

（4）突出特点。薯块形成早，膨大快，大中薯率高，耐退化。

（5）分布地区及适宜范围。适宜一作区肥力较高地块种植，二作区春播或间套作均较适宜，目前在河北、内蒙古、山东滕州、河南、北京、江苏等地均有种植。

（6）栽培要点。要求土层疏松深厚，坝下播种一般在4月上中旬为宜，坝上在4月下旬至5月上旬为宜。一般亩播种3 500~4 000株。该品种生育前期幼苗生长快，要求基肥充足，追肥浇水宜早，现蕾期加强水肥管理能发挥最大增产潜力。

2. 金冠

（1）来源。1986年由张家口市农业科学院马铃薯研究所和华南农业大学从荷兰品种"Favorita"愈伤组织体细胞变异株中选育而成。

（2）植物学特征。主茎半直立，株高70厘米，茎秆淡紫色，花冠大而呈白色，花药呈橘黄色，花粉较多，易结实，叶片淡绿，顶叶大易连，复叶分布均匀，侧小叶4~5对，结薯集中，薯块光滑，薯形椭圆，黄皮黄肉，芽眼少而浅，薯块大而整齐，商品薯率高。

（3）生物学特性。中熟品种，生育期85天，干物质含量19.9%，淀粉含量14%，品质好，食味佳，抗褐变力强，符合出口和加工要求，兼抗PVX、PVY，中抗青枯病，对晚疫病具田间抗性，适应性广，抗逆性强，产量稳定，一般亩产1 300~1 800千克，高产田可达2 500千克以上。

（4）突出特点。外观极美，宜出口创汇。

（5）分布地区及适宜范围。适宜在南方冬作区、中原二季作区、北方一季作区种植。

（6）栽培技术要点。选沙壤质或轻壤质土地，在土壤开始解冻时及早耱压保墒，播前要催芽晒种，结合播种施足种肥（亩施有机肥2 500千克，混施过磷酸钙磷肥15千克，碳铵10千克），亩密度量4 000~4 200株。

3. 冀张薯5号

（1）来源。张家口市农业科学院马铃薯研究所以荷兰品种"Konda"为母本培育而成，1998年通过河北省农作物品种审定委员会审定。

（2）植物学特征。主茎粗壮，半直立，株高60~70厘米，花冠粉色，结实性强，块茎形成早、膨大快，薯块椭圆，红皮黄肉，芽眼浅，表皮光滑，结薯集中，商品薯率达90%以上，非常适合外销。

（3）生物学特性。中熟品种，生育期95天，该品种抗PVX、PVY，轻感PLRV，高抗晚疫病。干物质含量23.2%，淀粉含量15.2%。一般亩产1 500~2 000千克，最高亩产3 500千克。

（4）突出特点。薯块形成早，大薯率高。

（5）分布地区及适宜范围。该品种适宜水肥条件较高地块种植，适宜北方一作区和西南山区单双季混作区栽培，尤其适于口岸附近种植出口。

（6）栽培技术要点。选择水肥条件高的地块种植，播前催芽晒种，早中耕，早培土。亩留苗3 500株左右。

4. 大西洋（Atlantic）

（1）来源。美国U. S. D. A以"Wauseon"作母本，"B-5141.6"为父本，通过有性杂交系选育而成，张家口市农业科学院于1982年由国际马铃薯中心（CIP）引入。

（2）植物学特征。株型半直立，株高75厘米左右，分枝少，花冠浅紫色，开花繁茂且花期较长，结薯集中，薯块圆形，细纹麻皮白肉，芽眼平浅，大中薯率高，薯块整齐。

（3）生物学特性。中熟品种，生育期 80~90 天，抗 PVX、PVY、感束顶，较耐 PLRV，田间植株对晚疫病具耐病性，淀粉含量 20%以上，还原糖含量低于 0.2%，是目前世界上典型的适宜炸薯片的品种。

（4）突出特点。薯形圆、大中薯率高、结薯集中。

（5）分布地区及适宜范围。分布于国内中原二季作区、北方一季作区。适宜肥沃沙壤土种植。

（6）栽培技术要点。要求有水浇条件，或下湿滩地；施足基肥，亩施农家肥 3 500 千克；可选用"聚垄集肥"栽培技术；早中耕，早培土，早追肥防早衰，及时防治晚疫病，亩密度掌握在 4 200~4 500 株。

5. 张围薯 9 号

（1）来源。母本为"夏波蒂"，父本为"切普特"，1994 年配制杂交组合，经过实生苗培育、选种圃、鉴定圃、品种比较试验、生产鉴定、河北省区域试验、河北省生产试验选育而成。2006 年通过河北省农作物品种审定委员会审定。

（2）植物学特征。株高 64~68 厘米，株型直立，株型较紧凑，茎、叶绿色，分枝中等，花冠白色，花量中等，花期中等，天然结实率低，块茎长圆形，薯皮褐色，薯肉白色，芽眼平浅，结薯集中，大、中薯的生产率 71%~75%。

（3）生物学特性。该品种为中熟品种，生育期 87 天（从出苗至成熟），抗 PVY、PVX、PVS（马铃薯 S 病毒），轻感 PLRV，对晚疫病具有田间水平抗性。淀粉含量 16.3%，干物质含量 23.8%，还原糖含量 0.18%，粗蛋白含量 2.78%，维生素 C 含量 14.3 毫克/100 克。块茎贮藏性好，抗干腐病，适宜薯条加工。一般亩产 1 500~2 000 千克。

（4）突出特点。属于薯条加工品种。

（5）分布地区及适宜范围。耐水，适宜北方一季作区种植。

（6）栽培技术要点。选择水肥条件高的地块种植，播前催芽晒种。

6. 克新 1 号

（1）来源。由黑龙江省农业科学院马铃薯研究所用"374-128"作母本，"疫不加（Epoka）"作父本杂交育成。1967 年通过黑龙江省农作物品种审定委员会审定，1984 年经全国农作物品种审定委员会认定为国家级品种。

（2）植物学特征。株型开展，分枝较多，株高 70 厘米左右，茎和叶绿色，长势强，花淡紫色。块茎扁椭圆形，白皮白肉，表皮光滑，芽眼较多，深度中等。结薯集中，块茎大而整齐，休眠期长，耐贮藏。

（3）生物学特性。中熟品种，生育期为 90 天左右。薯块含淀粉 13%~14%，还原糖 0.52%。一般亩产 1 500~2 000 千克。

（4）突出特点。炸条代用品种。抗环腐病，退化慢，耐瘠，适应性强，耐涝。

（5）分布地区及适宜范围。因丰产性能好，适宜范围较广，一季作，二季作均可种植。在黑龙江、吉林、辽宁、内蒙古、河北、山西、上海、江苏和安徽等地均有种植。

（6）栽培要点。播前催芽晒种，适宜密度每亩 3 000~3 500 株。

7. 张薯 7 号

（1）来源。张家口市农业科学院马铃薯研究所以"Yagana"为母本，"XY.20"为父本选育而成。2004 年通过河北省农作物品种审定委员会审定。

（2）植物学特征。株型半直立，不紧凑，茎绿色，叶浅绿色，分枝中等，花冠蓝色，花量多，花期较长，天然结实率中等；块茎圆形，薯皮淡黄色略麻，薯肉白色，芽眼浅且呈浅蓝色，结薯较集中，大中薯率 77.1%。

（3）生物学特性。生育期 86 天（从出苗至成熟），为中熟品种、植株高 65 厘米，抗 PVY、PLRV、PVS，感 PVX、耐晚疫病；干物质含量 22.8%，还原糖含量 0.1%，块茎较耐贮藏，适宜油炸薯片加工。

（4）用途。油炸薯片。

（5）分布地区及适宜范围。适于国内北方一季作区、中原二季作区晚疫病发生较轻的南方冬作区种植。

（6）栽培技术要点。要求有水浇条件或下湿滩地，施足基肥，亩施农家肥 3 500 千克，起垄栽培，及时防治晚疫病，亩密度掌握在 4 200~4 500 株。

8. 斯诺登（Snowden）

（1）来源。美国威斯康辛大学于 1990 年育成，1992 年注册。1994 年由中国农业科学院蔬菜花卉研究所引进试种。

（2）植物学特征。植株株型直立，株高 35~45 厘米，生长势强。茎、叶均为淡绿色。花冠白色，无天然结实。块茎圆形，白皮白肉，表皮有浅度网纹，芽眼浅而少。块茎较大，结薯集中，单株结薯数 4~5 个。耐贮藏。块茎鲜薯干物质含量 21%~22%，淀粉含量 16%左右，还原糖含量极低，低温贮藏增加缓慢，是较理想的炸片品种。

（3）生物学特征。中熟，生育期从出苗到成熟 95 天左右。植株易感晚疫病。一般亩产 1 500 千克左右。该品种分枝较少，结薯较集中，适宜密植，一般亩产种植 4 500 株左右。

（4）用途。油炸薯片。

（5）栽培技术要点。应选择土层深厚、肥力中等以上、排水通气良好的地块，加强肥水管理，并注意晚疫病防治。

（三）晚熟品种

1. 冀张薯 3 号

（1）来源。张家口市农业科学院马铃薯研究所采用组培系选方法，从荷兰品种"奥斯塔拉（Ostara）"组培变异株中选育而成，1994 年经河北省农作物品种审定委员会审定推广并定名，因一般不开花，亦称"无花"。

（2）植物学特征。株高 75 厘米，株型直立，主茎粗壮发达，茎深绿色，分枝中等。叶色浓绿，复叶肥大，花冠小，白色，一般不开花。薯块圆形，薯皮黄色、光滑，芽眼平浅，外观漂亮，薯肉黄色，结薯集中。

（3）生物学特性。中晚熟品种，生育期 100 天。加工品质：干物质含量 21.9%，淀粉含量 14%～15%，粗蛋白 1.55%，维生素 C 含量 21.1 毫克/100 克，还原糖 0.92%，薯块商品率高（大中薯率 85% 以上），产量高、生产潜力大，符合出口要求，宜鲜食，退化类型单一，田间仅表现卷叶，对晚疫病具有田间抗性，亩产一般 2 000 千克左右，最高达 4 000 千克。

（4）突出特点。大中薯率极高，块茎整齐光滑，芽眼极浅。适宜商用。

（5）分布地区及适宜范围。耐水肥、适宜土壤肥力较高的内蒙古高原南缘、东北黑土地、西南山区、中原二季作区、南方冬作区种植。

（6）栽培要点。选土质肥沃的沙壤土种植；张家口坝上 5 月上旬播种为宜，坝下 4 月上旬为宜；亩密度以 3 500～4 000 株为宜，中耕三次，第一次要早且细，第二次间隔要短、中耕要深，第三次要培土；播种前要催芽晒种，注意防治晚疫病。

2. 冀张薯 4 号

（1）来源。张家口市农业科学院马铃薯研究所 1986 年用"卡它丁"作母本，"恰柯薯"作父本杂交，1987 年又用抗疫白回交，通过实生苗培育和后代选择而成，系谱号 88-1-19。1998 年通过河北省农作物品种审定委员会审定。

（2）植物学特征。株型半直立，株高 75～80 厘米，分枝多，叶片淡绿具有光泽、主茎粗壮，叶长卵形，开花早而花期长，花冠白色，花粉多，可天然结实，结薯集中，薯形长椭圆，白皮白肉，芽眼浅。

（3）生物学特性。中晚熟品种，生育期 95 天。病毒病退化轻，抗 PVX、PVY，轻感 PLRV，对晚疫病具田间抗性。加工品质：干物质含量 21.6%，还原糖 0.18%，粗蛋白 1.27%，维生素 C 30.5 毫克/100 克，是一个适宜油炸薯条加工型的优良新品种，一般亩产 2 000 千克，高产田可达 3 500 千克。

（4）突出特点。大中薯率高，块茎膨大时间长，结薯集中，品质优，产量高。

（5）分布地区及适宜范围。适宜肥沃疏松、有水浇条件或二阴滩地沙壤质土种植，目前，主要分布在张家口坝上、内蒙古等地。

（6）栽培技术要点。选择肥沃的有水浇条件地块或二阴滩地种植，亩施优质农家肥 3 500 千克；坝下一般在 4 月底至 5 月上旬播种，坝上一般 5 月上旬播种，可采用聚垄集肥栽培技术；一般亩密度 3 300～3 500 株。

3. 坝薯 8 号

（1）来源。张家口市农业科学院马铃薯研究所 1970 年用"虎头"作母本，"卡它丁（Katahdin）"作父本杂交，1977 年育成、命名并开始推广，1978 年经河北省农林科学院鉴定通过。

（2）植物学特征。株型直立，分枝较多；茎绿色，叶深绿色，长势强；块茎椭圆形，白黄皮，淡黄肉，表皮光滑，大薯多而整齐，结薯较集中，块茎休眠期短，耐贮藏。

（3）生物学特征。晚熟品种，生育日数105天左右，薯块含淀粉12.2%~15%，还原糖0.08%，植株对晚疫病具有田间抗性，块茎较抗病。一般亩产1 500~2 000千克。

（4）突出特点。抗环腐病，轻感黑胫病及卷叶病毒病，退化慢，较抗旱。

（5）分布地区及适宜范围。适宜于一季作区土质肥沃、降雨较多的河川区种植，主要分布在河北张家口地区。

（6）栽培要点。栽培密度为每亩3 000~3 500株。基肥要充足，施肥要早。在现蕾结薯期，水肥管理要及时。

4. 冀张薯2号

（1）来源。张家口市农业科学院马铃薯研究所用"虎头"作母本、"燕子"作父本杂交育成，1990年通过河北省农作物品种审定委员会审定。亦称"坝薯10号"。

（2）植物学特征。株型直立，株高80厘米左右，主茎粗壮，分枝中等，花冠白色，块茎圆稍扁，薯皮淡黄色，薯肉淡黄色，表皮光滑，芽眼深浅中等，大中薯率达75%左右，结薯较集中，休眠期较长，耐贮藏。

（3）生物学特性。晚熟品种，生育期108天，食用品质好，淀粉含量17%左右，维生素C 13.5毫克/100克，还原糖0.2%，适合淀粉加工利用，田间表现耐PVX、PVY，抗PLRV，植株抗晚疫病，较抗环腐病，块茎轻感疮痂病。亩产1 500千克以上，高产可达2 500千克以上，耐退化。

（4）突出特点。退化慢，抗晚疫病，薯形和食用品质好。

（5）分布地区及适宜范围。目前，主要分布在张家口、北京、内蒙古、贵州、江西、山西、陕西等地，适宜北方一季作区及西南山区作区种植。

（6）栽培要点。选肥沃沙壤地种植，播前催芽晒种，亩密度掌握在3 000~3 500株。

5. 夏波蒂（Shepody）

（1）来源。加拿大福瑞克通农业试验站于1980年育成，1987年引入我国。

（2）植物学特征。株型开散，株高60~80厘米，主茎粗壮，分枝较多，复叶淡绿色，较大，花冠粉白，开花早，顶花生长。结薯集中，块茎大而整齐，长椭圆形，白皮白肉，表皮光滑，芽眼平浅。

（3）生物学特性。中晚熟品种，生育期90天左右，干物质含量达19%~21%，还原糖和多酚氧化酶含量均极低，抗褐变和低温糖化。

（4）突出特点。经典炸条品种，块大而整齐。

（5）分布地区及适宜范围。主要分布在北方一季作区或中南部邻近加工厂地区。

（6）栽培要点。该品种对栽培条件要求严格，不抗旱、不抗涝；田间不抗晚疫病、早疫病，易感马铃薯花叶病毒（PVX、PVY）和疮痂病。产量因生产栽培条件而差异较大，一般亩产1 500~3 000千克。应选用聚垄集肥栽培法，一般适宜密度为每亩

3 500~4 000株。用大薯块大垄深播，及时中耕培土，控制病虫草害，特别严格防治马铃薯晚疫病。该品种适宜肥沃疏松、有水浇条件的沙壤土。适合于北部、西北部高海拔冷凉干旱一季作区种植。

6. 冀张薯8号

（1）来源。母本为"720087"，父本为"X4.4"，由国际马铃薯中心提供实生种子，张家口市农业科学院马铃薯研究所通过实生苗培育和后代选择而成，2006年通过全国农作物品种审定委员会审定。农民习惯称为"小白花""大白花"。

（2）植物学特征。株形半直立，分枝较多，株高60~70厘米，叶色浓绿，花冠白色，花期长，天然结实，块茎椭圆，芽眼浅，结薯较集中，大中薯率达83.96%。

（3）生物学特性。晚熟品种，生育期130天，田间抗病毒病、晚疫病，淀粉含量17%左右，还原糖含量低于0.2%，一般亩产1 500~3 000千克。适宜密度每亩3 000株左右。

（4）突出特点。属于耐贮藏的鲜食品种。

（5）分布地区及适宜范围。耐水肥，适于北方一季作区种植。

（6）栽培技术要点。选择水肥条件高的地块种植，播前催芽晒种。收获后晾薯3~4小时，然后入窖。

二、马铃薯膜下滴灌栽培技术

（一）膜下滴灌系统配套

滴灌设备一般包括滴灌管（带）、毛管、支管、干管、过滤器、施肥罐、水泵、管道附件等。

1. 滴灌管（带）

滴灌系统的水流经各级管道进入毛管，经过滴头流道的消能减压及其调节作用，均匀、稳定地分配到田间，满足作物生长对水分的需要。

2. 输配水管道

一般由干管、支管、毛管组成，其作用是为各级管道输送所需流量。目前，滴灌所用管道大都为塑料管，干管为滴灌系统输送全部灌溉水量；支管和辅管在滴灌系统中起控制滴灌带适宜长度、划分轮灌区的作用。

3. 首部控制枢纽

首部控制枢纽由水泵、施肥罐、过滤装置及各种控制和量测设备组成，如压力调节阀门、流量控制阀门、水表、压力表、排气阀、逆止阀等组成。水泵的作用是将水流加压至系统所需压力并将其输送到输水管网。过滤设备是将水流过滤，防止各种污物进入滴灌系统堵塞滴头或在系统中形成沉淀。施肥罐的作用是使易溶于水并适于根施的肥料、农药、化控药品等在施肥罐内充分溶解，然后再通过滴灌系统输送到作物根部。

4. 管道附件

分为管材连接件和控制件两种。管材连接件简称管件，管件的作用是按照滴灌设计和地形地貌的要求将管道连成一定的网络形状，控制件的作用是控制和量测管道系统水流的流量和压力大小，如阀门、压力表、流量表等。

5. 具体做法

用机井或蓄水池作水源，安装一套首部枢纽，根据出水量控制灌溉面积为 150~200 亩，每个轮灌区面积 6~12 亩，为最小的种植单元，适合规模化种植。

膜下滴灌输水系统分地上、地下两部分。地下主管道采用 φ110（直径 110 毫米，下同）PVC（聚氯乙烯）管，埋在地块中间，以"一"字形或"T"字形与水源相连，埋设深度 70~80 厘米，每隔 100~120 米安装一个出地管；支管采用 φ63PE（聚乙烯）管，通过管件与出地管连接，长度依出地管长而定；辅管采用 φ32PE 管，与支管并行，通过管件与毛管（滴灌带）相连，毛管分布在辅管两侧，长 50~60 米。

要根据作物种类和种植方式，确定滴灌带之间的距离。马铃薯采用一幅地膜（宽 80~90 厘米）覆盖 1 条滴灌带种两行（一带双行）种植方式，滴灌带平均距离为 80~90 厘米，一条辅管连接 10~12 条滴灌带（长 50~60 米），末端折叠好以防漏水，根据需要进行调整。注意做到土地平整、滴灌带平直，压好地膜。

滴灌属缓慢、持续供水方式，因此定植前要提前浇水造墒，以保证成活率。目前采用滴头距离 30 厘米的单翼迷宫式滴灌带，1 个滴头出水量约 1.5 千克/小时。视土壤墒情，第一次浇透水需 4~5 小时，生长期间灌溉时间控制在 3 小时左右。注意使用过程中要严格执行操作规程，发现问题及时处理。

（二）栽培技术措施

1. 选地施肥

选择土层肥厚，有机质含量在 2%以上，偏沙性，不滩不碱，土壤孔隙度大，比重轻，微酸性，pH 值在 6.5 左右，不洼不积水，历年地下害虫（金针虫、蛴螬）发生少，无多年生杂草的禾本科作物前茬种植。结合秋耕，耕后不耙糖、立土晒垡，播种前纵横耙糖各一次。每亩施用农家肥 3 000 千克，马铃薯专用肥 50 千克，硫酸钾 18 千克，加混 1 千克"敌虫狂杀"、1 千克"敌百虫"粉，混合均匀加水和拌手握成团积堆后用 0.08 毫米塑料布覆盖高温发酵 6 天。

2. 整地播种

将发酵好的肥料均匀称量，按设计行距，将肥料集中施入垄中心，然后用一面倒翻地犁离垄中心 18 厘米左右对扣，埋实肥料，平整后做成宽约 45 厘米、高约 15 厘米的床面，为便于操作并保证种植密度，床与床之间的距离应控制在 50 厘米以内，人工铺设滴灌带和地膜（最好用黑色地膜），滴灌带要拉直平放在床面中线位置，两侧地膜用土压严，床面上每隔 2~3 米压一条土带，以防大风揭膜。也可以采用机械铺膜、铺管、播种一次性作业完成方式。

3. 种薯处理

选择种薯级别一致的基础种薯的壮龄块茎，规格 50~120 克，于 4 月 15 日出窖。出窖后认真分选，选好的种薯平铺 10 厘米一层，置于 18~20℃ 暖室催芽暗光处理 12 天，待芽基催至 0.5~0.7 厘米时，转到室外背风向阳处，下铺一层草沫，阳光直射处理 8 天，边晒种边随时翻倒，使其感光均匀一致，翻倒要仔细，不得碰掉芽基，结合翻倒拣出病症薯和不规则块茎。

4. 种薯切块

50 克小薯稍削顶端，小整薯直播，50 克以上块茎切种，切种的刀具要用高锰酸钾消毒，种薯要纵切，每块母薯带 1~2 个芽，切块重 30~35 克，不得切成条状和片状。切块后的种薯按 100 千克用 4 千克草木灰、200 克甲霜灵、5 克块茎膨大素、加水 3.5 千克进行拌种，然后平铺于闲房地表 10 厘米厚，不得积堆，不得装袋，防止高温受热沾化伤口，杂菌感染刀伤面，24 小时后即可播种。

5. 适期播种

10 厘米地温稳定在 5℃ 为适宜播种期，张家口市一般在 4 月底到 5 月初播种，人工播种的方法是用 1.2 米长、直径 5 厘米粗木棍前面削尖一头，在地膜上按设计的行株距在滴灌带两侧打孔，深度约 10 厘米，播入种薯并覆土。机械播种铺膜、铺管、播种一次性完成，播后注意观察出苗情况，及时放苗。

6. 播种密度

按大小行种植，膜内两行的行距（地膜内，滴灌带两侧）为 40 厘米，相邻两膜之间的行距为 70 厘米，一般株距 25~30 厘米，株行距可视不同熟期品种自行调节，亩株数 4 000~4 500 株。

7. 田间管理

马铃薯采用膜下滴灌栽培后，不用进行中耕培土，采用黑色地膜的，床面上也不用除草，但要注意及时清除床间杂草。进入现蕾期，每亩结合滴灌施尿素 20 千克左右。

8. 病虫害防治

蚜虫、斑蝥、二十八星瓢虫、草地螟用高效氯氰菊酯或"吡虫啉"对水 600 倍液连续喷洒两次，斑蝥用"斑蝥素"或"敌克杀"进行喷洒，辅助人工围歼，从 7 月 10 日至 8 月 30 日，每隔 7 天喷洒甲霜灵、瑞毒霉锰锌、代森锰锌各一次，防治马铃薯晚疫病。

9. 去杂去劣

进入盛花期，按品种特征特性描述，两次进入田间拔除混杂植株异症株，包括地下块茎整体挖出后装入塑料袋作饲料用，不得随意乱扔。

10. 及时收获

当大田 70% 的植株茎叶变杏黄色，表明秧蔓进入木质化阶段，块茎停止膨大，应及时收获。收获前要先把毛管等回收并妥善保存。

11. 合理贮藏

马铃薯收获后无论做种薯还是商品食用，均不能立即下窖，食用薯晾晒 4 个小时，做种薯的可在闲散的房屋内通风晾晒 7~10 天，使表皮木栓化然后入窖。贮窖要消毒，用甲醛熏蒸 3 小时，然后撒一层生石灰，并在窖帮窖底喷洒"百菌清"800 倍液，垛与垛之间留出 70 厘米人行道，贮量为窖容量的 2/3。窖内温度保持 3~4℃，湿度 80%，保持通风干燥清洁卫生，防止冻害和温度过高块茎提前通过休眠萌芽影响加工质量。

三、喷灌圈马铃薯高产栽培技术

近年来，张家口坝上马铃薯喷灌圈种植发展迅速，利用大型自走指针式喷灌机，对马铃薯进行喷灌，一般每个喷灌圈面积为 500 亩左右，通过采用脱毒种薯、配方施肥、节水灌溉、合理轮作、综合防治病虫害，从种到收全程机械化作业，标准化栽培等配套措施实现高产高效，亩产可达 3 000 千克。喷灌圈种植是一项综合性技术，它是高投入、高产出的种植模式，存在一定的投资风险，喷灌圈种植首先要求有足够的地下水源和水井，按照喷灌圈的大小选择连片的土地，且地形平整，便于机械化作业，还需要配套相应的机械设备。从耕翻、播种、中耕、培土、追肥、收获等方面都要配套相应的机械设备，以便更好地发挥喷灌圈的优势。同时，喷灌圈的运转还需要足够的流动资金和懂种植、机械等方面技术的管理人员。

（一）整地施肥

种马铃薯前的地块进行秋翻或春翻 25~30 厘米，翻耕后耙、耱、镇压做到土地平整、细碎无坷垃。结合耕翻施入有机肥 1 000~2 000 千克，加马铃薯专用肥（N10%-$P_2O_5$10%-K_2O 15%）50 千克/亩做基肥。

（二）轮作倒茬

为防止马铃薯病害发生，一般一个喷灌圈三年种一次马铃薯，另外两年轮作青贮玉米、莜麦、胡萝卜等作物，为奶牛养殖的发展提供饲料来源，提高喷灌圈的种植效益。

（三）播前整地

春季播种前用拖拉机带旋耕犁将整个地块旋耕一遍。要求均匀平整、不留死角，达到松地、平整、混肥作用。

（四）品种选择

一般选用高产高效的加工型专用型品种，而大多数专用薯品种较易感病，所以，喷灌圈内最好种植原种，种薯级别不可低于一级种，每亩播种量 150~175 千克，专用薯品种主要有夏波蒂、费乌瑞它、大西洋等品种。种薯处理、切块方法与马铃薯常规种植一样。

（五）适时播种

当 5~10 厘米土层温度稳定通过 8~10℃，土壤耕层田间持水量 70% 左右，适时播种。张家口坝上地区，播种时间一般在 4 月下旬至 5 月初。

（六）播种方法

采用大型点播机播种，播种深度 8~15 厘米，播种时点播机的空穴数量，一般不得超过 5%，发现空穴数量大时，要及时调节和控制，确保全苗，按品种要求调整播种机的株距，一般行距 90 厘米，株距 18~22 厘米，亩种 3 700~4 000 株，播种时要经常察看播种深度、株距和薯块是否在垄的正中。

（七）中耕管理

一般中耕两次。第一次中耕将播种时的小垄培高。在中耕前用撒肥机追硫酸钾肥 30 千克，尿素 20 千克左右，中耕撒肥和播前撒肥一样，然后用中耕机中耕，中耕时间选择在茎出芽后离地面 3 厘米左右，杂草多的地块稍晚些，杂草少的适量早些，一般在 5 月底至 6 月初。第二次中耕，在株高 10~15 厘米开始，不宜太深，防治压苗，一般在 6 月底到 7 月初中耕。

（八）喷灌

马铃薯是农作物中需水量较多的一种作物，其块茎产量高低与生育期中土壤水分供给状况密切相关。据调查，每生产 1 千克新鲜的块茎需水 100~150 千克。结合天气情况、土壤干旱程度，具体确定喷灌时间和次数。苗期需水量占全生育期总需水量的10%；块茎形成期（出苗后 20 天，再延后 25 天左右）耗水量占全生育期总需水量30%；后来的块茎膨大期，耗水量占全生育期总需水量的 50%；最后淀粉积累期占全生育期总需水量的 10% 左右。因此，生育前期要求土壤水分占田间最大持水量的 65%左右；生育中期要求土壤水分占田间最大持水量的 75%~80%；生育后期要求土壤水分占田间最大持水量的 60%~65%。所以喷水是喷灌圈马铃薯生产的关键技术措施，没有水就不会有产量，一般在马铃薯全生育期需喷水 5~6 次，特别干旱的年份还要多喷2 次。

（九）防治病虫害

专用薯品种易感病，最主要预防早晚疫病。6 月下旬就开始用第一次药，选用代森锰锌、瑞毒霉、霜脲锰锌、代森锰锌、瑞毒霉锰锌等，根据作物需求选择 2~3 种交替喷施或混合喷施。每隔 7~10 天喷一次，直到 8 月末，至收获前 25 天停止喷药，共喷10~12 次，如发现有初发病株，应加大用药剂量并缩短用药间隔。根据降雨情况确定第一次喷药时间，并计算好每罐药应喷的亩数，每亩地用的药量。调试好打药机的喷药量以及拖拉机的行走速度，最好在无风的天气打药，做到不重不漏，药量准确。农药的包装物及容器要妥善收藏，统一处理，焚毁或深埋。不可乱丢造成污染及不必要的伤害。

（十）除草

除草方法有化学除草和人工除草。

1. 化学除草

采用化学药剂将杂草杀死。一般采用宝成或盖草能，用量根据说明书中的最大量使用，放入打药机内加入足量的水喷到地下。使用化学除草剂时一定要注意田间保持一定的湿度，不可在干旱下使用，喷药时要错过中午高温时期，要在杂草 2 叶 1 心至 3 叶 1 心时前使用除草剂。

2. 人工除草

化学除草剂只能杀死禾本科尖杂草，一些双子叶的杂草，如灰灰菜、圆心菜、芥菜，则需要人工拔除。原则是：提前拔草。除草剂打过以后发现田间有草就组织人拔草，不能错过拔草时机，马铃薯封垄前一定要拔完。从杂草出现到马铃薯封垄，时间很短，所以要尽快把草拔干净。用锄时不能锄深，否则容易伤到马铃薯根。

（十一）杀秧

采用机械杀秧。收获前 1~2 天，用打秧机打秧。打秧机一定要调试适中，过高打不净，收获困难；过低伤土豆，随杀秧随收获减少青头。

（十二）收获

从播种开始后的 120 天左右开始收获，9 月初开始收获，收获装袋后及时发运，避免滞留在田间产生青头，造成不必要的损失。

四、马铃薯旱地丰产栽培技术

张家口市马铃薯种植主要集中在坝上地区和坝下高寒山区，气候类型属于冷温带半干旱大陆性季风型气候，干旱、风大、日照时间长，积温少，冬长夏短，春寒秋凉，无霜期短，正常年景温度、降水、土壤等条件基本可以满足马铃薯的生长，比较适合种植马铃薯，而且效益可观。

（一）选地整地

马铃薯是抗旱耐瘠节水作物，因此对土壤适应性强，以土层深厚、通气良好、保水力和通透性适中的沙壤土与轻壤土最好，不适于在重黏土和低洼排水不好的下湿地或偏碱地种植。马铃薯较耐酸，而不抗碱，以 pH 值 5.5~6 最适宜。它对土壤的孔隙状况有很高的要求，土壤疏松、通气性好，可以满足在生长过程中对养分和 CO_2 的需要及根系发育与匍匐茎滋生。因此，精细整地，蓄水保墒，创造深厚、疏松、墒足的土壤条件是保证块茎膨大、提高大中薯率和旱作高产的重要条件。

前茬应是禾本科作物，以麦类茬和玉米茬为宜，前作收获后，及时进行秋季深翻或深松耕，深度 25~28 厘米，耕后不耙耱，立土晒垡，以储存秋雨，蓄足底墒，为翌年春播和春季生长创造良好的土壤条件。耕作深度应根据土质和耕翻时间而不同。一般沙壤土可深耕，黏土不宜深耕，秋耕宜深，春耕宜浅。

（二）选用良种

旱地马铃薯适宜品种的选择条件为：植株高大，茎秆粗壮；块茎大而整齐，品质好，块茎膨大速度快；抗病性强，抗卷叶病、皱缩花叶病、环腐病和黑胫病，兼抗早疫病和晚疫病，窖贮期间抗湿腐病和干腐病。对食品加工如油炸薯片、薯条及全粉、淀粉加工用的品种，要求中晚熟、丰产、薯块大而整齐，还原糖含量低、白皮白肉等。

目前，生产上栽培的主栽品种有大西洋、克新 1 号、夏坡蒂、冀张薯 6 号、冀张薯 7 号、冀张薯 8 号等。

（三）种薯处理

1. 播前催芽晒种

马铃薯具有生理休眠的特性，只有通过休眠的薯块才能萌芽。干旱区无霜期短，春季干旱气温低，必须对种薯进行播前催芽晒种，以提早出苗，延长生育期。播前18～20 天出窖，出窖后认真分选，淘汰烂薯和发芽慢、感病毒病的纤弱芽薯，选好的种薯平铺，10 厘米一层，在18～20℃条件下暖室催芽。暗光处理 12 天，当幼芽长到 0.5～0.7 厘米时，转到室外背风向阳处，下铺一层草沫，阳光直射处理 8 天，增强植株对水分、养分的吸收能力，提高幼苗期抗旱力，边晒种边翻倒，使其感光均匀一致，翻倒要仔细，不得碰掉芽基，结合翻倒拣出病症薯和不规则块茎。晒到紫绿色即可切块播种。

2. 切块拌种

一般切块重量以 25～35 克为宜，每个切块带 1～2 个芽眼，切块时多带薯肉。为了防止环腐病等细菌性病通过切刀传染，切刀常用 0.2%升汞浸泡 5～10 分钟，也可用开水消毒 8～10 分钟。切块后的种薯按 100 千克用 4 千克草木灰、200 克甲霜灵、5 克块茎膨大素、加水 3.5 千克进行拌种，然后平铺闲房地表 10 厘米厚，不得积堆，不得装袋，防止薯块高温受热沾化伤口导致杂菌感染刀伤面，24 小时后即可播种。

在干旱严重失墒不能适时播种的地区，利用 20～50 克的小整薯播种可以避免切块时消毒不严而传染病菌的机会，降低田间发病率，出苗齐壮，并提高抗病、抗旱、抗寒力。小整薯播种不但可以降低成本，而且由于小整块薯（幼龄薯）病毒含量降低，生活力旺盛，生长强势，一般比切块播种增产 20%左右。

（四）合理施肥

采用配方施肥技术，按马铃薯的需肥规律施肥，马铃薯对肥料三要素的需要以钾最多，氮次之，磷较少，氮、磷、钾的比例为5：2：9。由于马铃薯生育期较短，需肥相对集中，应以施底肥为主，一般结合整地底施有机肥 1 000～2 000千克/亩，马铃薯专用肥（N10%-$P_2O_5$10%-K_2O 15%）50 千克/亩；结合播种施入种肥，播种开沟时施用三元复合肥 20～30 千克/亩，同时施入辛硫磷或其他低毒农药，以防治地下害虫。

（五）适期播种

马铃薯适期播种的原则如下。

（1）应使块茎形成和增长期安排在适于块茎生长的季节，即平均气温不超过21℃、日照时数不超过 14 小时、并有充沛降雨的季节。

（2）充分利用当地对出苗有利的条件，并躲过不利条件。在高寒半干旱区，春旱严重，应充分利用返浆期的土壤水分，抢墒早播，播在返浆期以利出苗，避免春旱对出苗的影响。

（3）根据品种生育期确定播期。

（4）在高寒半干旱区，当地晚霜前20~30天，10厘米地温稳定在5~7℃时，就是该地区适宜播期幅度。

张家口市马铃薯播种期一般4月下旬至5月上旬，在适宜播种期内，争取尽早短时间播完。

（六）播种方式

在张家口市降雨量少而蒸发量大以及缺少灌溉条件的干旱地区种植马铃薯，为了达到抗旱保苗增产的目的，多采用平作的方式种植。播种时用犁开沟，沟深10~15厘米，点种施肥于沟内。株距35~40厘米，行距50厘米。当犁第二沟的同时给第一沟覆土，通常第二沟不点种。然后用耱纵横各耱一次，使地表平整细碎，上虚下实，防旱保墒。小面积栽培可采取人工锹挖，株行距35~50厘米，一般旱地的播种密度为3 500~4 000穴/亩。

（七）田间管理

1. 苗前管理

马铃薯从播种至出苗28~30天。此期的管理主要是疏松土壤、提高地温、消灭杂草、促芽早发、达到苗齐苗壮。具体措施根据情况而定。一是闷锄。在地势偏低的地块，播种后幼苗已经伸长尚未出土，但田间杂草已大量滋生时，要顺垄沟闷锄一次，深浅以划破土皮即可。闷锄可有效提高地温，促早出苗，而且此时杂草尚小，是灭草的最佳时期。二是趟垄。在播种时土壤黏湿，采取浅开沟、浅覆土的地块，只有少量幼苗出土，大部分还未出土，但已能辨认出垄，用犁顺垄背浅趟一遍，适当增加覆土厚度，兼可除草，提早出苗。无论闷锄还是犁趟，一定不能损伤幼苗。

2. 查田补苗

播种后30天左右，基本齐苗后，应及时进行查田补苗，否则单位面积上的有效株数不足，造成减产。检查缺苗时，应找其原因，如种薯腐烂，应把烂薯块连同周围土壤全部挖除，以免感染新补栽苗。因一穴多株的情况较为普遍，所以可在缺苗附近找苗补苗，拔苗时一手插入苗丛下部，按稳薯块，另一手顺茎下深入根际，将欲拔苗轻轻向外侧掰下。或用小手铲从苗丛中间垂直插下，将需要的苗子带土挖出。把原穴用湿土培好，取出苗应立即栽到缺苗处。栽时空穴挖深些，露出湿土，使幼根与湿土密接，然后覆湿土，使幼苗大部埋入土中，仅留2~3个叶片。如天气干旱可坐水栽苗，极易成活，补苗不宜过大，如苗龄过大则缓苗期长或成活困难，会影响产量。

3. 生育期管理

（1）幼苗期。从出苗15天左右为幼苗阶段，幼苗阶段的管理以促为主，促地下，带地上；重点是疏松土壤，提高地温，促进根系发展，以达到根深叶茂。主要措施是中耕锄草，不培或少培土，促苗早发根。

（2）发根期。从幼苗期结束到盛花期结束为发根阶段，20~30天，此期是马铃薯植株建立强大同化体系的关建期。地上部分生长加快，地下块茎开始形成，在管理上仍以促为主，此时要抓紧时间深中耕锄草，并逐渐加厚培土，使土壤疏松，土暄地热，以利于匍匐茎的生长和块茎的形成与膨大。如有条件，可适量补肥浇水，使幼苗成长为丰产型植株——茎秆粗壮、直立不倒、叶片肥厚润泽、叶色浓绿、不落蕾、开花繁茂、长势苗壮。

（3）结薯期。盛花期结束后进入结薯期，主要是促生殖生长、控营养生长，促控结合。地下促其结薯，地上控其徒长。维持叶面积指数的稳定期，延长结薯盛期，主要田间管理是防虫、防病、保叶、防止徒长，控制地上植株生长过旺，封垄后特别是雨后田间湿度过大，尽量避免或减少田间作业，以免碰坏茎叶和避免人为的传播病害。及时防治好各种病虫害，如发现病株要及时拔除埋掉，收获前一周将已黄化的植株用木碌压倒，可促进植株体内的营养物质迅速倒流块茎，以增加产量。

（4）收获期。一般生理成熟的标志是：大部分茎叶由绿变黄达到枯萎，表明植株已进入木质化阶段，块茎易从植株脱落而停止膨大。早熟和中熟品种在正常年份可达到生理成熟，只有晚熟品种直到霜期茎叶仍保持绿色，故可在被霜打死后收获。对于商品薯其收获期因不同熟期品种而异，早熟品种一般从出苗起 50~60 天，中熟品种为 60~80 天，中晚熟品种为 100~120 天，晚熟品种为 120~140 天。

第二章 经济作物生产技术

第一节 亚 麻

一、亚麻品种介绍

（一）坝亚 12 号

选育单位：河北省高寒作物研究所

品种来源：品系号 92-29-1526。选用 6 个品种做为复交亲本，采用复合有性杂交，单株系统选择而育成。杂交组合为：（77134-86×7544-15）×［（A350×黑亚六号）×（匈亚利三号×753）］。2009 年通过河北省鉴定。

特征特性：该品种生育期 105~110 天。属中熟类型品种。株高 48.7~72.8 厘米，工艺长 35.5~53.1 厘米，主茎分枝数 4.6~5.6 个，单株果数 13.45~19.6 个，单果粒数7.1~8.3 粒，千粒重 7.34~8.41 克，单株生产力 0.64~0.852 克。据内蒙古农牧业科学院测试研究中心测试，籽实含油量达 40.7%，亚麻酸含量在 47.2%~49.28%。幼苗直立，蓝色花，褐色种皮。苗期生长快，田间群体整齐一致，抗倒伏性强，耐水肥，抗旱性强，高抗胡麻枯萎病，落黄好，适应范围广。

产量表现：1997—1999 年进行品系鉴定，三年平均亩产 106.1 千克，较坝亚六号增产 17.37%；2000—2002 年进行品种比较，三年平均亩产 118.86 千克，较坝亚六号增产 16.71%；2003—2005 年参加张家口市区试，三年平均亩产 127.24 千克，较陇亚八号增产 11.13%，较坝亚七号增产 9.87%；2006 年进行五个点的生产鉴定试验，亩产78~133.3 千克，较坝亚七号增产 5.2%~33.6%；2007—2008 年参加全国区试，亩产65.63~168.89 千克，较陇亚八号增产 3.55%~55.37%。

栽培技术要点：

（1）选地及轮作倒茬。选择旱地或水地土壤，应避开三年内胡麻、豆类和马铃薯茬口种植。

（2）播种期。一般适宜 5 月初，提倡楼播，行距 20~25 厘米。

（3）播量及密度。亩播量 3.5~4 千克，亩有效株数 30 万~40 万株为宜。

（4）施肥。施肥依地力而异，基肥提倡秋施，结合秋耕亩施有机肥 2 000~2 500 千克，播种时一般亩施多元复合肥或磷酸二铵 4~5 千克做种肥，现蕾开花期可结合降雨亩追尿素 5~10 千克。

（5）田间管理。苗期生长缓慢，为促进营养生长期个体发育和分化，要及时中耕锄草，第一次在苗高 5~10 厘米中耕，第二次在苗高 20 厘米左右现蕾前进行。

（6）适时收获。开花后 30~40 天，有 75% 蒴果变褐，种子呈固有色泽，摇动植株沙沙作响即可收获。

适宜范围：适宜在张家口坝上、承德丰宁围场、山西和内蒙古等邻近省区，甘肃定西地区、宁夏固原、西吉和隆德地区种植。

（二）坝选三号

选育单位：河北省高寒作物研究所

品种来源：采用集团选择法选育而成。国内外品种资源鉴定过程中，发现一个材料（德国一号）单株变异比较大，大量选择后混合脱粒，下年与原材料进行比较，将优良材料经过后代鉴定、品种比较、区域及生产试验进行推广应用。2009 年通过河北省鉴定。

特征特性：该品种生育期 97~104 天，属中熟偏早类型品种。株高 51.7~65.7 厘米，工艺长 35.4~46.3 厘米，主茎分枝数 3.6~6.9 个，单株有效果数 12.7~36.6 个，果粒数 8.2~9.4 粒，单株粒重 0.58~2.02 克，千粒重 6.41~6.57 克。2008 年中国农业科学院油料研究所测定坝选三号含油量 42.77%，亚麻酸含量 49.8%，亚油酸含量 14.8%。幼苗直立，蓝色花，红褐色种皮，有光泽。苗期生长快，田间群体整齐一致，抗倒伏性强，耐水肥，抗旱性强，高抗胡麻枯萎病，落黄好，适应范围广。

产量表现：2002 年进行品系鉴定，亩产 128.8 千克较坝亚六号增产 32.37%；2003—2004 年进行品种比较，平均亩产 143.1 千克，较坝亚六号增产 21.58%、较坝亚七号增产 27.31%；2003—2005 年进行河北省胡麻五个点区试，三年平均亩产 127.67 千克，较陇亚八号增产 17.82%、较坝亚七号增产 11.85%；2006 年进行生产鉴定，亩产 68.5~145 千克，除塞北管理区外，较坝亚七号增产 2.7%~123.08%；2007 年繁育 0.5 亩，亩产 165.8 千克，较坝亚七号增产 50.45%；由于坝选三号增产显著，从 2007 年开始在尚义、沽源、张北、内蒙古的化德、宝昌、兴和大面积引种种植。

栽培技术要点：

（1）选地及轮作倒茬。选择旱地或水地土壤，应避开三年内胡麻、豆类和马铃薯茬口种植。

（2）播种期。一般适宜 5 月中旬播种，提倡耧播，行距 20~25 厘米。

（3）播量及密度。亩播量 3~3.5 千克，亩有效株数 30 万~40 万株为宜。

（4）施肥。施肥依地力而异，基肥提倡秋施，结合秋耕亩施有机肥 2 000~2 500 千克，播种时一般亩施多元复合肥或磷酸二铵 4~5 千克做种肥，现蕾开花期可结合降雨亩追尿素 5~10 千克。

（5）田间管理。苗期生长缓慢，为促进营养生长期个体发育和分化，要及时中耕锄草，第一次在苗高 5~10 厘米中耕，第二次在苗高 20 厘米左右现蕾前进行。

（6）适时收获。开花后 30~40 天，有 75% 蒴果变褐，种子呈固有色泽，摇动植株沙沙作响即可收获。

适宜范围：适宜在张家口坝上、承德丰宁围场、山西和内蒙古等邻近省区种植。

（三）伊亚4号

选育单位： 新疆伊犁州农业科学研究所

品种来源： 于1995年用胡麻品种78-2-8和伊亚2号进行杂交，通过单株选择和集团选择，于2004年定型以代号伊04进入品系比较试验，2005—2006年参加全国胡麻品种区域试验，2007—2009年参加自治区胡麻品种区域试验和生产试验。2010年由自治区农作物品种审定委员会登记命名为伊亚4号。

特征特性： 胡麻品种伊亚4号株高65~72厘米，工艺长46~52厘米，生育期96~110天。单株分枝5~6个，单株果数10~15个。千粒重7.2克，含油率41.7%，抗胡麻枯萎病和立枯病。抗倒伏和抗寒性强，适应性强而稳产性好。

产量表现： 2004年在伊犁州农业科学研究所品系比较中，伊亚4号亩产214.5千克，比对照伊亚2号增产11.1%。2005—2006年参加全国胡麻品种区域试验，两年22个点次，平均亩产161千克，比对照陇亚8号增产4.2%，产量位居11个参试品种第二位，含油率位居第一位达41.7%，综合评价为优。

栽培技术要点： 在伊犁河谷西部地区3月下旬到4月上旬播种，河谷东部4月上中旬播种，适当早播产量高。前茬宜选小麦、玉米或豆类。播前亩施磷酸二铵5~10千克，尿素5~8千克做底肥。播种量每亩5.5~6千克，播种深度3~4厘米。苗期田间杂草多时，在苗高10厘米左右，每亩选用除草剂13%二甲四氯130毫升（有效成分不能超过18克/亩）和10.8%高效盖草能40毫升，或亩用40%立清乳油50毫升和10.8%高效盖草能40毫升，对水15~20千克，天晴无风时田间喷雾化除。现蕾期苗情差时，可每亩追施尿素5~8千克。水浇地种植在现蕾前后可根据降雨情况浇第一水，全生育期根据降雨情况浇水2~5次。开花后可喷施叶面肥。在7—8月籽粒成熟时及时收获。

适宜区域： 胡麻新品种伊亚4号适宜在伊犁河谷胡麻产区种植。新疆和全国胡麻产区可引种试种。

（四）定亚23号

选育单位： 定西市旱作农业科研推广中心（现定西市农业科学研究院）西寨油料站。

品种来源： 代号9135，以8729-13-1-3为母本，以8431-3A-5-2-1-T4为父本杂交选育而成。2010甘肃省审定和国家鉴定。

特征特性： 幼茎紫色、苗色深绿，花色淡蓝，花药蓝色，蒴果成熟前呈紫色，籽粒褐色。具有丰产稳产性好、高抗枯萎病、抗旱强、较抗倒伏、含油率高等优点。株高60.7~66.7厘米，工艺长度40.1~44.0厘米，株型较松散，单株有效果数多，每果着粒数7.0~8.0粒，千粒重7.50~8.00克，单株生产力0.62~0.98克。棕榈酸5.95%，硬脂酸3.55%，油酸26.91%，亚油酸13.41%，亚麻酸50.20%。生育期90~118天，属中晚熟品种。含油率42.59%。适宜干旱或半干旱区的水、旱地推广种植。

产量表现： 2002—2004年甘肃省区域试验平均折合亩产122.56千克，较对照增产0.08%，居参试品系的第二位。2007—2008年全国区试平均亩产134.48千克，比对照品种陇亚 8 号亩产 129.27 千克增产 4.00%，位居参试品系首位。

栽培技术要点：

（1）精细整地。前作收获后及时耕翻灭茬，耙耱整平，创造良好的生长土壤环境，保证苗齐，苗壮。

（2）播量播期。播量每亩以 3.0~4.0 千克为宜，并视底墒情况，适量增减。甘肃海拔 1 000~2 200 米的产区播期掌握在 3 月下旬至 4 月中旬为宜。

（3）水肥管理。甘肃中部产区，施肥应遵循以基肥为主，种、追肥为辅，氮肥为主，磷肥为辅，秋施为主，春施为辅的原则。在未足量施基肥时，播前先地表撒施尿素 5 千克，另在种子中混合 4.0 千克磷酸二铵，及时播种，及时耱平，生长期间结合灌水或降雨亩施硝铵 5~6 千克做追肥，有灌溉条件的在现蕾前灌水。其他地方根据当地气候特点、栽培条件、土壤肥沃情况灵活掌握，控制水肥。

（五）陇亚 10 号

选育单位：甘肃省农业科学院作物研究所

品种来源：采用（81A350×Red wood65）×陇亚 9 号的复交方式，实现抗病、大果大粒、优质等优良基因型组合；依据育种目标，对受显性基因控制的枯萎病抗性进行早代病圃重点选择，F4 代后对具有累加基因效应、随环境变异较大的性状进行不同生态点穿梭选择选育而成，通过甘肃、青海省品种审（认）定和国家品种鉴定，成果鉴定达国内领先水平，获得我国第一个亚麻品种权。

特征特性：高 47~77 厘米，属于油纤兼用类型；单株果数 17~25 个，千粒重 7.43~10.3 克；生育期 108~128 天，属中熟品种；群体整齐一致，抗倒伏性好。品质优良：含油率 40.89%，比陇亚 8 号高 1.28 个百分点，亩产油量增产 13.55%，亚麻酸含量 54.03%，比陇亚 8 号高 0.27 个百分点。高抗枯萎病：陇亚 10 号在病圃枯萎病平均发病率为 2.88%，较陇亚 8 号低 6.15 个百分点，比感病品种天亚 2 号低 75 个百分点。

产量表现：国家区试中平均亩产 131.70 千克，较对照增产 10.86%，是近年来在全国区试中产量唯一超过对照陇亚 8 号 10% 以上的新品种，最高亩产达 230.0 千克，甘肃省区试中，平均亩产 128.12 千克，较对照增产 4.62%，最高亩产达到了 260 千克，两区试最高和平均产量均居第一位；大面积示范水地平均亩产 180 千克，旱地平均亩产 100 千克，增产 5%~30%。在黑龙江、云南等新产区种植，亩产分别为 110.0 千克和 138.52 千克，表现优良。

适应性：适宜甘肃等华北西北胡麻主产区及吉林、云南等胡麻新产区种植。

栽培技术要点：合理密植。亩播量 3~3.5 千克，亩保苗 25 万~35 万株。适当早播。一般川水地以 3 月下旬至 4 月上旬播种为宜，高寒山区以 4 月中下旬播种为宜。增施肥料。加强管理，及时清除田间杂草，防治蚜虫、苜蓿夜蛾、地老虎等虫害。

（六）陇亚 11 号

选育单位：甘肃省农业科学院作物研究所

品种来源：代号为 95053 以 115 选-1-1 为母本、陇亚 7 号为父本通过杂交选育而成。该品种于 2009 年通过甘肃省品种审定和成果鉴定，居国内领先水平。

特征特性：株高 49.8~63.9 厘米，千粒重 7.2~7.6 克，生育期 95 天，属中熟品种。种皮褐色，花蓝色。品质分析结果，粗脂肪含量为 40%~42%，棕榈酸 5.98%，硬脂酸 4.43%，油酸 24.95%，亚油酸 15.38%，亚麻酸 49.26%。田间抗病鉴定结果，苗期 95053 的病株率为 2.8%，对照抗病品种陇亚 8 号病株率为 3.1%，感病对照品种天亚 2 号病株率为 35.5%；在成株期 95053 的病株率为 7.5%，对照抗病品种陇亚 8 号病株率为 7.3%，感病对照品种天亚 2 号病株率为 65.2%。表现了高抗枯萎病，在苗期和成株期均对枯萎病具有田间抗病性。抗倒伏，抗白粉，抗旱性较强。农艺性状优良，生长势较强，成熟时无贪青现象，整齐一致。

产量表现：甘肃省区域试验结果，2005 年折合亩产 123.11 千克，较对照陇亚 8 号增产 2.46%，居参试材料第一位。2006 年折合亩产 118.44 千克，较对照增产 6.42%，2007 年折合亩产 123.53 千克，较对照增产 7.28%，三年 19 点次平均折合亩产 121.69 千克，较统一对照陇亚 8 号增产 5.34%，居参试品系的第一位，其中，有 13 个点次增产，增产幅度在 0.5%~38.79%。国家区试结果，2005 年折合亩产 133.15 千克，较对照增产 0.35，居第二位，2006 年折合亩产 144.13 千克，较对照增产 2.41%，居第一位。两年平均亩产 138.74 千克，增产 1.40%。位居第一，两年 22 个试点中，有 13 个点增产。生产试验中较主栽品种增产 10%左右。

栽培技术要点：合理密植。亩播量 3~3.5 千克，亩保苗 25 万~35 万株。适当早播。一般川水地以 3 月下旬至 4 月上旬播种为宜，高寒山区以 4 月中下旬播种为宜。增施肥料。加强管理，及时清除田间杂草，防治蚜虫、苜蓿夜蛾、地老虎等虫害。

适宜区域：该品种适宜甘肃省兰州、张掖、白银、平凉等及河北、宁夏、新疆和内蒙古等胡麻主产区种植。

（七）陇亚杂 1 号

选育单位：甘肃省农业科学院作物研究所

品种来源：为 F1 代杂交种，杂交组合为 1S/9873，原代号 H08-2。2010 年通过甘肃省品种审定。

特征特性：花蓝色、种子褐色、幼苗直立，株型较紧凑；株高在 36~62 厘米，较对照组低 2~10 厘米，植株较矮，工艺长度 30 厘米左右，属油用型品种。单株果数多，千粒重 7 克左右，生育期为 92~113 天，成熟期较陇亚 8 号早 3~10 天，属于早熟品种。抗倒伏，生长势较强，成熟时无贪青现象，整齐一致。含油率 40%，高抗枯萎病，H08-2 在兰州区试田 H08-2 枯萎病发病率为 3.8%，对照陇亚 8 号为 4.5%。在景泰县试验基地连茬胡麻重病田 H08-2 枯萎病发病率为 4.7%，对照陇亚 8 号为 4.9%，感病对照品种天亚 2 号病株率为 55.4%。

产量表现：甘肃省区域试验结果，2008 年 H08-2 7 点次平均折合亩产 132.59 千克，较对照陇亚 8 号增产 6.89%，增产达显著水平，居参试材料第二位，7 点次试验结果中有 6 点次较对照增产，增产幅度为 6.36%~26.92%，张掖点减产-18.91%。2009

年 H08-2 平均折合亩产为 128.36 千克，较对照陇亚 8 号增产 13.99%，居参试材料首位，增产达到极显著水平，6 点次增产，增产幅度为 8.11%~29.78%。2 年 14 试点平均折合亩产 130.40 千克，较对照陇亚 8 号增产 10.27%，增产达极显著水平，居参试材料第一位。有 12 个点增产，增产点次达到了 85% 以上。生产试验中较主栽品种增产 10% 左右。

栽培技术要点：合理密植。亩播量 3~3.5 千克，亩保苗 25 万~35 万株。适当早播。一般川水地以 3 月下旬至 4 月上旬播种为宜，高寒山区以 4 月中下旬播种为宜。增施肥料。亩施有机肥 2 000~3 000 千克，并配合施磷二铵每亩 15 千克做底肥，显蕾前后结合降雨追肥。加强管理，及时清除田间杂草，防治蚜虫、苜蓿夜蛾、地老虎等虫害。

适宜区域：该品种适宜甘肃省兰州、张掖、白银、平凉及定西等胡麻主产区。

(八) 陇亚杂 2 号

选育单位：甘肃省农业科学院作物研究所

品种来源：为 F1 代杂交种，组合 1S/陇亚 10 号，代号 H08-1，2010 年通过甘肃省品种审定

特征特性：花瓣蓝色、种子褐色、幼苗直立。株高 34.9~61.88 厘米，工艺长度 35 厘米，单株果数多，千粒重较高，生育期 94~115 天，中早熟，抗病、抗倒伏，综合性状优良。群体整齐一致，无贪青现象，落黄好。品质优良，粗脂肪含量为 41% 左右。在兰州区试田：H08-1 枯萎病发病率为 3.5%，对照陇亚 8 号为 4.5%。在景泰县试验基地连茬胡麻重病田：H08-1 枯萎病发病率为 4.2%，对照陇亚 8 号为 4.9%，感病对照品种天亚 2 号病株率为 55.4%，鉴定结果为胡麻新品系 H08-1 高抗枯萎病。

产量表现：甘肃省区域试验结果，2008 年 H08-1 折合亩产和增产幅度分别为 132.59 千克和 7.00%，增产达显著水平，居参试材料第一位，5 点次增产；2009 年 H08-1 平均折合亩产分别为 120.88 千克，较对照陇亚 8 号增产 7.36%，增产达显著水平，居参试材料第三位，5 点次增产。两年区试结果，H08-1 平均折合亩产 126.44 千克、较对照陇亚 8 号增产 6.92%，达到极显著水平，居参试材料第二位，10 点次增产，增产幅度为 6.70%~25.84%。生产试验中较主栽品种增产 10% 以上。

栽培技术要点：合理密植。亩播量 3~3.5 千克，亩保苗 25 万~35 万株。适当早播。一般川水地以 3 月下旬至 4 月上旬播种为宜，高寒山区以 4 月中下旬播种为宜。增施肥料。亩施有机肥 2 000~3 000 千克，并配合施磷二铵每亩 15 千克作底肥，显蕾前后结合降雨追肥。加强管理，及时清除田间杂草，防治蚜虫、苜蓿夜蛾、地老虎等虫害。

适宜区域：该品种适宜甘肃省兰州、张掖、白银、定西及平凉等胡麻主产区。

(九) 陇亚 8 号（作为品种筛选试验的统一对照）

选育单位：甘肃省农业科学院

品种来源：以对胡麻枯萎病具有高抗性的外引品种匈牙利 5 号作母本、以油纤两

用性状好及一般配合力强的内亚 2 号作父本组配的杂交组合后代经过病圃单株选择及不同生态点穿梭选择鉴定而成，该品种成果鉴定达国内领先水平，与 1997 年通过甘肃省品种审定，2002 年获得甘肃省科技进步三等奖，目前已经连续 5 届 10 年作为国家和甘肃省区域试验统一对照品种。该品种具有突出特性。

特征特性：株高水地为 70~80 厘米，旱地一般 50~70 厘米，工艺长度水地为 45~55 厘米，旱地为 40~45 厘米，属油纤兼用类型；生育期 91~110 天，属中熟品种，成熟一致，落黄好；高抗胡麻枯萎病，兼抗白粉病，在自然重病圃和人工接种病圃中，枯萎病成株期枯死率 0.3%~5.63%，比陇亚 7 号低 0.98~8.15 个百分点；抗旱耐寒、抗倒伏性强。种子含油率 40.76%~42.47%，比陇亚 7 号高 0.43~0.98 个百分点，比天亚 5 号、6 号分别平均高 2.3 个、1.9 个百分点，亚麻酸含量可达 52%。

产量表现：在甘肃省胡麻区域试验中，在连续三年资料齐全的 6 个试点 18 点次试验中的平均折合亩产 121.85 千克，较统一对照陇亚 7 号平均增产 8.18%，在 9 个供试品系中居第一位，在中部地区平均折合亩产 119 千克，较统一对照陇亚 7 号平均增产 11.97%，居第一位。在西北华北联合区域试验中，平均折合亩产 158 千克，较对照陇亚 7 号增产 9.7%，在甘肃、山西、内蒙古和宁夏等省区的生产试验及示范结果表明，该品种亩产一般为 80~180 千克，高者达 250 千克以上，比陇亚 7 号、天亚 5 号、定亚 17 号等显著增产，增产幅度 4%~40%。

适应性：适应我国广大胡麻产区种植。

栽培技术要点：合理密植。一般山旱地亩播量 3~4 千克，亩保苗 20 万~30 万株；二阴地区亩播量 3.5~4 千克，亩保苗 25 万~35 万株；灌区亩播量 4~5 千克，亩保苗 35 万~45 万株。适当早播。增施基肥。加强管理。及时清除田间杂草、防治虫害，现蕾前及时防治蚜虫、苜蓿夜蛾、地老虎、潜叶蝇等。

（十）天亚 9 号

选育单位：甘肃农业职业技术学院

品种来源：以自育品系 89-259-5-1 为母本、喀什 77134-128 为父本杂交选育而成。选育系号 95-55-6-1-1-4-1-3-1，简称 95-55。2010 年通过甘肃省品种审定定名为天亚 9 号。

特征特性：油纤兼用型品种，幼苗直立，蓝花，株型较紧凑，种子褐色；株高 55~71 厘米，工艺长度 22~42 厘米，有效分枝数 4.5~6.7 个，单株结果数 10~18 个，蒴果着粒数 6.0~7.3 粒，千粒重 6.3~7.4 克，生育期 99~105 天。株高中等，生长整齐，成熟一致，丰产性突出，高抗枯萎病，含油率较高，适应性广。

产量表现：在 2008—2009 年甘肃省区域试验中，平均折合亩产 126.03 千克，较对照陇亚 8 号增产 6.57%，增产达极显著水平，丰产性突出；在 2009—2010 年生产试验示范中 9 试点全部增产，增产幅度为 4.5%~21.33%。其中，在不同地区水浇地平均折合亩产 171.66 千克，较当地对照品种平均增产 9.41%；在不同地区旱地平均折合亩产 94.17 千克，较当地对照品种平均增产 13.73%。

栽培技术要点：合理密植。一般山旱地亩播量 3~4 千克，亩保苗 20 万~30 万株；

二阴地区亩播量 3.5~4 千克，亩保苗 25 万~35 万株；灌区亩播量 4~5 千克，亩保苗 35 万~45 万株。适当早播。一般川水地以 3 月下旬至 4 月上旬播种为宜，山区二阴地以 4 月上中旬播种为宜。增施基肥，适时追肥。亩施有机肥 2 000~3 000 千克，配合施磷酸二铵 15 千克/亩做底肥，枞形期前后结合灌水、降雨追施尿素 10 千克/亩。现蕾期、末花期可结合防虫喷施磷酸二氢钾 0.3%~0.5%。加强管理。及时清除田间杂草、防治虫害，现蕾前及时防治蚜虫、苜蓿夜蛾、地老虎、潜叶蝇等。

适宜地区：适应于甘肃省兰州、定西、天水、平凉、庆阳、白银、酒泉及高台等胡麻产区种植。

（十一）宁亚 19 号

选育单位：固原市农业科学研究所

品种来源：宁亚 19 号以宁亚 11 号为母本，宁亚 15 号（8493-6）为父本进行有性杂交选育并进行胡麻枯萎病抗病性鉴定筛选，于 2009 年培育成功的丰产性好、抗病性强、耐旱、抗倒伏的胡麻优良新品种。原代号：9425W-25-11。2010 年通过宁夏农作物品种审定委员会审定。

特征特性：幼苗直立，叶片宽度中等偏窄，叶密度较大，叶色深绿，花瓣蓝色，株型紧凑，结果集中，分茎能力不强，株高 56.44 厘米，工艺长度 38.56 厘米，属油麻兼用型。单株有效分枝数 8.3 个，单株结果数 17.2 果，蒴果中等，成熟后不开裂。每果粒数 7.8 粒，籽粒卵圆形，种皮浅褐色，千粒重 7.52 克，粗脂肪含量 41.26%。生育期 92~109 天，属中早熟品种，长势较旺。幼苗阶段耐寒、耐旱性强，成熟落黄较好，适应性广，抗胡麻枯萎病。

产量表现：在 2007 年区域试验中平均亩产 139.12 千克，比对照增产 13.11%。2008 年生产试验中平均亩产 143.89 千克，比对照增产增产 21.28%；2009 年生产试验中平均亩产 145.08 千克，比对照增产 23.79%。2010 年进行较大面积展示示范繁种，旱地亩产 75~100 千克，在水肥条件较好的条件下亩产可达 150 千克以上。

栽培技术要点：适时早播，半干旱区在 4 月上旬抢墒播种，一般旱地亩播量为 3~4 千克，保苗 20 万~35 万/亩；水地为 4~5 千克，保苗 30 万~35 万/亩为宜。及时破除土壤表层板结，确保全苗。以施基肥为主，一般亩施农家肥 2 000 千克以上、尿素 5~8 千克，磷酸二铵 7~10 千克。巧施种肥，一般每亩用 3~4 千克磷酸二铵做种肥，尿素不宜做种肥；适当追肥，在灌头水时每亩追施磷酸二铵 7.5~10.0 千克，尿素 5.0 千克左右。适时灌好头水，一般在胡麻出苗后 30~40 天灌头水比较适宜，以后灌水视田间土壤水分状况和天气情况确定，避免造成倒伏减产。松土除草，及时防治金龟甲、蚜虫、蓟马、苜蓿盲蝽和黏虫等为害。

适宜区域：适宜在宁夏半干旱区的旱地、水地种植。

（十二）晋亚 10 号

选育单位：山西省农业科学院高寒区作物研究所

品种来源：用 8918-1 做母本，美国品种 NORLIN 做父本杂交选育而成。2009 年山西省农作物审定委员会认定—晋审亚（认）2009001。

特征特性：晋亚10号株高50~65厘米，工艺长度40~50厘米，主茎分枝5个以上，单果着粒8粒以上，千粒重6克左右，籽粒红褐色，花蓝色。生育期95~110天，中熟品种。分枝能力较弱，出苗到现蕾生长缓慢。生长整齐，成熟一致，抗枯萎病，抗旱，中抗倒伏，丰产性状好。含油率39.82%，亚麻酸50.49%。

产量表现：2006—2007年参加山西省胡麻区域试验，两年平均亩产107.8千克，比对照晋亚8号平均增产11.1%，试验点9个，9点增产，增产点率100%。其中2006年平均亩产105.7千克，比对照晋亚8号增产10.8%；2007年平均亩产110.4千克，比对照晋亚8号增产12.0%。

栽培技术要点：加强抗旱耕作措施，保墒蓄水，保证播种质量；适时播种，在大同朔州地区以4月下旬至5月上旬为宜，分枝能力较弱，要保证基本苗数，旱地亩播量2.5~3千克，水地亩播量3~4千克；该品种出苗到现蕾生长缓慢，前期要加强中耕除草，早锄、浅锄，现蕾期深锄，促进植株生长发育；有条件地方可于现蕾期、花期浇水追肥，保证后期水肥需要；适时收获，防止倒伏减产。

适宜区域：山西省忻州、吕梁、朔州、大同的肥旱地及水地种植。

（十三）晋亚11号

选育单位：山西省农业科学院高寒区作物研究所

品种来源：由山西省农业科学院高寒区作物研究所用晋亚7号做母本，美国品种US3235做父本杂交选育而成。2010年山西省农作物审定委员会认定—晋审亚（认）2010001。

特征特性：株高55~65厘米，工艺长度40厘米以上，主茎分枝5个以上，单果着粒8~10粒，千粒重6克左右。籽粒褐红色，花蓝色。生长整齐，株型紧凑，抗枯萎病，抗倒伏，抗逆性较强。生育期100~115天，中晚熟品种。分茎力较弱，适宜密植，注意适当加大播量。含油率40.60%，亚麻酸含量50.88%。

产量表现：2008—2009年参加山西省胡麻区域试验，两年平均亩产88.6千克，比对照晋亚8号平均增产81.6%，试验点9个，增产点8个，增产点率88.9%。其中2008年平均亩产100.0千克，比对照增产8.1%；2009年平均亩产79.5千克，比对照增产9.0%。

栽培技术要点：轮作以小麦、豆类、莜麦、马铃薯、玉米茬口为好。加强抗旱耕作措施，保墒蓄水。平川地区在4月中下旬播种，丘陵山区5月上旬播种。该品种分茎能力较弱、注意适当加大播量，亩播量3~3.5千克。生育期间中耕两次，苗期浅锄，现蕾期深中耕。有条件地方可于现蕾期、花期浇水追肥，保证后期水肥需要。适时收获，防止后期遇雨返青减产。

适宜区域：山西省水肥条件较好，生育期较长胡麻产区种植。

（十四）坝亚13号

选育单位：河北省高寒作物研究所

品种来源：由河北省农林科学院高寒作物研究所采用常规育种法，以晋亚 7 号做母本，89-46-884-901 为父本杂交选育而成。2013 年通过专家鉴定。

特征特性：株高 39~76.5 厘米，工艺长度 40 厘米以上，主茎分枝 4.3~11 个，单果着粒 8~9.1 粒，千粒重 5.9~7.36 克。生育期 101~108 天，属中熟油纤兼用品种。苗期生长快，田间群体整齐一致，抗旱性强，抗枯萎病。

产量表现：高寒半干旱区一般亩产 94.95~144.8 千克，最高产 164.3 千克。

栽培技术要点：选择旱地或水地土壤，应避开 3 年内胡麻、豆类和马铃薯茬口种植。适宜在 5 月初播种。提倡耧播，行距 20~25 厘米，亩播量 3.5~4 千克，亩有效株数 30 万~40 万株为宜。结合秋耕亩施有机肥 2 000~2 500 千克，播种时一般亩施多元复合肥 5~7.5 千克做种肥，现蕾前瘦地、薄地可结合降雨或中耕亩追尿素 5~10 千克。该品种苗期生长缓慢，要及时进行中耕，苗期浅锄，现蕾期深中耕。适时收获，开花后 30~40 天，有 75%蒴果变褐，种子呈现固有色泽，摇动植株沙沙作响即可收获。

适宜区域：河北、山西、内蒙古、宁夏、甘肃省高寒半干旱区种植。

二、亚麻病害

亚麻常见病害有立枯病、炭疽病、枯萎病、白粉病、锈病。防治此类病害的方法：选用抗病品种、严格实施检疫、实行轮作、加强田间管理、及时清除田间病株。用 0.3%~0.4%退菌特拌种可预防亚麻炭疽病，用 0.3%~0.4%多菌灵拌种可预防亚麻白粉病，亚麻白粉病发病初期田间用甲基托布津可湿性粉剂 1 000 倍液喷雾，有较好的防治效果。

第二节　甜菜纸筒育苗移栽栽培技术

一、育苗前的准备

（一）选育苗场地

选平整、背风、向阳的空地。

（二）育苗用品的准备

（1）育苗纸册。单筒直径 1.9 厘米，高 15 厘米；每册纸筒为 1 400 个单筒，标准纸册展开后长 116 厘米，宽 29 厘米，单筒呈正六边形；每亩用 4 册。

（2）单芽种子。发芽率 90%以上的包衣种 5 600 粒/亩。

（3）苗床杀菌药剂。每亩 50%的敌克松 8~10 克。

（4）墩土板的制作。准备长 140 厘米、宽 40 厘米、厚 5 厘米的墩土板，底长 127 厘米、顶长 116 厘米、高 15 厘米、厚 3 厘米的挡板 2 块，长 40 厘米、宽 2 厘米、厚 0.5 厘米的纸筒拉板 2 根。底板由 1 块或几块同厚的长 140 厘米的木板拼制组成，缝隙挤紧不漏土。为使底板不变形，要用干木料制作，并在底板底部钉几道横带。底板一侧安 2 个拉手，底板刨光后钉层塑料布，便于将纸筒推入育苗棚内，底板两端各钉 1 个方木，内侧距离 118 厘米。每个方木两端凿成深 4 厘米、宽 2 厘米的木槽，两槽内边距 29 厘米，固定侧板。在侧板同一边上两端分别锯掉高 9 厘米、长 4 厘米的角，插入木槽，最后在低板四角各打 1 个穿身孔。

（三）配置苗床土

选含腐殖质多的肥浇耕地的松散表土，忌用黏重土、盐碱土和甜菜地的土。用腐熟透的农肥，避免用生粪。磷酸二铵磨碎，每册用 100 克，土和农肥按 3∶1 用 6~8 孔筛筛后均匀拌入化肥。苗床土含水量要求达 18%，以手握成团，松手散开为好，每册用土 50~65 千克。

二、播种

（一）播期

坝上播期一般为 4 月初，育苗期 30 天左右。

（二）装土

将配好的苗床土分 3 次装入，墩实，扫去多余土，露出纸筒边缘，以便播种，然后排在育苗地，纸册间挤紧放平，四周围土 18~20 厘米踩实，每册浇水 20 千克，分 3 次浇入，最后一次加入用温开水溶解的敌克松 20 克对土壤消毒，用喷壶均匀浇在苗床上，浇透水，以单筒抽出为准。

（三）播种

用直径 1.5 厘米的木棒，在纸筒上扎 0.5 厘米深的播种穴，每穴播 1 粒种，覆盖营养土，扫至露出纸筒边缘。

三、建棚

（1）大棚应建坐北向南，东西延长，设计好通风口，以便随时控制温度、湿度。

（2）小拱棚育苗。一般为东西向宽，南北延长。育苗棚长为育苗亩数×1.2+1 米，宽 1.8 米，棚高应在 1.2~1.5 米。棚膜要用 0.01 毫米以上白色透明塑料膜。

四、苗床管理

（一）出苗管理

播种后 7~8 天。白天棚内温度保持 20~30℃，夜间 5℃以上，9 时揭掉保温物，16 时盖上，出苗前不浇水，缺水则补浇 20~30℃温水。

（二）出苗期

播种后 5 天左右为子叶期，此时为防止幼苗徒长，促根系发育，白天温度控制在 15~20℃，晚上 2℃以上，出苗率可达 70%以上；待子叶全部展开，8—9 时开始通风晒床，打开棚膜进行小通风，逐渐加大通风量。

（三）出苗中期

播种后 15 天左右时生出 1~2 对真叶，此时中心任务是蹲苗、促壮、防苗徒长。白天通风晒床，加强通风，晚间可适当加覆盖物，随气温升高，可逐渐撤掉保温物，保持不冻，中午幼苗出现萎蔫，15 时不恢复时可适当少浇温水，使上下接墒，水量不可过少或过大，切忌天天浇水。

（四）出苗后期

移栽前 5~7 天主要是对幼苗进行抗旱、抗寒锻炼。棚内温度与外界温度相同，晚间 0℃以上，夜间如果无冻害可按露天管理，使幼苗适应自然环境，控制浇水，使幼苗不萎蔫即可。

五、移栽技术

（一）选地选茬

甜菜田应选择莜麦、小麦，或马铃薯、亚麻等茬口地块，注意不要选在低洼易涝的根腐病及地下害虫严重地块。

（二）整地施肥

整地要抢墒作业，防止跑墒。移栽田每亩施农家肥 2 000 千克以上、磷酸二铵 20~30 千克、尿素 15 千克、硫酸钾 5 千克，无农家肥要适当提高化肥的使用量。

（三）起苗方法

起苗前一天，用温净水分多次把苗床浇透，栽多少浇多少。起苗时用专用工具插入纸册底部，成块轻轻掘起，搬运时轻拿轻放，苗床内留 5% 做为补苗。

（四）适时移栽

移植的壮苗标准是苗龄 25 天左右，株高 8~10 厘米，两对真叶展开，上胚轴长不超过 1.5 厘米。一般在 5 月初移栽。

（五）移栽密度

株行距 50 厘米×30 厘米，每亩保苗 4 500 株。

（六）移栽方法

（1）扎眼移栽。用一根比纸筒稍粗的木棒削成圆尖或用移栽器，垄上扎眼，深度与纸筒相同，将筒苗插入，培土按实即可，自流灌的地块要随栽随灌，坐水栽的地块，每株灌 1~2 千克水。此方法适合于地质较硬地块。

（2）开沟移栽。按行距用犁开 16~17 厘米深的沟，然后按照株距，手工放苗培土栽实，此法虽省工，但移栽质量较差。

（3）移栽器械栽苗。鸭嘴形移栽机，适合于土壤松软地块。

六、田间管理

移植后注意防治地下害虫和跳甲为害。移植田封垄早，应抓紧中耕管理，其他管理方法同直播田。

第三节　葵花种植技术

一、选地整地

向日葵对土壤的适应性很广，一般 pH 值在 5.5~8.5，重黏土到轻沙质土壤都可以种植。最适宜土层深厚、腐殖质含量高 pH 值 6~8 的沙壤土或壤质土壤种植为好。

1. 选地

选土层深厚，土地平整，灌排配套，要求轮作期 3~4 年，严禁迎重茬。

2. 整地施肥

精细整地，施足底肥，要求播种前无根茬，重施基肥，深种种肥。秋季深翻 20~25 厘米，亩施农家肥 1 000~1 500 千克，在秋压底肥的基础上要适时进行秋浇，在冬春及时旋耕，做到地平、土碎，墒情均匀一致。

二、轮作倒茬

向日葵不宜连作，向日葵连作会使土壤养分特别是钾素过多消耗，地力难以恢复，病虫草害也会因连作而加剧；也不宜在低洼易涝地块种植。轮作周期一般为 3~4 年。其中，列当和霜霉病严重的地块轮作周期应在 8 年以上。菌核病严重的地块应在 4 年以上。向日葵对前茬选择并不严格，除甜菜和深根系牧草外，其他作物均可作为向日葵的前茬，豆类作物、谷类作物等均是向日葵的良好前茬。

三、精选种子

选择产量高、质量好、品质佳、商品性好、抗叶部斑病、耐菌核病、空瘪率低、发芽率高、发芽势强的优良品种。适宜当地种植的食用向日葵品种主要有美葵 363、3638、同辉 31 等。种子纯度不低于 97%，净度不低于 98%，发芽率应在 95% 以上。目前，种植的品种大都是杂交种，严禁用杂交种二代种子。

四、播前准备

播前应晒种 2~3 天，用 40% 锌硫磷 150 毫升，对水 5~7.5 千克，拌种 25~30 千克，以防治地下害虫。用多菌灵 500 倍液浸种 6 小时，或用菌核净、甲基托布津等拌种，用药量为种子量的 0.5%~0.6%，以防治菌核病。

五、播种时间及方法

1. 适时早播

适时早播，可防止或减轻叶部斑病和菌核病的发生，对向日葵的产量和质量影响很大。向日葵生育期比较短，播期选择余地比较宽，一般在 5 月上中旬播种，晚熟型品种应适当早播，以防止贪青晚熟而减产。

2. 播种方法

采取气吸式精量播种机宽垄双行覆膜播种技术，黏土地播深 3~5 厘米，沙壤土地、沙质土地播深可达 6~7 厘米。

3. 密度配置

向日葵秆高、茎粗，要合理密植，发挥边行优势，采取大小行种植，有利于通风透光，提高光合作用。原则是高秆大粒品种宜稀，矮秆及小粒品种宜密。

六、播种

采取气吸式精量播种机宽垄双行覆膜播种技术，播种、覆膜、施肥、膜上开孔一次完成。实行宽窄行播种，大行距 100 厘米，小行距 50 厘米，株距 60 厘米，每亩留苗 1 500~2 000 株。结合播种亩施氮-磷-钾复合肥（15-15-15）20~25 千克，辛硫磷颗粒剂 1.5 千克。

七、加强田间管理

1. 中耕除草

第一次中耕结合间苗进行，深 3~4 厘米，每亩追尿素 10 千克。一星期后第二次中耕，深 8~10 厘米；第三次中耕深 3~4 厘米，在结盘时进行，结合中耕每亩追尿素 15 千克，硫酸钾 10 千克，结合根部培土。

2. 大面积种植采用放置蜂箱蜜蜂授粉

在蜂源不足的情况下，在开花盛期进行人工辅助授粉，以提高结实率。其方法是：戴线手套在开花 2~3 天后逐个进行触摸，时间应在 9—11 时、16—19 时为宜，每隔 7 天 1 次，连续 2~3 次，可增加产量 20% 以上。

3. 适时早浇

食用向日葵全生育期浇水 2~3 次，第一水在现蕾前，时间 6 月初，亩追尿素 15~20 千克。第二水在现蕾期，时间在 6 月下旬。第三水在开花期，时间在 7 月中旬，亩施硫酸钾 10~15 千克。8 月上旬灌浆期视降雨、风力情况而定，要浅浇，水过地干。

4. 病害防治

为防治菌核病，用 50% 速克灵可湿性粉剂 1 000 倍液或菌核净 800 倍液在初花期将药喷在花盘的正反两面，隔 10 天再喷药 1 次。为防治锈斑病，一般可在 8 月上旬，每亩用 15% 三唑酮可湿性粉剂 800~1 200 倍液或 50% 硫黄悬浮剂 300 倍液进行喷施，时间要选择在阴天或 18 时以后进行。

八、根据长势，及时打杈

在现蕾至开花期，向日葵常有分杈发生，一旦发现，立即除杈，减少水分和养分的消耗，保证主茎花盘对养分和水分的需要。

九、预测预报，防病灭虫

要搞好病虫害的预测预报，一旦发生，立即防治，力争做到治早、治小、治了。当气温达到 18~20℃ 时，每公顷用五氯硝基苯 30~45 千克，加湿润的细沙土 150~230 千克，拌匀后撒在向日葵的地面上，抑制菌核病的萌发，15 天后再撒 1 次药。8 月上旬，向日葵螟幼虫发生期，可喷洒 90% 敌百虫 500 倍液，防治 2~3 次。

十、收获

当全田葵花花盘背面呈现黄白色、茎秆变黄、中上部叶片退绿变黄、果皮呈现本品种固有颜色和斑纹时，即可进行人工收获；当植株茎秆变黄、叶片枯萎下垂或脱落、花盘黄褐色、舌状花凋萎脱落、果皮坚硬时即可进行机械收获，做到颗粒归仓。收获后立即摊开晾晒，勤翻动、防着雨，晴天晾晒 2~3 天即可脱粒，脱粒后立即摊开籽粒晾晒，防止发热霉变，以保商品质量。

十一、运输

运输工具应清洁、干燥，有防雨设施。严禁与有毒、有害、有腐蚀性、有异味的物品混运。贮存在清洁、干燥、通风、无虫害和鼠害的地方。严禁与有毒、有害、有腐蚀性、易发霉、发潮、有异味的物品混存。

十二、葵花列当的防治

应以种植抗病品种和实施检疫等预防措施为主，因为一旦发生了列当，大量列当种子进入土壤，很难清除。列当种子萌发和寄生致害过程发生在出土前，当列当植株出土而为人们觉察时，已经造成损害。

1. 实施检疫

列当属为全国农业植物检疫性有害生物和我国进境植物检疫性有害生物，严禁从病区引进向日葵种子，对调运的向日葵种子需依法严格检疫，若发现带有列当种子，不得种用。已发病地区，需尽快控制和消除疫情。

2. 选用抗病品种

迄今所利用的向日葵抗病性，仍是主效基因抗病性，具有小种专化性，可能因小种更替而失效。向日葵列当的小种演化较快，需持续进行小种监测，根据小种区系，开展抗病育种和进行品种合理布局。

3. 实行轮作

病田停种向日葵，与禾本科作物、甜菜、大豆等实行 5~6 年轮作，受害严重地块应实行 8~10 年轮作。

4. 人工铲除

在列当出土盛期和结实前，及时中耕 2~3 次，铲除或截断列当植株，对铲下的列当茎枝花序，应收集在一起，也可人工拔除后，烧毁或深埋。向日葵收获后，应深翻土地，将列当种子翻埋至 15 厘米土层以下。此外，还要彻底铲除田间向日葵自生苗。

5. 药剂防治

向日葵播前或播后苗前，用除草剂喷布土壤，进行封锁。48%地乐胺乳油每公顷用药量，沙质土 2.25 千克，壤质土 3.45 千克，黏质土 4.5~5.6 千克，各对水 300~500 千克喷雾。48%氟乐灵乳油每公顷用药 1.5~2.25 千克（壤质土），对水 300~450 千克喷布土壤，耕地浅混土 8 厘米左右。33%二甲戊灵（施田补）乳油每公顷用药 3.75~4.5 千克，对水 300~450 千克喷布土壤，沙质土地块用药量酌减，黏质土地块酌增。也可在向日葵出苗后，列当出土前，用除草剂喷布除向日葵植株以外的地表。在列当出土后，用除草剂药液喷布列当植株和土壤表面。72%2,4-D 丁酯乳油每亩用药 50~100 毫升，加水 30~40 千克喷雾；20%二甲四氯钠水剂每亩用药 200~300 毫升，加水 30~40 升喷雾。向日葵的花盘直径普遍超过 10 厘米时，才能进行田间喷药，否则易发生药害。在向日葵和豆类间作地不能施药，因豆类易受药害死亡。另外，在列当盛花期之前，用 10%硝氨（铵）水溶液灌根，每株向日葵 150 毫升左右，可杀死列当，但干旱时灌根，向日葵易发生药害。

第四节　油　菜

一、播前准备

（一）选地、整地、测土配方施肥

油菜属直根系作物，根系发达，主根入土深，但是种子小，出土能力弱，生产上应选择土壤耕层深厚、土质疏松、灌排方便的地块种植。一般前茬秋粮作物收获后应及时深耕 25 厘米，再浅旋耕两遍，达到地表平坦无坷垃状态即可秋播。天津地区秋季多阴雨天气，给正常播种、出苗带来困难，也很容易错过农时，因此，生产上多采取早春播技术，冬前，按照秋播地整地标准精细整地后，选择在大雪节气前后浇冻水，待表层土壤出现冻融，进行耙糖保墒待播。按照每生产 100 千克油菜籽需要吸收 N 9.5 千克、P_2O_3 3.5 千克、K_2O 9.5 千克，N、P、K 的比例为 1∶0.36∶1 测算，依据示范区所取土壤综合样本营养成分检测结果，结合目标产量确定施肥量。油菜生育期短，施肥应以基肥为主，结合整地，每亩机械抛撒充分腐熟的农家肥 3 000~5 000 千克，随播种机械一次性条施油菜专用全元复合肥 30~40 千克。

（二）合理轮作倒茬

油菜忌连作，不宜与十字花科作物轮作。与小麦、夏玉米等禾本科作物轮作倒茬能够减少病虫草害发生，改善土壤营养状况，提高地力，增加产量，提高品质。

（三）确定播期，适时播种

油菜种子萌发需要4℃以上的温度，在25℃温度条件下4天就可以出苗。天津地区一般秋直播在9月中下旬进行，为解决本地区秋季多阴雨、积温和农时紧张等因素对油菜规模化种植造成的影响，一般采用早春顶凌早春播种技术。一般在2月下旬至3月上旬，当地日平均气温稳定在2~3℃时即可播种。规模化栽培，应采取机械化条播。播前精选种子，并晒种1~2天，可提高种子发芽势与发芽率。

（四）合理密植

合理密植是油菜获得籽实高产稳产的关键。根据种植目的、地力和品种的不同，播种量设计有所差异。对于早春播以收获籽实为目的高水肥地块，保持行距40厘米、株距为8厘米或行距50厘米、株距6厘米，每亩留苗2万株左右；对播期较晚、地力水平不高的地块，保持行距为40厘米、株距7厘米或行距50厘米、株距6厘米，每亩留苗2.5万株左右。如果以绿肥还田为目的，每亩留苗密度要保持在2.5万株以上。采取机械化条播技术，每亩用种量0.5~0.75千克，行距40~50厘米，株距5~6厘米，播深2~3厘米，覆土1厘米左右。采用油菜专用播种机或用谷子、高粱和小麦播种机调换分种器后播种，播种时考虑油菜种子细小，播种量不好控制，可加入适量炒熟的油菜籽或谷子与油菜种子混拌均匀后播种。

二、田间管理技术

（一）间苗、定苗

间苗、定苗是油菜苗期田间管理极为重要的一环，及时间苗、定苗，可有效控制留苗密度，确保苗齐、苗匀、苗壮，避免幼苗拥挤、植株细弱、高脚苗及提早抽薹等问题的发生，较大幅度提高品质和产量。间苗一般分两次进行，第一次是2~3片真叶期，尽量掌握去小苗留大苗，以相邻两株之间叶不搭叶为好；第二次在4~5片真叶期，按照计划留苗密度，本着去弱留强、去病留健的原则进行。

（二）中耕培土

中耕松土可以打破土壤板结，防止土壤盐碱化，提高耕层土壤温度，提高土壤通透气，改善土壤的理化性状，确保油菜正常生长，结合中耕起垄，还可有效预防倒伏。

（三）浇水追肥

油菜定苗后，结合中耕每亩追施尿素5~7.5千克，对旺苗要注意肥水控制，适当进行蹲苗。抽薹现蕾期是油菜营养生长和生殖生长并进期，是水肥关键期，这一时期田间管理的重点是要确保肥水供应，使植株长势稳健、不早衰，同时，又不能大肥大水，特别是控制氮肥施用量，防止出现贪青晚熟问题。一般结合灌溉，每亩追施尿素5千克，也可结合病虫害防治喷施磷酸二氢钾叶面肥，确保植株正常生长。冬前和春后如遇干旱，浇好越冬水和春水。

三、适时收获

籽用油菜在花后 25~30 天，种子重量、油分含量接近最高值。规模化种植的籽用油菜，当油菜进入角果黄熟期，即植株上有 80% 左右角果呈黄色时即可机械化收割。为减少角果的脱落和炸裂，应选择阴天或晴天早晨露水刚刚晒干时收割。收获的油菜籽经晾晒去杂，当水分降到 8%~9% 时即可入库；饲用油菜机械化全株收获期一般选择终花期，每亩产鲜品 3.5 吨左右；作为休耕轮作养地专用绿肥的油菜，翻压时期为花蕾期至花盛期。翻压方法是先将油菜茎叶切成 10~20 厘米长，然后均匀抛撒在地面，再用翻转犁翻入土壤中，一般入土 10~20 厘米深，沙质土可深些，黏质土可浅些。通过持续还田，达到增加土壤有机质和孔隙度、改善土壤结构、提高土壤全氮和全磷含量、培肥地力的目的。

第五节　大　豆

大豆是重要的经济作物。因受品种特性、气候条件等影响，加之管理粗放和病虫草为害，使得大豆产量低，效益差。

一、种子选择与处理

选择良种。选择合适的品种是获得优质高产大豆的关键。应该根据本地的气候条件、土壤状况等自然条件选择适宜本地区种植的高产、抗病、抗逆性强的优良品种。对于新品种，不能一次大面积种植，应该经过试种后再大面积播种，或者选择当地农业站试验示范推广的品种。总之，各地要根据当地的具体情况进行选择，做到因地制宜选择品种。

种子处理。播种前先进行晒种，晒种 1~2 天，晒种后先拌种，然后再进行种子包衣，既能够促进种子萌发，又能够减少病害的发生。具体操作方法为：先用热水将 10克 25% 钼酸铵溶解，溶液冷却后拌种，或用大豆根瘤菌的水溶液拌种。当种子阴干后，再选择适宜的种衣剂进行包衣，种衣剂一般具有防虫、杀菌等作用，同时还具有一些微量元素。

二、整地与施肥

整地。整地时要打破犁底层，如果没有打破犁底，一定要进行秋深松，将地块整平耙细。

施基肥。施基肥非常重要，可以促进幼苗的生长和幼茎的木质化。基肥可以使用三元复混肥，也可以用优质的腐熟有机肥，用量为 600 千克/公顷三元复混肥，或腐熟有机肥 20~30 吨/公顷。

三、播种

播种时间。一般当白天平均气温稳定通过 7~8℃ 即可进行播种。东北地区一般在 5

月1—15日播种。

播种方式。选用大豆"垄三"栽培法，双行间小行距10~12厘米；采用穴播机在垄上等距穴播空距18~20厘米，每穴3~4株；密度根据土壤状况合理密植。一般土壤肥力较高的地块，每公顷可留苗20万~30万株；土壤肥力不高、比较干旱的地块，每公顷可留苗28万~35万株。出苗后及时查苗、补苗，3叶期间苗，5叶期定苗。

四、田间管理

1. 中耕

在大豆苗刚刚拱土时在垄沟间深松，然后在第一片复叶出来前进行中耕除草，即第一次铲趟，目的是锄净苗眼草，疏松表土，同时注意不能伤苗。第二次铲趟在苗高10厘米时进行，用大铧趟成张口垄，目的是除草、培土，同时也要注意不能伤苗。第三次铲趟在第二次铲趟后10天左右进行，主要目的是深松培土，要做到"三铲三趟"。

2. 合理施肥

大豆初花期为营养与生殖生长同时并进，此时植株根系的根瘤菌释放的氮素不能满足其生长需要，追施氮素可促进花的发育和幼荚生长。一般趁雨亩施尿素5~7千克，植株生长过旺可酌情减量或不施尿素。进入结荚期可用0.05%~0.1%的钼酸铵溶液或用2%的过磷酸钙溶液每亩用量50千克叶面喷施，溶液内可加入磷酸二氢钾150克和尿素100克一同喷施，每隔7天1次，连续3次，增产显著。

3. 矮化壮秆

大豆如果在生长发育期间出现倒伏的倾向时，可以通过喷施生长调节剂的方式使大豆植株矮化，从而达到壮秆的目的。生长调节剂可以选择多效唑、矮壮素或缩节胺等矮化壮秆剂。

4. 化学除草

化学除草要尽量早，可以在播前进行土壤处理，即在春季整地后播种前5~7天对土壤喷施除草剂，要喷匀，另外在喷后应该耙地一次，使其混匀进土壤，最好深度能够达到7~10厘米。如果土壤墒情不够理想，则不能在播前进行处理，以免影响播期。如果播前没有喷施除草剂，则要在播后进行，最好在出苗前墒情好的时间，喷施除草剂。如果出苗前没有合适机会喷洒除草剂，则可以在苗期喷洒，注意药量。如果在大豆生长前期，田间杂草较多时，则应该墒情较好的情况下喷施除草剂。

5. 水分管理

大豆整个生长时期的需水量差异较大，从播种到出苗期间不能缺水，以免造成不出苗。从出苗到分枝，此时是大豆扎根蹲苗的关键期，要控制水分过多，如果不干旱，不用浇水，以免影响蹲苗，造成茎秆细弱，不抗倒伏。分枝至开花，此期是营养生长与生殖生长同时进行的阶段，大豆对水分的需求量增加，因此，应该增加供水量。开花至鼓粒阶段，是大豆需水量最大的时期，约占整个生育期的45%，该时期是决定大豆产量的关键期，这一时期如果缺水，会造成瘪粒，直接影响产量。另外，在东北地区，在大豆鼓粒期一般降水较少，如果在此期能够灌水，对大豆的产量会有显著的促进作用。

五、病虫害防治

（一）病害防治

大豆苗期极易发生立枯病、根腐病和白绢病。这些病害可以通过药剂拌种来防治，可以选择 50%多菌灵 500 克或 50%福美双 400 克，对水 2 千克搅拌溶解，然后均匀拌种 100 千克；也可以在苗期进行防治，在真叶期用 50%托布津或 65%代森锌 100 克，对水 50 千克，对茎叶进行喷施。大豆锈病的防治可以用粉锈宁对水进行喷施，用量为每公顷 450 克粉锈宁对水 750 千克。另外，及时清沟排水降湿也是防止锈病发生的重要栽培措施。

（二）虫害防治

豆株生长到盛花至结荚鼓粒阶段，极易发生造桥虫、大豆卷叶螟、棉铃虫、甜菜夜蛾和斜纹夜蛾等害虫。这些害虫在田间混合发生，世代重叠，为害猖獗，抗药性强，从 7 月底至 8 月初要特别注意观察田间是否有低龄幼虫啃食的网状和锯齿状叶片出现，一旦发现要及时用药防治，每 7 天 1 次，连续 3 次。地下害虫防治。一是利用大豆种衣剂拌种；二是随化肥拌入钾拌磷或呋喃丹，每亩 2.5 千克，能够有效地防治线虫和其他地下害虫。

六、适时收获

实行分品种收获，单储，单运。收获时期。人工收获，落叶达 90%时进行；机械联合收割，叶片全部落净、豆粒归圆时进行；收割质量。割茬低，不留荚，收割损失率小于 1%，脱粒损失率小于 2%，破碎率小于 5%，泥花脸率小于 5%，清洁率大于 95%。

第六节　小杂粮

一、大麦绿色高效生产技术

（一）播前准备

大麦的产量高低与品质的优劣，与播种质量有着极大的关系。播种质量好、苗全、苗壮，对大麦一生的生长发育都有良好的影响。因此在播种前，根据大麦的生物特性，综合土、肥、水等栽培条件和各项技术措施，做好播前的准备工作，灭三籽（深籽、丛籽、露籽）、争五苗（早、齐、全、匀、壮），就能为高产优质创造条件，为大麦的整个生长发育过程奠定基础。

1. 深耕与整地

播前宜深耕熟土，精细整地，协调好土壤耕层内的水、肥、气、热之间的关系，使土壤耕作层深透、松软、通气、肥沃、湿润，为麦苗发芽、出苗和生长发育创造良好的土壤环境。

深耕也要因地制宜。大麦田深耕不可一次耕深太深，因为大麦的根系分布并不太深，根群有 70%~80% 分布在 20 厘米左右的土层内，30 厘米以下的土层根系很少分布。在大面积生产上，耕深一般以 13~17 厘米为好。

2. 施足基肥

大麦 6 000 千克/公顷以上，施氮量以 150~195 千克/公顷比较合理。施用时应掌握"基肥足，苗肥早，春肥巧"的原则，其中，基肥与苗肥应占 80% 左右，并力争苗肥基施。

3. 种子处理

品种确定后，就必须选用粒大、饱满、纯净、无病虫害以及发芽势强、发芽率高的种子作为播种材料，这样可以提高成苗率、出苗快、胚根多、幼苗健壮，更快形成强大的同化器官，更能发挥良种的增产作用。

（1）石灰水浸种。石灰水浸种对防治大麦散黑穗病、条纹病、腥黑穗病、黑粉病、网斑病都有良好的效果。1% 石灰水浸种，取质量较好的生石灰 0.5 千克，先用少量的水化开，再加足 50 千克清水，搅匀、滤去渣滓即可浸入麦种 25 千克，麦种浸入后立即捞除上漂浮杂质，然后加盖不搅动，以免破坏水面上的碳酸钙薄膜层，影响浸种效果。水温 30℃ 时应浸足 24 小时，27~28℃ 时浸足 48 小时，25℃ 浸 60 小时，24℃ 以下浸 72 小时，浸到一定时间后，捞出摊开晒干，收藏备用。

（2）402 杀菌剂浸种。80%402（即大蒜素）杀菌剂浸种是当前防治大麦条纹病最为有效的方法。有效浓度为 3 000~4 000 倍，浸种 12~24 小时。

（3）多菌灵浸种。用 25% 多菌灵 0.15~0.20 千克对水 1.5~2 千克，拌种 50 千克。拌好后闷种 6 小时，待药被种子吸干后即可播种，可兼治附在种子表面和深入种子内部的多种病菌。

（4）化学药剂拌种。用 1 千克氯化钙加水 100 千克，加入麦种 1 000 千克，拌匀后 5~6 小时即可播种。作用原理是大麦植株内细胞的钙离子浓度增加，提高了细胞的渗透压和吸水率，特别是在干旱地区增产显著。此外，用萘乙酸、920、苯氧乙酸、矮壮素等激素和化学药剂进行种子处理，也都有一定的增产作用。

（二）播种

1. 播种期

所谓适期，是以在当地的气候条件下，越冬前能长成壮苗为标准。一般认为，麦苗进入越冬期前，有 2~3 分蘖，5~6 张叶片，4~6 条次生根，叶片宽厚，叶色葱绿，根系洁白、粗壮的为壮苗标准，才能保证壮苗安全越冬，提高成穗率，为壮秆大穗重粒打下良好基础。江苏大麦适宜播种期为 10 月下旬到 11 月上旬。

2. 播种方式

播种方式应根据当地的耕作制度、自然条件、土壤理化性质、肥力水平、品种特性和播种工具而定，一般分为点播、撒播和条播。江苏沿海条播一般行距 20 厘米的六行条播机。江苏省沿海麦棉套作地区，播种 52 厘米的麦幅，即由 4~5 个窄行组成，麦幅与麦幅之间的空幅间距为 80 厘米。冬季套种绿肥，春季绿肥掩埋后套种棉花。

播种深度以 3~5 厘米为宜，土壤干旱、墒情不足，可适当深播，土壤湿润，则需浅播。

3. 播种量

确定最佳的播种量和合理的群体结构，是大麦栽培中的主要技术环节。一般公顷产 6 000~6 750 千克，有效穗为 750 万左右，每公顷基本苗 225 万~270 万株。

（三）田间管理

1. 播种

出苗期播种质量的要求是种籽入土深度适宜，深浅一致，播种量准确，落籽均匀，覆盖严实，消灭"三籽"即深籽、丛籽、露籽，力争五苗（早、齐、全、匀、壮）。

2. 分蘖

越冬期大麦的分蘖越冬期，包括冬前分蘖期和越冬两个生育时间。冬前分蘖期是从出苗到越冬期前（盐城地区一般是 12 月 20 日）这一生育时期，主要是生长营养器官、长叶、分蘖、发根。应以促为主，力求早发，促使叶片正常生长，根系发育良好，分蘖早发生，按期正常同伸，以达早蘖、足蘖，为足穗高产打好基础。同时要以培育壮苗，保苗安全越冬为防冻害为主攻目标。

（1）查苗补缺。要夺取大麦高产优质，就必须一种就管，争取"五苗"（早、齐、全、匀、壮）。播种后及时检查播种质量，播种质量差、露籽较多的麦田，要及时进行精细加工。

（2）早追苗肥。施用苗肥应根据苗情不同特点，分类进行。对晚播麦或基肥中速效氮化肥不足的田块，更应提早施用速效氮化肥，以肥带水争早发。早茬麦或地力差、基肥少、无苗肥的弱苗，也应在 1~2 叶期追施提苗肥。施用量应占施氮总量的 15%~20%，以促进早分蘖、多成穗、成大穗。追施方法可用尿素选择雨前进行措施，也可用碳酸氢铵对水泼浇，应在晴天结合抗旱进行。有条件的地方，可用少量化肥掺入人畜粪尿，混合施入，以水调肥，充分发挥肥效。

（3）清沟理墒。在越冬前要把沟渠整修疏通、降低水位，防止雨后、雪后造成渍害。由于冬灌造成墒沟堵塞的田块，更应及时清理疏通，将清理出的沟泥及时敲碎，用来培麦根，保护麦苗安全越冬。

（4）冻害及防救措施。防御冻害的主要措施是选用抗寒强的品种，精细整地，施足基肥，适期播种，培育壮苗。

3. 返青、拔节、孕穗期

拔节孕穗期是决定最终穗数和每穗粒数的重要时期。这一时期，田间管理的中心任务是巩固有效分蘖，争多穗，培育壮秆促大穗。

（1）巧施春肥。根据麦田苗情长势，分类指导巧施春肥。在大面积生产中，对于一般苗势冬前长相较差、总苗数达不到预期穗数要求、苗小蘖少、苗弱群体小、根系发育又差的三类苗，开春后应立即重点追肥促进，促使返青春发，促苗转化，争春后分蘖成穗。对于冬前分蘖够苗、麦苗强壮、群体适宜、前期肥水又较充足，土壤肥力好，苗情长势正常的麦田，可控制用肥量，限制春后分蘖，减少无效分蘖。

（2）抗旱防渍。江苏省沿海地区主要以防渍为主，偶尔会发生干旱。此阶段发生干旱北方麦区会考虑在拔节前浇起身水。沿海地区也应该搞好干旱时应急预案。

（3）防止倒伏。大麦的倒伏有根倒伏和茎倒伏。预防倒伏的措施：选用高产优质抗倒品种，提高整地质量，提高沟系标准，降低地下水位，防止积水，促进根系发育；适期播种，合理密植，科学运用肥水，增施磷钾肥，创造合理的群体结构。

4. 抽穗至成熟期

这个时期的田间管理目标是保持绿叶功能旺盛，根系活力增强，延长绿叶功能期，防止烂根早衰、贪青倒伏，争粒多、粒重，夺高产。

（1）防渍与抗旱。在大麦的生育后期要加强管理，疏通排水沟，清理墒沟，降低潜层水和地下水，并做到沟渠相通，沟底不积水。将地面水、径流水及时排出，确保水流畅通无阻，达到雨停田干，防止根系早衰。

（2）叶面喷肥。磷酸二氢钾为 0.2%，草木灰为 5%，过磷酸钙为 1%~2%。每公顷用 750 千克水溶液，在抽穗后即可喷施。

（四）病虫害绿色防控

大麦主要病害有大麦黄花叶病、条纹病、大麦赤霉病、大麦黑穗病、大麦条纹病、大麦网斑病、大麦叶锈病、大麦白粉病等。江苏沿海大麦主要病虫害有大麦黄花叶病、条纹病、白粉病、赤霉病、网斑病、纹枯病、黑穗病、蚜虫、黏虫等。

1. 黄花叶病

主要以农业防治为主，选用适宜本地种植的抗病高产优质良种，如苏啤 6 号等；适期晚播，以避过多黏菌侵染传毒高峰；实行轮作，有条件进行水旱轮作或大小麦轮作，减轻发病程度；基肥中增施有机肥和磷钾肥，培育壮苗，以增强抗病能力；严防病土转移或扩散。

2. 条纹病

大麦条纹病又称条斑病，是我国大麦产区普遍发生而且为害严重的病害。以长江流域的江苏、上海、浙江、四川、湖北等地受害较重。重病田块植株死亡率可达 30%~40%。大麦条纹病属系统侵染性病害，自幼苗到成株均可发病，主要为害叶片，也可侵染叶鞘和茎秆。建立无病留种田；种子处理，选用 10% 苯醚甲环唑水分散粒剂 2 克拌10 千克大麦种子；加强栽培管理。

3. 黑穗病

大麦黑穗病有散黑穗病和坚黑穗病两种，分布很广，发生率在 1%~5%，最重的田块发病率高达 10% 以上。一般认为大麦扬花期间温度为 20℃，相对湿度为 80% 对病菌的侵袭最为有利。防治措施：选用 6% 戊唑醇悬浮种衣剂（立克秀）10 毫升，加 300 毫升水拌种或包衣 20~25 千克种子；抽穗时去除病穗株。

4. 网斑病

大麦网斑病是目前大麦感染较重的一种病害。在我国以长江流域发生较为普遍，以四川、华东地区发生最重，东北及陕西也有发生。主要为害叶片引起叶枯，对籽粒饱满度和产量影响极大，产生穗小粒秕，甚至不能抽穗。大麦抽穗扬花期，病菌侵染穗部使种子带菌。选用 10% 苯醚甲环唑水分散粒剂 2 克拌 10 千克大麦种子；也可用二硫氰基甲烷（浸种灵）2 毫升，对水 20 千克，搅匀后浸大麦种子 10 千克，浸 24 小时后播种；在发病初期喷洒 50% 多菌灵可湿性粉剂 800 倍液，或 60% 防霉宝超微可湿性粉剂 1 000~1 500 倍液、70% 代森锰锌可湿性粉剂 500 倍液。

（五）收获

沿海地区大麦一般在 5 月中旬左右，看后期温度情况，温度高会早收 3~5 天，反之会迟收 3~5 天。最早不过 5 月初，最迟不过 5 月底。目前，江苏大麦的收获方法都为联合收割机收割，收获、脱粒同时进行，一次完成。

二、糜子绿色高效生产技术

（一）概述

糜子耐旱、耐瘠薄，是我国北方干旱、半干旱地区主要栽培作物，生长期与雨热同步，在多数年份水分不是限制糜子生产潜力的主要因素。糜子的叶片含水率、相对含水量和束缚水含量等水分指标高，表现出有利于抵御干旱条件的水分饱和度。数量充足的自由水对生理过程酶促进生化反应起重要作用。蒸腾速率低，束缚水在温度升高时不蒸发，可以减轻干旱对植物的为害。糜子种子发芽需水量仅为种子重量的 25%，在干旱地区当土壤湿度下降到不能满足其他作物发芽要求时，糜子仍能正常发芽，在禾谷类作物中耗水量最低，用水最经济。

糜子生育期短，生长迅速，是理想的复种作物。在我国北方冬小麦产区，麦收后因无霜期较短，热量不足，不能复种玉米、谷子等大宗作物，一般复种生育期短、产量较高的糜子，且复种糜子收获后不影响冬小麦的播种。糜子还是救灾、避灾、备荒作物。糜子对干旱条件的适应性和忍耐性在防范农业种植业风险，提高农业防灾减灾能力上起着十分重要的作用。糜子品种生育期可塑性比较大，可以播种后等雨出苗，也可以根据降雨情况等雨播种，是重要的避灾作物。糜子生长发育规律与降水规律相吻合的特点，使其在生育期内能有效增加地表覆盖，强大的须根系对土壤起到很好的固定作用。由于覆盖降低了地表风速，从而减轻或防止风蚀，同时，还能起到减轻雨滴冲击、阻止地表水径流的作用，使更多的水浸入地下，减少水土流失。另外，覆盖还可以防止地表板结，提高土壤持水能力，从而起到良好的水土保持作用。在遭受旱、涝、雹灾害之后，充分利用其他作物不能够利用的水热资源，补种、抢种糜子，可取得较好收成。

糜子籽粒脱壳后称为黄米或糜米，其中糯性黄米又称软黄米或大黄米。加工黄米脱下的皮壳称为糜糠，茎秆、叶穗称为糜草。自古以来，糜子不仅是北方旱作区人民的主要食物，也是当地家畜家禽的主要饲草和饲料。

糜子在宁夏粮食生产中虽属小宗作物，但在南部干旱山区具有明显的地区优势和生产优势。特别是在原州、西吉、盐池、同心、海原、彭阳等干旱、半干旱地区，从农业到畜牧业，从食用到加工出口，从自然资源利用到发展地方经济，糜子都占有非常重要的地位。

（二）绿色高效生产技术

1. 轮作制度

轮作也叫换地倒茬，是指同一田块在一定的年限内按一定的顺序轮换种植不同作物的方法。农谚有"倒茬如上粪""要想庄稼好，三年两头倒"的说法，说明了在作物生产中轮作倒茬的重要性。根据不同作物的不同特点，合理进行轮作倒茬，可以调节土壤肥力，维持农田养分和水分的动态平衡，避免土壤中有毒物质和病虫草害的为害，实现作物的高产稳产。糜子抗旱、耐瘠、耐盐碱，是干旱、半干旱区主要的轮作作物。

糜茬的土壤养分、水分状况都比较差。糜子多数种植在瘠薄的土地上，很少施用肥料；糜子吸肥能力强，籽实和茎秆多数被收获带离农田，很少残留，缺上加亏，致使糜茬肥力很低；糜子根系发达，入土深，能利用土壤中其他作物无法利用的水分进行生产，土壤养分、水分消耗大，对后作生产有一定的影响。

糜子忌连作，也不能照茬。农谚有"谷田须易岁""重茬糜，用手提"的说法，说明了轮作倒茬的重要性和糜子连作的为害性。糜子长期连作，不仅会使土壤理化性质恶化，片面消耗土壤中某些易缺养分，加快地力衰退，加剧糜子生产与土壤水分、养分之间的供需矛盾，也更容易加重野糜子和黑穗病的为害，从而导致糜子产量和品质下降。因此，糜田进行合理的轮作倒茬，选择适宜的前作茬口，是糜子高产优质的重要保证。

豆茬是糜子的理想前茬，研究认为，豆茬糜子可比重茬糜子增产 46.1%，比高粱茬糜子增产 29.2%。豆茬中，黑豆茬比重茬糜子增产 2 倍以上，黄豆茬比重茬糜子增产 32%。

豆科牧草与绿肥能增加土壤有机质和丰富耕层中氮素营养及有效磷的含量，改善土壤理化性质，提高土壤对水、肥、气、热的供应能力，降低盐土中盐分含量和碱土中 pH 值，使之更适合于糜子生长，是糜子理想的前茬作物。

马铃薯茬一般有深翻的基础，土壤耕作层比较疏松，前作收获后剩余养分较多；马铃薯是喜钾作物，收获后土壤中氮素含量比较丰富；马铃薯茬土壤水分状况较好，杂草少，尤其是单子叶杂草少，对糜子生长较为有利。马铃薯茬种植糜子，较谷子茬增产 90.3%，较重茬糜子增产 24.3%。马铃薯茬也是糜子的良好前茬。

除此以外，小麦、燕麦、胡麻、玉米等也是糜子比较理想的茬口，在增施一定的有机肥料后，糜子的增产效果也比较明显。在土地资源充分的地区，休闲地种植糜子也是很重要的一种轮作方式，可以利用休闲季节，接纳有限的雨水，保证糜子的高产。

一般情况下，不提倡谷茬、荞麦茬种植糜子。

全国各地自然生态条件不同，作物布局差异很大，糜子轮作制度也有很大的差异。在宁夏糜子产区，主要的糜子轮作制度有：糜子→荞麦→马铃薯；豆类（或休闲）→春小麦→糜子；春小麦→玉米→糜子→马铃薯；小麦→胡麻→糜子等轮作方式。

2. 耕作、施肥技术

糜子抗旱、耐瘠、耐盐碱，具有适应性强、生育期短的特点。在作物布局、轮作倒茬中具有十分重要的作用，在抗旱避灾、食粮调剂、饲草生产上的作用更大。据《固原县志》记载，早在 100 多年前，宁南山区就有"禾草""鬼拉驴"（糜子混种荞麦）等间套复种的组合方式。固原、彭阳一带还保留着麦豆收获后复种糜子的种植方式。

（1）整地。宁夏糜子主要分布在宁南山区干旱、半干旱区，几乎全部种植在旱地，土壤水分完全依靠降雨资源。冬春雨水少，苗期水分大部分依靠秋季土壤接纳的雨水来保证。要保证糜子获得全苗，做好秋雨春用、蓄水保墒是关键。因此，在整地的过程中，要坚持"二不三早一倒"的原则。"二不"指"干不停，湿不耕"。伏秋耕地时，宁愿干犁，决不湿耕，防止形成泥条泥块，影响晒垡和土壤蓄水。"三早"指早耕、早糖、早镇压。糜子多种植在夏茬地，应该做到"早耕早糖，随耕随糖，三犁三糖"，耕地不出伏，冬春勤镇压，接纳夏秋雨水，提高土壤保水蓄水能力。"一倒"主要指犁地和翻土的方向要内外交替进行，犁地的走向应相互交叉，保证犁通、犁细、犁深。

（2）深耕。在秋作物收获之后，应及时进行深耕，深耕时期越早、接纳雨水就越多，土壤含水量也就相应增加，早深耕土壤熟化时间长，有利于土壤理化性质的改良。研究表明，不同时期深耕 0~25 厘米，土壤含水量随深耕时期的推迟而减少，8 月下旬深耕，翌年 4 月土壤含水量为 13.2%，而 9 月下旬深耕，翌年 4 月土壤含水量为 10.2%，早耕与迟耕含水量相差 3%。

（3）耙糖。宁夏南部山区春季多风，气候干燥，土壤水分蒸发快，耕后如不及时进行耙糖，会造成严重跑墒，所以，耙糖在春耕整地中尤为重要。据调查，春耕后及时耙糖的地块水分损失较少，地表 10 厘米土层的土壤含水量比未进行耙糖的地块高 3.5%，较耕后 8 小时耙糖的地块高 1.6%。

（4）镇压。镇压是春耕整地中的又一项重要保墒措施。镇压可以减少土壤大孔隙，增加毛细管孔隙，促进毛细管水分上升，与糖地结合还可在地面形成干土覆盖层，防止土壤水分的蒸发，达到蓄水保墒目的。播种前如遇天气干旱，土壤表层干土层较厚，或土壤过松，地面坷垃较多，影响正常播种时，也可进行镇压，消除坷垃，压实土壤，增加播种层土壤含水量，有利于播种和出苗。但镇压必须在土壤水分适宜时进行，当土壤水分过多或土壤过黏时，不能进行镇压，否则会造成土壤板结。

（5）施肥。糜子虽有耐旱、耐瘠的特点，但要获得高产，必须充分满足其对水分和养分的要求。土壤肥力水平与土壤蓄水保墒能力呈正相关。保证一定的土壤肥力，不仅是满足糜子生产对养分的需要，也对增加糜子田间土壤水分十分重要。每生产糜子 100 千克籽实需从土壤中吸收氮 1.8~2.1 千克、磷 0.8~1.0 千克、钾 1.2~1.8 千克，正确掌握糜子一生所需要的养分种类和数量，及时供给所需养分，才能保证糜子高产。糜子吸收氮、磷、钾的比例与土壤质地、栽培条件、气候特点等因素关系密切。对于干旱瘠薄地、高寒山地，增施肥料，特别是增施氮磷肥是糜子丰产的基础。最新研究表明，糜子施肥以 N：P：K=9：7：4 为宜，施肥应以基肥为主，基肥应以有机肥为主。用有机肥做基肥，不仅为糜子生长发育提供所需的各种养分，同时，还能改善土壤结构，促进土壤熟化，提高肥力。结合深耕施用有机肥，还能促进根系发育，扩大根系吸收范围。有机肥的施用方法要因地制宜，充足时可以全面普撒，耕翻入土，也可大部分撒施，小部分集中施。如肥料不足，可集中沟施或穴施。一般情况下，高产糜子田应施农家肥 2 000 千克/亩以上，同时，基施磷酸二铵 10 千克/亩。播种时溜施尿素 5 千克/亩，做到种肥隔离，防止烧芽。拔节后抽穗前，结合降雨，撒施尿素 5 千克/亩。适量施用锰、硼和钼可以显著提高糜子的产量和品质。

3. 播种技术

播种前视土壤墒情进行浅耕（倒地）灭草。立夏后根据土壤墒情随时准备播种。

（1）种子处理。为了提高种子质量，在播种前应做好种子精选和处理工作。糜子种子精选，先在收获时进行田间穗选，挑选那些具有本品种特点、生长整齐、成熟一致的大穗保藏好作为下年种子。对精选过的种子，特别是由外地调换的良种，播前要做好发芽试验，一般要求发芽率达到 90% 以上，如低于 90%，要酌情增加播种量。种子处理主要有晒种、浸种和拌种 3 种。晒种可改善种皮的透气性和透水性，促进种子后熟，增强种子生活力和发芽力。晒种还能借助阳光中的紫外线杀死一部分附着在种子表面的病菌，减轻某些病害的发生。浸种能使糜子种子提早吸水，促进种子内部营养物质的分解转化，加速种子的萌芽出苗，还能有效防治病虫害。药剂拌种是防治地下害虫和糜子黑穗病的有效措施。播前用药、水、种子按 1：20：200 比例的农抗"769"或用种子重量 0.3% 的"拌种双"拌（闷）种，对糜子黑穗病的防治效果在 99% 以上。

（2）适时播种。糜子是生育期较短、分蘖（或分枝）成穗高、但成熟很不一致的作物。播种过早，气温低、日照长，使营养体繁茂、分蘖增加，早熟而遭受鸟害；播种过晚则气温高，日照短，植株变矮，分蘖少、分枝成穗少、穗小粒少、产量不高，因此在生产中糜子应适时播种。其播种期与种植的地区、品种特性和各地气候密切相关。宁夏南部山区糜子播种一般考虑在早霜来临时能够正常成熟为原则，老百姓常用"挣命黄"来形容糜子成熟时的特点，即在早霜来临时糜子刚好能够成熟。宁夏南部山区糜子根据不同的地区和品种，掌握播种时间的一般原则为：单种地区，年均温 6~7℃半干旱区 5 月中旬至 6 月中旬等雨抢墒播种，年均温≥7℃地区 5 月中旬至 7 月上旬有雨均可播种。复种时要做到及时整地，尽早抢种，墒情好的时候可以茬地直接播种。

（3）播种方法。在宁夏南部山区糜子产区，糜子以条播为主，部分地区为抢时间播种还有撒播的习惯。采用条播时，用畜力牵引的三腿耧播种，行距20～25厘米。耧播省工、方便，在各种地形上都可进行。其优点是开沟不翻土、深浅一致、落籽均匀、出苗整齐、跑墒少。在春旱严重，墒情较差时，易于全苗。播种深度对糜子幼苗生长影响很大。糜子籽粒胚乳中贮藏的营养物很少，如播种太深，出苗晚，在出苗过程中易消耗大量的营养物质，使幼苗生长弱，有时甚至苗出不了土，造成缺苗断垄。所以，糜子以浅播为好，一般情况下播深以4～6厘米为宜。但在春天风大、干旱严重的地区，播种太浅，种子容易被风刮跑，播种深度可以适当加深，同时注意适当加大播种量。

（4）播种量与密度。由于糜子产区多分布在干旱半干旱地区，糜子获得全苗较难，所以播种量普遍偏多，往往超过留苗数的5～6倍，使糜子出苗密集，加之宁夏南部山区无间苗习惯，容易造成苗荒减产。因此，在做好整地保墒和保证播种质量的同时，应适当控制播种量。宁夏南部山区属干旱半干旱区，土壤瘠薄，留苗密度对糜子获得高产十分重要。一般春播留苗6万/亩左右。肥力较好、降水量较大的地区，留苗密度可适当增加，以8万/亩为宜。宁夏南部山区糜子种植最大密度不能超过10万/亩。

糜子播种量主要根据土壤肥力、品种、种子发芽率、播前整地质量、播种方式及地下害虫为害程度等来确定。如种子发芽率高、种子质量、土壤墒情、整地质量好及地下害虫少时，播种量可以少些，控制在1千克/亩左右。如果春旱严重，播量应不少于1.2千克/亩，最多不能多于1.5千克/亩。

4. 田间管理

查苗补种，中耕除草。糜子播种到出苗，由于春旱和地下害虫为害等原因，易发生缺苗断垄现象，因此要及时进行查苗补种。幼苗长到1叶1心时及时进行镇压增苗，促进根系下扎，有条件的时候在4～5片叶时进行间定苗。糜子幼芽顶土能力弱，在出苗前遇雨容易造成板结，应及时采用耙耱等措施疏松表土，保证出苗整齐。糜子有"糜锄三遍自成米"的说法，所以，中耕对糜子尤为重要。糜子生育期间一般中耕2～3次，结合中耕进行除草和培土。

（三）病虫害绿色防控

糜子主要病害是黑穗病，一般选用50%多菌灵可湿性粉剂，或用50%苯来特（多菌灵），或用70%甲基托布津可湿性粉剂，用种子量的0.5%拌种，可有效防止病害发生。虫害主要是蝼蛄、蛴螬，一般采用药剂拌种、毒饵诱杀和药剂处理土壤等方法防治。可用50%辛硫磷乳油或40%甲基异柳磷乳油按种子重量的0.1%～0.2%比例拌种，先加水2～3千克，稀释后喷于种子上，堆闷2～4小时后播种；也可于整地前每公顷用2%甲基异柳磷粉剂或10%辛拌磷粉粒剂30～45千克，混合适量细土或粪肥20～30千克，均匀撒施地面，随即浅耕或耙耱，使药剂均匀分散于10厘米土层里。糜子出苗后，如遭蝼蛄为害，可用麦麸、秕谷、玉米渣、油渣等做饵料，先将饵料炒黄并带有香味后，加4%甲基异柳磷乳油或50%对硫磷乳油50～100克，再加适量的水制成毒饵，在傍晚或雨后撒施，每公顷 30 千克左右，均能收到很好的效果。

麻雀是对糜子为害十分严重的鸟类。其为害主要集中在糜子成熟季节，一般在6—10 时和 16—19 时在糜田觅食。阴天多，晴天少，12—14 时很少出来。由于麻雀是《国家保护的有益的或者有重要经济价值、科学研究价值的陆生野生动物名录》中的一般保护动物，传统的网捕、毒杀、胶黏法在使用的时候已值得商榷。防止麻雀为害除采用人工驱赶外，利用其天敌鹞子进行驱逐效果很好。鹞子属鸟纲、鹰科、鹞属，为肉食性鸟类。雌雄羽色不同。雄鸟体长约45厘米，头、颈带灰色，背部灰色，下体白色泛青。雌鸟体长约50厘米，上体深褐色，下体浅褐色，缀有斑点。鹞子必须经过人工驯化后才可以使用。

（四）收获

糜子成熟期很不一致，穗上部先成熟，中下部后成熟，主穗与分蘖穗的成熟时间相差较大，加之落粒性较强，收获过晚易受损失。适时收获不仅可防止过度成熟引起的"折腰"，也可减少落粒的损失，获得丰产丰收。一般在穗基部籽粒用指甲可以划破时收获为宜。由于霜冻会引起糜子落粒，收获前要注意收听天气预报，保证在早霜来临前及时收获。糜子脱粒宜趁湿进行，过分干燥，外颖壳难以脱尽。

三、籽粒苋绿色高效生产技术

（一）概述

籽粒苋（*Amaranthus hypochondriacus* L.）又名千穗谷，是苋科苋属一年生粮、饲、菜兼用型作物。株高 250~350 厘米，茎秆直立，有钝棱，粗 3~5 厘米，单叶，互生，倒卵形或卵状椭圆形。圆锥状根系，主根不发达，侧根发达，根系庞大，多集中于10~30 厘米的土层内。

（二）绿色高效生产技术

1. 播种

籽粒苋忌连作，可与麦类、豆类作物轮作、间种。因种子小顶土力弱，要求精细整地，深耕多耙，耕作层疏松。籽粒苋属高产作物，需肥量较多，在整地时要结合耕翻每亩施有机肥 1.5~2 吨做基肥，以保证其高产需求。

籽粒苋一般在春季地温 16℃以上时即可播种，低于 15℃出苗不良，一般在 4 月中旬至 5 月中旬播种。条播、撒播或穴播均可。收草用的行距 25~35 厘米，株距 15~20 厘米。为播种均匀，可按 1:4 的比例掺入沙土或粪土播种，覆土 1~2 厘米，播后及时镇压。也可育苗移栽，特别是北方高寒地区采用育苗移栽的方法，可延长生长期，提高产草量，可比直播增产 15%~25%，移栽一般在苗高 15~20 厘米时进行。

籽粒苋在 2 叶期时要进行间苗，4 叶期定苗，在 4 叶期之前生长缓慢，结合间苗和定苗进行中耕除草，以消除杂草为害。8~10 叶期生长加快，宜追肥灌水 1~2 次，现蕾至盛花期生长速度最快，对养分需求也最大，亦要及时追肥。每次刈割后，结合中耕除草，进行追肥和灌水。追肥以氮肥为主，每亩施尿素 20 千克。

籽粒苋常受蓟马、象鼻虫、金龟了、地老虎等为害，可用甲虫金龟净、马拉硫磷、乐斯本等药物防治。

2. 刈割

一般青饲喂猪、禽、鱼时在株高 45～60 厘米刈割，喂大家畜时于现蕾期收割，调制干草和青贮饲料时分别在盛花期和结实期刈割。刈割留茬 15～20 厘米，并逐茬提高，以便从新留的茎节上长出新枝，但最后一次刈割不留茬。一年可刈 2～3 次，每亩产鲜草 5～10 吨。

3. 利用

籽粒苋茎叶柔嫩，清香可口，营养丰富，是牛、羊、马、兔、猪、禽、鱼的好饲料。籽粒苋籽实中含蛋白质 14%～19%，还有丰富的钙和维生素 B、维生素 C，可作为优质精饲料利用。茎叶中含丰富的粗蛋白、无氮浸出物和矿物质，且粗纤维含量低，适口性好，其营养价值与苜蓿和玉米籽实相近，属于优质的蛋白质补充饲料。

籽粒苋无论青饲或调制青贮、干草和干草粉均为各种畜禽所喜食。奶牛日喂 25 千克籽粒苋青饲料，比喂玉米青贮产奶量提高 5.19%。青饲喂育肥猪，可代替 20%～30% 的精饲料。在猪禽日粮中其干草粉比例可占到 10%～15%，家兔日粮中占 30%，饲喂效果良好。籽粒苋株体内含有较多的硝酸盐，刈后堆放 1～2 天转化为亚硝酸盐，喂后易造成亚硝酸盐中毒，因此，青饲时应根据饲喂量确定刈割数量，刈后要当天喂完。

（三）病虫害绿色防控

籽粒苋苗期害虫主要有小地老虎、蝼蛄；叶部主要害虫有甜菜白带野螟、短额负蝗、中华稻蝗；茎部主要害虫有筛豆龟蝽；花穗主要害虫有小长蝽、短肩针缘蝽。通过清理种植地及周围环境，及时刈割籽粒苋等管理措施控制，预防为主，低毒药剂为辅。籽粒苋病害在江西偶有发生，但不严重，主要有多雨、潮湿所致的软腐病、猝倒病、缺肥、土壤贫瘠、干旱引起的茎腐病和茎枯病以及由于未腐熟有机肥造成的青枯病。同时，加强田间水肥管理，施用腐熟有机肥等措施控制病源为主。

（四）收获

当籽粒苋长到 80～90 厘米高时，开始割茬，留茬 30 厘米左右，有计划进行分块轮割，一天能用多少就割多少。割后追施尿素每亩 15 千克最为经济。有条件的浇一次水。割茬后的籽粒苋很快会长出新的枝叶，然后再割茬利用。一年可割 2～3 茬，将割下的鲜茎叶粉碎或切碎后配合玉米面和糠，直接饲喂，直至来霜前一次性收获，这样在籽粒苋的整个生育期可供饲用 120 天左右。一次性收获的籽粒苋，青贮或干制后还可以继续食用。

四、青稞绿色高效生产技术

（一）概述

青稞（*Hordeum vulgare* Linn. var. *nudum* Hook. f. ），是禾本科大麦属的一种禾谷类作物，因其内外颖壳分离，籽粒裸露，故又称裸大麦、元麦、米大麦。主要产自中国西藏自治区（全书简称西藏）、青海、四川、云南等地，是藏族人民的主要粮食。青稞在青藏高原上种植约有 3 500 年的历史，从物质文化之中延伸到精神文化领域，在青藏高原上形成了内涵丰富、极富民族特色的青稞文化，有着广泛的药用以及营养价值，已推出了青稞挂面、青稞馒头、青稞营养粉等青稞产品。

青稞具有丰富的营养价值和突出的医药保健作用。在高寒缺氧的青藏高原，百岁老人比比皆是，这与常食青稞、与青稞突出的医疗保健功能作用是分不开的。据《本草拾遗》记载：青稞，下气宽中、壮精益力、除湿发汗、止泻。藏医典籍《晶珠本草》更把青稞作为一种重要药物，用于治疗多种疾病。青稞在中国西北、华北及内蒙古、西藏等地均有栽培，当地群众以之为粮、正如《药性考》中所言："青稞形同大麦，皮薄面脆，西南人倚为正食。"也有学者认为，青稞麦不易消化，尤其是未熟透的青稞更难消化，多食会损伤消化功能，易致溃疡病。

（二）绿色高效生产技术

1. 播前准备

（1）整地。春青稞整地要求"早、深、多"。"早"即当年青稞收后，应及早犁地，将前茬、杂草等有机物翻入土中，阻断病虫杂草繁衍，且使田间残留秸秆有充足的时间腐熟，培肥地力。"深"即耕地要深，一般应达 30 厘米左右。"多"即耕地休闲期应犁耙 3 次以上，调整土壤颗粒结构，配合施肥提高土壤耕性。

冬青稞地区应在前茬作物收获后及时翻犁灭茬，清洁田园，清除病虫寄主。

（2）种子处理。播种前先进行种子处理。用泥水法选取饱满青稞籽粒作种子；将待播的种子太阳直晒 2~3 天，以打破休眠；用药剂浸拌种子作防病处理。药剂拌种，可用 25%多菌灵可湿性粉剂 500 克对水 5 千克喷洒在 125 千克种子上堆闷 1~2 天；或用 40%拌种双 300 克拌 100 千克青稞种，现拌现播。

2. 播种

（1）播种期。高寒坝区的春青稞最佳播种期为 3 月 10 日至 4 月 10 日间；金沙江河谷区冬青稞最佳播种期为 10 月 25 日至 11 月 5 日间；澜沧江河谷区冬青稞最佳播种期为 11 月 5—12 日。各地确切的播种期还应在此基础上按照水地宜早，旱地宜迟；海拔高宜早，海拔低宜迟；阴坡宜早，阳坡宜迟；黏土宜早，沙土宜迟；晚熟宜早，早熟宜迟的原则确定播种期。

（2）播种方式。青稞播种主要有两种方式：条播和撒播。以机条播最好，容易掌握播种量和播种深度，出苗均匀而且整齐，容易培育壮苗，还可节约 20%以上的种子。条播行距 16~20 厘米，墒面宽 2.5~3.0 米，墒沟 0.3 米。机条播行距 16~20 厘米，墒面宽 2.5~3.0 米，墒沟 0.3 米。

（3）播种量。一般上等地基本苗应保持在 150 万~180 万株/公顷，中等地 195 万~225 万株/公顷，下等地 270 万~300 万株/公顷比较适宜。河谷区以云青 2 号为例，播种量在 90~120 千克/公顷，前茬是水稻播种量在 135~150 千克/公顷。高寒地区以短白青稞为例，播种量应为 150~180 千克/公顷。

（4）播种深度。春青稞播种深度应在6~8厘米，冬青稞应在3~4厘米。

3. 田间管理

（1）苗期管理。在苗齐、苗壮的基础上，促进早分蘖、早扎根，达到分蘖足、根系发达，培育壮苗，减少弱苗，防止旺苗。要及时查苗补苗，疏密补缺，中耕和除草，破除板结，追肥和镇压，达到匀苗、全苗，为壮苗奠定基础。

（2）拔节、孕穗期管理。在保蘖增穗的基础上，促进壮秆和大穗的形成，同时，防止徒长倒伏。这一时期最关键的是防止青稞倒伏。在青稞分蘖到拔节前每公顷用玉米健壮素450毫升，加20%多效唑150克，每隔1周喷施1次，共喷3次，使青稞节间缩短，叶片短厚，叶色浓绿，根系发达，植株矮化抗倒。

（3）抽穗、成熟期间的田间管理。主攻目标是：养根保叶，延长上部叶片的功能期，预防旱、涝、病虫等灾害，达到最终的穗大、粒多和粒重，以利高产、优质。灌浆初期叶面喷施速效氮、磷、钾肥能有效延长叶片功能期，对壮籽增重效果显著。

（4）施肥管理。结合翻耕土地施腐熟农家肥15 000~30 000千克/公顷。根据目标产量法和因缺补缺的施肥方法，春作区氮、磷、钾施用比例为4:7:2，每公顷补施硼砂7.5千克；冬作区氮、磷、钾施用比例为9:12:4，补施硼砂15千克/公顷，硫酸锌30千克/公顷。

青稞对氮的吸收量有两个高峰期，一个是从分蘖到拔节期，这时期苗虽小，但对氮的要求占总吸收量的40%，另一个是拔节至原穗开花期，占总量的30%~40%，对磷、钾的吸收则是随着青稞生长期的推移而逐渐增多，到拔节以后的吸收量急剧增加，以孕穗期到成熟期吸收量最多，所以在分蘖前期追施尿素187.5千克/公顷，磷、钾肥做底肥早施，苗期不作追肥用，抽穗至灌浆期每公顷用磷酸二氢钾3~4.5千克，对水900千克，叶面喷施2~3次，间隔10天喷1次，对增加籽粒饱满、提高千粒重有显著作用。

（5）水分管理。青稞生理需水总的趋势是，幼苗期气温低、苗小、消耗水量少，开春拔节后，气温升高，生长发育加快，耗水量逐渐增大，到孕穗期，便进入需水临界期，此时期缺水，就会影响有效分蘖天性细胞的形成，结实率下降，对产量影响很大，到抽穗开花灌浆时，需水量达到最大值，如果这时期缺水，就会影响青稞的花粉受精及穗粒数的形成，进入灌浆后耗水量逐渐减少，根据这些规律，应看苗、看田灌水，保证生长期水分的供应。春作区雨养农业，注意防渍防涝，清挖排涝沟；冬作区从苗期开始灌水，拔节期、孕穗期、灌浆期等整个生育期灌4~5次水。

（三）病虫害绿色防控

青稞是我国的主要粮食作物，随着种植结构的调整，受气候、生态、种植形式等因素的影响，致使近几年来青稞病虫草害发生严重。如近几年发生严重的青稞全蚀病、青稞根腐病、青稞纹枯病、青稞白粉病、黑穗病、病毒病、青稞吸浆虫、青稞蚜虫、麦红蜘蛛、麦田禾本科杂草、地下害虫等，严重威胁着青稞的生产。因此，认真搞好青稞病虫害的综合防治，是夺取青稞高产的重要一环。针对近几年来青稞病虫草害的发生特点，认真贯彻"预防为主，综合防治"的植保方针，在深入调查和摸清麦田生态的基础上，认真抓好青稞病虫草系统监测，大力推广优化配套综合防治技术，采取各种有力措施加大新技术、新农药的推广力度。根据青稞各生育期病虫害的发生特点，把握各个环节，尽量减少用药次数，采取有效综合防治措施，从而经济有效地控制病虫草的为害。在青稞种植生产过程中，病虫害严重阻碍了青稞产量和质量的提高，是导致青稞产量降低和品质下降的直接原因。做好麦田的病虫害防治工作，可以有效降低青稞产量的损失，促进青稞增产增收。

（四）收获

收获：根据生育期适时收割。达到"九黄十收"要求。

春青稞收获季节正值秋季，冬青稞收获期为夏初，不少地方多为阴雨连绵，气温也较高，易霉变，较为严重地影响收割作业和品质，甚至有些地方多冰雹，严重威胁着丰产与丰收问题，因此，适期收获特别重要。

人工或半人工收割堆垛或晒麦架上的风干的，应在青稞蜡熟末期完熟之前，割晒在地上晒 2~3 天后，晴天运回堆垛或上架，待雨季过后翻晒脱粒。注意防鼠、防火、防霉变等。

联合收割机收割的，应在完熟后的烈日下收割，有利于脱粒风净和碎草。运回后避免发热、生芽、霉变，及时晒干、扬净、含水量低于 13% 入仓。

第七节　荞　麦

荞麦又名乌麦、花麦、三角麦、荞子等，属蓼科荞麦属一年生或多年生双子叶植物。栽培荞麦有 4 个种，甜荞、苦荞、翅荞和米荞。其中，甜荞和苦荞是两种主要的栽培种。

甜荞　即普通荞麦。总状花序，花较大。异型花，主要为两型，一类是长花柱花；另一类是短花柱花，也偶见雌雄蕊等长的花和少数不完全花。子房周围有明显的蜜腺，属异花授粉。瘦果较大呈三棱形，表面与边缘光滑，品质好，为坝上乃至中国栽培较多的一种。

苦荞　也称鞑靼荞麦。果枝上均有稀疏的总状花序，花较小。雌雄蕊等长，属自花授粉。瘦果较小，呈三棱形，棱不明显，有的呈波浪状。表面粗糙壳厚，果实味苦。栽培较多仅次于甜荞。

翅荞　也称有翅荞麦。多为自花授粉。瘦果棱薄而呈翼状，品质较粗劣。在中国仅有少量栽培。

米荞　分布在荞麦主要产区。瘦果似甜荞，两棱之间饱满欲裂，但光滑无深凹线，棱钝而皮皱。因种皮易暴裂而得名。

一、荞麦生长习性

荞麦喜凉爽湿润，不耐高温，畏霜冻。积温 1 000~1 500℃ 即可满足其对热量的要求。种子在土温 16℃ 以上时 4~5 天即可发芽；开花结果最适宜温度为 26~30℃，当气温在 -1℃ 时花即死亡，-2℃ 时叶甚至全株死亡。

（1）荞麦是短日性作物。当日照长度由 15~16 小时减少到 12~14 小时，生育期就缩短，晚熟品种比中、早熟品种敏感。

（2）荞麦是需水较多的作物。需水量比黍多两倍，比小麦多一倍。种子萌发时约需吸收其自身干重 50% 的水分。

（3）荞麦对土壤要求不严。根系弱，种子顶土力差，要求土层疏松，以利幼苗出土和促进根系发育。一般要求土壤酸度为 pH 值 6~7，碱性较重的土壤，不宜种植，每产 100 千克荞麦籽实，约从土壤中吸收氮 3.3 千克、磷（P_2O_5）1.5 千克、钾（K_2O）4.3 千克。对肥料敏感的作物，磷肥可促进籽粒的形成，并能增加蜜腺的分泌。利用蜜蜂辅助授粉，从而提高产量。对钾肥的需要量较多，但含氯的钾盐易引起叶斑病。

二、药理作用

1. 降压作用

以含荞麦粉的饲料饲养大鼠 4 星期，血压有轻度下降。本品对血管紧张素转化酶（ACE）有强大抑制作用，其有效成分可能是耐热的低分子物质。从荞麦种子核心部分提取的一种三肽也有抗高血压作用。

2. 对血脂和血糖的影响

食荞麦粉可使人体高密度脂蛋白-胆固醇/总胆固醇的比值明显增加，极低密度脂蛋白-胆固醇、极低密度脂蛋白-甘油三酯、低密度脂蛋白-三酰甘油和高密度脂蛋白-三酰甘油明显降低，并使血糖降低，口服葡萄糖的耐受能力改善。

3. 其他作用

从干燥荞麦种子提取的胰蛋白酶抑制剂除对胰蛋白酶有抑制作用外，对糜蛋白酶尚有一定抑制作用。此外，对互生链格孢菌的孢子有萌发及菌丝体生长也有抑制作用。荞麦花粉的水提取液具有和硫酸亚铁相似的抗缺铁性贫血作用。

三、栽培技术

（一）选茬轮作

荞麦对土壤要求不严，一般选择中上等肥力土地较好，但有机质丰富、结构良好、养分充足、保水力强、通气性好的土壤可以增加荞麦的产量和品质。轮作制度是农作制度的重要组成部分，制定轮作制度时，不仅要确定各种作物先后种植的次序，处理好前后茬的关系，而且要有配套的土壤耕作制度和施肥制度相配合。荞麦对前作要求不严，但忌连作。为获得高产，在轮作中最好选用好茬口如豆类、马铃薯及休耕地。种过荞麦后对下茬作物影响较大，故需在下茬播种前增施肥料，并搞好土壤耕作，以恢复地力。

（二）耕作整地

荞麦幼苗顶土能力差，根系发育弱，对整地质量要求较高，抓好耕作整地这一环节是保证荞麦全苗的主要措施。荞麦土壤耕作包括秋耕和播前耕作。前作收获后，应及时深耕。春耕要浅，应在播种前1~2天进行。耕后要及时耙糖，使表层土壤碎、细、平、润，为种子发芽出土创造良好的条件。在风蚀严重的地区，秋季不需耕地，春夏季遇雨要抢耕、抢种。一切田间耕作都要服从于适时播种。

（三）施肥

荞麦地在生产中施肥很少或不施肥。但荞麦的需肥量相对较多，而且时间比较集中，增施肥料是荞麦高产的主要措施之一（表2-1）。

表2-1　施肥对荞麦产量的影响

处理	株高（厘米）	分枝数（个）	花簇数（个）	株粒数（粒）	株粒重（克）	亩产量（千克）	增产（%）
纯氮5千克，纯磷2.5千克	127.2	3	19.0	74.8	2.20	148.3	107.1
农家肥1 500千克	135.0	3.2	19.6	82.1	2.47	139.4	94.7
纯氮5千克	115.2	2.4	15.4	67.6	2.05	107.7	50.4
纯磷2.5千克	94.3	1.8	12.5	37.8	1.11	92.5	29.2
不施肥，对照	83.8	1.5	10.7	40.8	1.18	71.6	－

施肥应以基施为主。基肥以人畜粪肥和土杂肥等腐熟较好的有机肥为主，腐熟不好的秸秆肥不宜在荞麦地施用，如用碳铵、尿素等氮肥或磷酸二铵、硝酸磷肥等氮磷复合肥料做基肥，应在春耕时施入。过磷酸钙等磷肥应与有机肥混合堆制后一起施入。施肥量需根据土壤肥力、所用品种及预计产量水平等决定。一般亩施有机肥500~1 000千克，或碳铵20~25千克，过磷酸钙15~20千克。播种时随种子一起施用少量精制有机肥，是荞麦产区传统的施肥方法。具体做法是，将人粪尿或弄碎的畜禽粪与种子和土掺拌均匀，播种时一起撒入土中。近年来使用无机肥做种肥的技术得到推广，一般在播种时亩施尿素5千克，过磷酸钙15千克，或施磷酸二铵3~5千克。但在施用时要和种子分开，防止烧苗。

（四）播种

1. 选用优种

我国荞麦育种研究起步较晚，生产上用的品种多数为当地农家品种。近年从内蒙古、山西、青海等地引进一批优良品种，如日本大粒、晋荞1号、黔苦7号等。新品种的引进，生产潜力很大，因此，今后正确地选择优种是经济有效的增产措施。选择品种时一般需要考虑以下因素：①生育期长短，尤其应注意从不同地区引种时造成的生育期变化；②产量表现，包括对不同肥力条件的适应能力；③抗逆性，包括抗旱、抗倒伏、抗病虫、耐寒、耐高温的能力；④品质，包括籽粒大小、色泽等商品属性。

在本县荞麦区，以选择抗旱、耐瘠、苗期耐寒性强、高产、生育期为 70~80 天的品种为宜。因此，在大面积推广一个新品种前，需进行多点小区引种试验，防止造成不必要的经济损失。

2. 精选种子

荞麦种子不耐贮藏，陈旧的种子生活力明显降低。荞麦高产不仅要选用优良品种，而且要选用高质量的新种子。因荞麦在收获时籽粒的成熟度很不一致，其饱满度差异很大。只有饱满的种子才能长出健壮的幼苗。精选种子的目的是去除空粒、秕粒、破粒、草籽和杂质，选用饱满整齐的种子。这样可以提高种子的发芽率和发芽势，为培育壮苗打下基础。精选的方法有风选、筛选、水选和人工粒选等多种，以水选为好。

3. 播前种子处理

处理的方法有晒种、浸种、拌种、闷种等。晒种使种子含水量降低。播种后吸湿膨胀速度快，发芽势强，出苗率高；同时也可减轻因种子带菌而感染的某些病害。其方法是在播种前 5~7 天，选择晴朗的天气，于 10—16 时在向阳干燥的地方把种子摊成薄层，经常翻动，连续 2~3 天即可。温汤浸种也有提高出苗率和减轻病虫为害的功效。其方法是用 40℃ 的温水浸种 10~15 分钟，先把漂在上面的秕粒捞出弃掉，再把沉在下面的饱粒捞出晾干即可。用 10% 左右的草木灰浸出液浸种，或用硼酸、钼酸铵等含有硼、钼、锌、锰微量元素的化合物水溶液浸种，可促进荞麦的生长发育，增产效果明显。在病害严重的地方，可选择多菌灵等药剂拌种。在地下害虫严重的地方，可选择辛硫磷等药剂拌种。为了缩短播种至出苗的时间，提高出苗率，可以在温汤浸种后闷种 1~2 天，待种子开始萌动时立即播种。

4. 播种期

荞麦区常受晚霜的威胁，又受早霜的威胁，当晚霜结束后应及早播种，适宜的播种期为 5 月下旬至 6 月上旬。早播不仅可以避免早霜的为害，而且有利于保全苗和幼苗的生长发育，有明显的增产效果。但因荞麦往往是作为一种救灾作物，在春旱严重、其他作物已错过适宜播种期时改种荞麦，所以播期可在 6 月中旬。

5. 播种方法

荞麦播种方法主要有撒播、条播两种。撒播又分为先耕地后撒籽和先撒籽后耕地两种，播后都要耙糖覆土。其优点是有利于雨后抢墒播种，省工省时，且能抑制田间杂草的生长，一般生育期间不再中耕除草。缺点是种子密度不匀，深浅不一，出苗不齐，出苗率不高，通风透光不良，田间管理困难，一般产量较低。条播现在都采用机播，一般行距为 30 厘米左右。其优点是覆土深度基本一致，出苗率较高，幼苗整齐，有利于通风透光，便于田间管理。机播多在早春多雨或夏播时采用。播种深度一般以 5~6 厘米为宜。墒差宜深些，墒好宜浅些；沙性土宜深些，黏质土宜浅些。

6. 密度与播量

合理密植是荞麦高产的重要措施。影响种植密度的因素如下所示。

（1）土壤肥力。在肥沃的土壤上，荞麦植株高大，分枝多，开花结实也多，产量主要靠分枝，种得较稀；在瘠薄地上，个体发育不良，产量主要靠主茎，种得较密。

（2）种植方式。条播时营养体较大，种得较稀。

（3）品种。生育期长的品种分枝能力强，种得较稀；早熟的品种分枝能力较弱，种得较密。

（4）播种期。同一品种早播时生育期延长，分枝增多。在中等肥力的地上，适宜的种植密度一般为每亩 5 万~6 万株。荞麦的实际种植密度主要是由播种量和出苗率决定的。出苗率受整地质量、播种方法、种子质量、土质、墒情等因素的影响，变化很大。因此，确定播种量前必须考虑到这些因素，适当加大播种量。如在一般条件下条播时，每亩播种 2.5~3 千克即可，而撒播时每亩需播种 5 千克种子。

（五）田间管理

1. 保全苗

全苗是荞麦高产的基础。除要做好播前精细整地、选用饱满的新种子、防治地下害虫等项工作外，提高耕地质量，最好采用旋耕，结合镇压，可以破碎坷垃，使耕层土壤上虚下实，有利于保墒、提墒和种子发芽出土，能明显提高出苗率。

2. 中耕除草

荞麦长出第 1 片真叶时即可中耕。荞麦区早中耕不仅可以除草，还有疏松土壤、增温保墒、促进幼苗生长的作用。如播量过大，这次中耕还应疏苗，锄去多余的弱苗。现蕾前进行第二次中耕。如果要追肥，应先撒肥料，在中耕时把肥料埋入土中。

3. 追肥和浇水

荞麦到现蕾开花期，对养分和水分的需要量大大增加。此时养分不足或发生长时间的干旱，就会影响授粉结实，秕粒大量增加。在播种前未施肥的地块，结合第二次中耕，亩施 2.5~3 千克磷酸二铵或 5 千克尿素，有明显的增产效果。但追肥量过大会造成徒长倒伏或贪青晚熟。也可以用尿素或磷酸二氢钾水溶液叶面喷施。在有灌溉条件的地方，极干旱时应及时浇水，但要轻浇浅浇。

4. 辅助授粉

一株荞麦有花 3 000 朵左右，能开放的不过 500 朵左右，授粉结实的一般不超过 50~100 朵，如何提高荞麦的结实率是非常重要的。荞麦是异花授粉作物，主要通过蜜蜂等昆虫传授花粉。蜜蜂传粉可成倍提高荞麦的产量。其方法是荞麦开花后，按每 2~3 亩荞麦均放置 1 箱蜜蜂的比例，把蜂箱置于荞麦田附近即可。在没有放蜂条件的地方，盛花期人工辅助授粉亦可提高结实率。人工辅助授粉应在天气晴朗的 9—11 时进行。

5. 防治病虫害

荞麦的主要害虫有地老虎、蛴螬等地下害虫和黏虫、草地螟等食叶害虫。主要病害有立枯病、轮纹病、褐斑病等。对病虫害的防治应以农业措施为主，如轮作倒茬和深耕、清除田间地畔的病残植株和杂草、温汤浸种和药剂拌种、诱杀成虫、加强田间管理培育壮苗等，辅之必要的喷药防治。

（六）收获与脱粒

荞麦同一植株上的籽粒成熟的时间拉得很长，成熟的籽粒又容易脱落，所以适时收获极为重要。当60%～70%的籽粒颜色变为本品种成熟时的色泽时收获，产量最高，种子质量最好。割倒的植株应头向里根向外在田间堆成小堆，晾晒3～4天让其后熟，然后再往回拉运。如边收割边拉运堆成大堆，茎叶会发热腐烂，降低籽粒质量，也不利于后熟。为了减少落粒损失，收获和拉运宜在10时前或在阴天进行。收获期常有大风降温天气出现，应密切注意天气预报，赶在大风或霜冻前及时收获。脱粒应在晴朗的天气进行，可用调速后的机械脱粒，不宜采用碾压法，以尽可能减少碎粒。籽粒经充分干燥后方可入库。入库时种子的水分不得超过14%～15%。

第三章　蔬菜种植技术

第一节　西　芹

一、品种选择

选抗病性强、适应性广、商品性好的品种，如玉皇、皇后、美国大棵西芹、文图拉、百利、加州王等。

二、种植方式

1. 坝上

3月下旬至4月上旬育苗，5月下旬至6月初定植，8月上旬至9月上旬上市销售，亩产量能达到7 500千克左右。

2. 阳原温水芹菜

2月在小拱棚内育苗，5月移植栽7月上市。或在4月初到6月底分批直播，以小棵芹菜为主，亩产8 000千克。

3. 棚室种植

坝上利用大棚生产，可提前一个月在4月上旬定植，7月上旬上市，或推迟一个月在7月上旬定植，10月上旬上市。坝下利用温室生产，2月上旬定植，5月中旬上市。

三、坝上西芹栽培的技术要点

（一）培育壮苗

（1）适时播种。西芹在4℃可以发芽，发芽适宜温度为15~22℃。3月中下旬，在温室或双拱棚等保温设施较好的保护地播种育苗。如果苗期遇到10℃以下10天以上低温，很可能出现抽薹现象，因此遇低温天气，要适当生火加温。4月上中旬以后育苗可在大棚、阳畦等保护设施进行。为避免集中上市，影响生产效益，要分批播种。

（2）播种量。根据市场对西芹产品单棵大小要求的不同，亩留苗数各异，因此用种量也不同。一般种植大西芹每亩用种15克左右，中棵西芹每亩用种30克左右，小棵西芹每亩用种75克左右。

（3）整地作畦。选择没有种过西芹的院内或菜园地，施足底肥，一般每10平方米施腐熟有机肥100千克、磷酸二铵1千克。浅翻，使肥料与土壤充分混匀后作畦，踩实耧平，架好拱形骨架，扣好棚膜，以提高地温。一般大棵西芹需苗床 5 平方米左右，中棵西芹需苗床 10 平方米左右，小棵西芹需苗床 25 平方米左右。

（4）种子处理。为防止种子传播病害，播种前用 46~48℃温水浸种 30 分钟，并不停搅动，水自然冷却后再泡 24 小时，风干一会儿即可掺入细沙土播种，也可用适乐时进行种子消毒。为使种子尽快出苗，可将浸泡 24 小时的种子倒入网眼很小的尼龙纱袋内用清水冲洗 2 遍，甩掉多余水分，用湿纱布包好放在 15~20℃条件下进行催芽。催芽时要注意两点：一要经常抖动种子袋，满足种子萌发过程中对氧气的要求；二要每天用清水冲洗 1~2 次。经过 5~7 天，待部分种子露白时即可播种。

（5）播种。为防苗期病害的发生，每立方米苗床土与 50 克 25%甲霜灵和 100 克 70%代森锰锌混匀配制成药土。播种时，把 2/3 药土铺在床面上，浇透水，待水渗完后，将种子均匀撒在床面上，种子距离掌握在 1~2 厘米，然后再用其余 1/3 药土盖在种子上面，为保证出苗前土壤湿润，畦上可覆盖地膜，部分种子出苗后要及时揭去，以免烤芽。

（6）苗期管理。苗期管理的关键技术是温湿度管理。①要求地表温度夜间保持在 10℃以上，白天在 20℃左右，日平均温度控制在 15~20℃，白天温度高于 15℃时要通风降温。②苗期适当追肥浇水，床面要保持一定的湿度，应小水勤浇，最好用喷壶喷洒，等苗子长大后再浇透水，以免植株发生水黄。幼苗长到 2~3 片真叶时如叶片发黄，应及时追肥，可用 50 克尿素对 15 千克水喷洒。③分苗。当幼苗长至 2~3 片真叶时可进行分苗，苗距为 3~4 厘米。经过倒栽的幼苗，侧根发达，根量增加。如分苗在纸筒或营养钵内，定植到大田后更易成活，适宜于生产单株重在 1.5 千克的大棵西芹。④间苗除草。如不进行分苗，要及时拔除病苗、弱小苗和过密苗，使苗距保持在 2 厘米左右。如果苗床杂草较多，播种时可施用除草剂。生产上常用的除草剂有氟乐灵和除草通，每亩苗床用药 100~150 克，对水喷雾处理床面。氟乐灵应在播种前 5~7 天施用，喷雾后要与 3 厘米深的土壤混均；除草通可在播后苗前喷施，且不需混土。⑤炼苗。定植前一周，逐渐加大放风量，直至完全揭去棚膜，以使幼苗适应定植后露地的大风低温环境，以利缓苗提高幼苗成活率。揭去棚膜时要及时浇水，防止苗子缺水萎蔫。

（二）定植

1. 整地作畦

由于西芹需肥水量较大，应施足底肥。一般亩施腐熟农家肥 5 000 千克，氮、磷、钾复合肥 50 千克，硫酸锌 4 千克。整地时，地块要耙细整平，土肥混合均匀后做成宽 1.5 米的平畦。

2. 定植

当苗龄达 60~70 天，苗高 8~10 厘米，长有 4~5 片真叶时即可定植。定植前 1 天，苗床灌水洇透，用铁铲起苗，起苗深度 4~5 厘米，带土坨定植，定植深度以不埋心叶为宜，定植后马上浇水。西芹定植不可太深，否则易诱发心腐病的发生。纸筒育苗，栽前要把纸撕掉。

3. 定植密度

定植密度的大小取决于市场的需求。小棵西芹一般行株距均为 10 厘米左右，每穴 2~3 株，亩栽 10 万多株，单株重 50~100 克；中棵西芹一般行株距均为 20 厘米左右，亩栽 1.6 万株，单株重 500 克左右；大棵西芹一般行距为 33~35 厘米，株距均为 30~33 厘米，亩栽 5 500~6 000 株，单株重 1 500 克左右。

4. 田间管理

（1）中耕除草。浇过缓苗水，要中耕松土，可达到疏松土壤、增温保墒、促根发育、消灭杂草的目的。一般遇雨或浇水后均要中耕，在植株封垄前需中耕 2~3 次。结合最后 1 次中耕适当培土。进入叶丛生长初期，停止中耕，以免伤害植株。

（2）肥水管理。由于西芹系浅根性蔬菜，且种植密度较大、产量高，为促其快速生长，减少纤维化，除施足底肥外还应适当加大追肥量，追肥以速效氮为主，配合一定的磷、钾肥。一般在定植后 7~10 天进行第一次追肥，亩施复合肥 10 千克，尿素 5 千克；定植后 30 天左右植株进入旺盛生长期，应加强追肥，一般亩施复合肥 25 千克；当植株叶片由开展生长转向直立生长后每隔 10 天追施 1 次，共追 2~3 次，每次亩追施氮、磷复合肥 20 千克，钾肥 10 千克。另外，在立叶生长期和叶柄肥代森锰锌长期结合防病叶面喷施磷酸二氢钾和硼肥，可促进叶片和叶柄生长，防止叶柄开裂，提高品质。浇水应掌握保持土壤见干见湿的原则。一般在定植后 3 天浇 1 次缓苗水，缓苗后结合中耕进行蹲苗。

（3）腐烂。

（4）防治方法。播种前用种子重量 0.3% 的 47% 适乐时可湿性粉剂拌种，或用特效杀菌王 400 倍液浸种 20~30 分钟。发病初期清除病苗并及时选用药液喷浇，药剂可选用 47% 春雷·王铜可湿性粉剂 800 倍液，或 77% 氢氧化铜可湿性粉剂 500 倍液。

（5）叶柄空心与开裂。西芹叶柄空心是一种生理老化现象，是从叶柄基部向上延伸，空心部位呈白色絮状，木栓化组织增生，严重降低产品商品性。发生空心除与品种有直接关系外，栽培在瘠薄的沙质土壤上，密度过大，肥水不足，延迟采收，喷施赤霉素过早或过量，生长后期受冻等外界条件，也会导致叶柄空心。为防止芹菜空心，首先要选用优良实心品种，在栽培技术上，要严格按照高产栽培技术操作规程进行，适当增施硼肥，并注意适时收获。

西芹叶柄内侧下端开裂也时有发生，属生理病害。因开裂，水分及病菌侵入，裂缝部位变黄褐色而腐烂，失去食用价值。发生原因是密度过大，光照不足，中期浇水较多，组织柔嫩，后期干旱过头又突然遇大雨或大水漫灌，加之气温较高，内部组织细胞分裂加快，细胞个数增加，把组织胀开。为防止叶柄开裂，要保持田面湿润，以利均衡生长。

（6）虫害防治。西芹虫害主要是蚜虫，当地称为"油害"，其防治方法主要是采用化学药剂防治，主要有 10% 吡虫啉可湿性粉剂、吡虫啉、抗蚜威和噻虫嗪等。待西芹底盘开始膨大时结束蹲苗开始浇水。进入旺盛生长期，应加大浇水量，5~7 天浇 1 水。有条件的地方采取膜下滴灌节水灌溉技术。

5. 病害防治

（1）猝倒病和立枯病。育苗期，棚室低温、高湿、光照不足是发病的主要原因。

猝倒病：主要表现在幼苗出土后。幼苗基部先呈水浸状病斑，以后变黄褐色，缢缩变细，幼苗子叶尚未萎蔫，幼苗就倒伏。发展严重时连片死苗。

立枯病：多发生在育苗中后期。在幼苗基部产生椭圆形暗褐色病斑，发病初期，幼苗白天萎蔫，晚上恢复。严重时基部收缩，幼苗的地上茎叶枯死而不倒伏。

防治方法：苗床应选在未育过西芹苗的地块；如果是旧畦育苗可用多菌灵消毒，每平方米用药 8~10 克喷雾处理，与表土混匀，消灭土壤病菌。此外，在苗床管理上保持 15~25℃ 的适宜温度，并经常通风透光，培育壮苗，增强抗病力。出苗后马上喷施 75%百菌清可湿性粉剂 600 倍液，或 75%代森锰锌可湿性粉剂 500 倍液，每隔 7~10 天喷 1 次。如苗期发病，可用 72.2%丙酰胺水剂 600 倍液，或用 72%霜脲锰锌可湿性粉剂 600 倍液，或用 50%氯溴异氰尿酸可溶性粉剂 600 倍液喷雾防治。

（2）斑枯病。西芹斑枯病又名晚疫病、叶枯病，俗称"火龙病"，坝上称之为"火霜病"，发生后发展速度特别快，是为害西芹的主要病害。叶片发病严重，影响产量和品质；叶柄发病，失去商品价值。因此，做好西芹斑枯病的防治工作，是实现高产、优质、高效的关键技术。

症状：主要为害叶片，也为害叶柄和茎部。叶片发病可产生两种类型病斑，早期症状相似，初为淡褐色油浸状小斑点，后发展成黄褐色至灰褐色坏死斑。大斑型病斑较大，多近圆形，直径 4~15 毫米，边缘多为黑绿色，病斑上较均匀散生少量黑色小点，发病严重时叶片干枯。小斑型病斑外缘常有一黄色晕圈，形状不规则，多小于 5 毫米，其上产生紫红至锈褐色分布不均匀小粒点。叶柄和茎部染病，多形成梭形褐色坏死斑，略凹陷至明显凹陷，边缘常呈水浸状，病部散生黑色小点。通常在我们北方较寒冷季节小斑型病害发生较多。低温高湿是发病的诱因，西芹生长后期，温度较低，如遇连续阴雨极易发生病害。

防治方法：选用法国皇后等抗病品种。实行 2 年以上轮作倒茬，解决土壤带菌。用 46~48℃ 温水浸种半小时，消灭种子带菌。加强肥水管理，培育健壮植株，增强抗病能力，大雨后马上浇水有防病效果。

药剂防治：发病初期用 75%百菌清可湿性粉剂 500 倍液，或用 64%恶霜灵·锰锌可湿性粉剂 600 倍液，或用 40%多硫悬浮剂 500 倍液，或用 80%代森锰锌可湿性粉剂 600 倍液，或用石灰半量式波尔多液 600 倍液喷雾，隔 10 天 1 次，连防 2~3 次，采收前 15 天停止用药。

（3）芹菜病毒病症状。在西芹的全生育期均可发生，以苗期发病受害重。染病初期在叶片上出现褪绿花斑，逐渐发展成黄绿相间的斑驳或黄色斑块，后期变成褐色枯死斑。严重时叶片卷曲皱缩，心叶扭曲畸形，植株生长受抑制、矮化。

防治方法：病毒病的防治以预防为主，并结合防治蚜虫一块儿进行。发病初期喷施抗毒剂 1 号 200~300 倍液，或 1.5% 植病灵乳剂 1 000 倍液。

（4）西芹烂心病症状。在西芹的全生育期都发病，以苗期发病受害重。早期发病，可造成烂种，致使出苗不齐。幼苗出土后染病，多表现生长点或心叶变褐坏死、干腐，由心叶向外叶发展，同时通过根茎向根系扩展，剖开根茎可见根茎向下内部组织变褐坏死。根系生长不正常，病苗停止生长，形成无心苗或丛生新芽，严重时致病苗坏死。发病轻者，随幼苗生长在幼株期和成株期继续发展，使部分幼嫩叶柄由下向上坏死变褐，最后腐烂。

防治方法：重病区因地制宜选择试种抗、耐热优良品种。选择透性好的土壤育苗或穴盘育苗，采用高垄种植。播前可用 47% 加瑞农可湿性粉剂拌种或浸种 20~30 分钟。育苗和生长前期避免田间积水。幼苗期叶面喷施 1% 氯化钙 1~3 次，发病初期清除病株并及时选用防治细菌性病害的药液喷施。

第二节　白萝卜

一、品种选择

白萝卜品种选择总的要求是：抗病，耐抽薹。萝卜呈筒状、表皮光滑、有光泽、无绿肩、全白的商品性好，口感脆甜。张家口市坝上或山区昼夜温差大，夜间温度较低，春季种植低温易造成抽薹，5 月 20 至 6 月 25 日种植萝卜，选用春化温度反应迟钝型（春化条件较严格）的春栽品种，如春雷、白玉春、雪玉春、长春大根、早春大根、高山大根、富春大根、白光等，6 月 25 日以后播种可选用秋栽品种，如耐病总太、白秋美浓，也可选用上述春栽品种。

二、适期播种

每年的 7 月中旬到 9 月中下旬为白萝卜上市淡季，为填补南方夏淡季市场短缺，张家口市山区及坝上各县从南到北可从 5 月 15 日进行露地直播，可一直播到 7 月上旬，要分期分批播种，以便实现陆续上市。大多数萝卜品种的生长期从播种到收获历时60~75 天。

三、整地施肥

选择土层深厚、能灌能排、土壤肥沃的沙壤或壤土，且前茬以葱、蒜、马铃薯等为最好。播种前深耕细耙，耕层最好能达到 25 厘米。结合整地亩施腐熟、细碎有机肥 3 000~4 000 千克、磷酸二铵 20 千克，底肥最好采用沟施，即在耙地后按行距开沟施肥，然后在沟上起垄，为提高产品质量，大萝卜一般均起垄栽培，垄距 40~45 厘米，高 23~25 厘米。注意施用的底肥必须腐熟、细碎，与土壤均匀混合，以免烧根导致畸形根。

四、种植密度

目前外销或加工的萝卜单个重量以 0.75~1.25 千克为主，为实现高产，应适当加大密度，同时，密度较大时，叶片封垄时互相遮阴，还可使萝卜皮色变浅发白而光滑，提高商品性。一般行距 40 厘米，株距 25 厘米为宜，每亩种植 6 500~7 000 株。也可根据市场对个体大小的特殊需求、品种特点和水肥条件灵活掌握。

五、播种方法

亩用种量为 150 克。按预定的株距在垄上点播，对于种子价格较高的春雷品种，可一穴一粒，一般品种可一穴二粒，播种深度 1~2 厘米，种植深度应掌握在早（旱季）播略深，晚（雨季）播略浅。覆土深度以浅为宜，掌握在 0.8 厘米左右，然后浇水，气温低时两水齐苗，气温高时一水全苗。也可先洇好地，然后视墒情再播。还可挖穴，浇水，点籽。至于采取哪一种播种方法，可因地制宜，灵活掌握。总的原则，一次播种，一次全苗。条件允许的均采用膜下滴灌种植方式。

六、田间管理

（一）中耕除草

早春气温低出苗慢加上空气干燥多风，土壤墒情较差时，应在出苗前补浇一水，以保持土壤湿润及时出苗。萝卜长出 2~3 叶时，出苗 2 株的要进行间苗，幼苗至莲座期正处在高温多雨季节，应及时中耕 2~3 次，保持土壤疏松透气，促根下扎，培育壮苗。同时消灭田间杂草，为后期丰产打好基础。中耕时应由浅到深，浅锄垄背，深锄垄帮，防止幼苗端盘子，同时注意不要伤害叶片及根系。结合中耕要及时培土，以基本保持原垄高度。结合中耕除草，在幼苗长到 3~4 片真叶时进行定苗，定苗时注意选优去劣。

（二）施肥浇水

1. 施肥

（1）施肥种类。白萝卜为喜钾蔬菜，钾在有机物的制造、运转、贮存，增加糖类物质含量，提高品质和植株抗性方面起重要作用。磷对萝卜根系的形成、主根的膨大、侧根活力的增加及增强吸收功能、提高品质起很大作用。氮是萝卜整个生长过程、各器官形成、实现高产起决定性作用的营养元素。综合上述，根据产量指标、土壤肥力高低，在施肥种类上应施氮、磷、钾复合肥料。为避免萝卜蛆的发生和根据坝上牲畜肥为主的特点，在萝卜地施用的有机肥料，一定要堆积沤制腐熟并捣碎。

（2）施肥数量。为获 5 000 千克以上亩产量，一般情况下，每亩应施 50 千克氮、磷、钾三元复合肥，40 千克尿素。根据产量指标可灵活掌握，适当增减。

（3）施肥方法。总的原则以基肥为主，以追肥为辅。因萝卜密度较大，根系入土较深，能充分利用土壤中的养分。因此在耕地以前先每亩撒施 30 千克氮磷钾三元复合肥，然后耕翻，使耕层内均匀分布各种营养元素。当萝卜进入肉质根膨大前期，形如小手指时，每亩追施20千克尿素加10千克氮磷钾三元复合肥，穴施或把肥均匀撒在畦面上，距萝卜根10~15厘米，不要把肥撒在叶面上。最好在下午撒施，然后浇水。18~20天后，再按上述的施肥量追施1次化肥，促进萝卜根膨大。

2. 浇水

白萝卜根系入土较深，能吸收土壤深层水分，抗旱力较强，但本身要求土壤供水状况良好。为实现高产优质，防止萝卜裂根、糠心，进入莲座期应保持田间地面见干见湿，遇干旱则应浇水，特别是肉质根膨大期。如自然降水较多，补浇1~2次；若降水较少而不规律，则应补浇3~4次。

七、病虫害防治

（一）软腐病

又叫"烂葫芦""水烂"等。该病为细菌性病害，通过雨水、浇水、肥料传播。病菌通过机械伤口、昆虫咬伤等侵入。多在肉质根膨大期发病，初期植株外叶萎蔫，早晚可恢复。严重时，叶柄基部根的髓部完全腐烂，呈黄褐色黏稠物，产生臭气。在气温15~20℃条件下，高湿多雨，光照不足，有利病害流行。此外，连作、平畦栽培、管理粗放、伤口多时发生严重。

防治办法：防止与甘蓝、白菜等十字花科作物连茬。在萝卜进入肉质根膨大期就应喷72%的农用硫酸链霉素3 000倍液防治。

（二）白斑病

又名干叶病。该病为真菌性病害，主要为害叶片。发病初，叶面上散生灰褐色微小圆形斑点，后渐扩大成圆形，中央变成灰白色，有1~2道不明显的轮纹，周缘有苍白色或淡黄绿色的晕圈，直径6~18毫米。后期病斑互相合并，形成不规则的大病斑。潮湿时，病斑背面产生淡灰色霉状物。后期病斑变成白色半透明，并破裂穿孔。一般外层叶先发病，逐渐向上向内蔓延。萝卜生长中后期，温度较低，温差较大，空气湿度大时发病严重。

防治方法：轮作、选用抗病品种、采取药剂防治。其用药防治时期及方法同大白菜白斑病。一般叶色黄绿、叶片向斜上方生长、叶数较多的品种，抗病力强，如春雷、汉白玉等。

（三）黑腐病

大萝卜发病后，叶子边缘发生淡黄色病斑，叶脉变黑，呈网状态干枯，叶片脱落，同时根部开始发黑，内部干腐或软化，形成空洞，全株萎蔫枯死。在排水不良，久晴之后突下大雨的情况下容易发病。

防治方法：拔除病株，实行轮作，加强排水。药剂防治主要有氢氧化铜2 000倍液或达科宁叶面喷雾防治。

（四）黄条跳甲

又叫黄条跳蚤、地蹦子、土跳蚤。成虫咬食叶片，造成许多小孔，喜食幼嫩部分。幼虫为害根部，将幼根表皮蛀成许多弯曲的虫道。刚一出苗受害，两片子叶被咬成网状或萎蔫而死亡。近几年是造成缺苗的主要虫害之一。成虫善跳跃，把卵产在植株周围湿润的土缝中，也可在近土表的茎部咬一小洞，在其中产卵。卵期5天左右，孵化的幼虫爬至根部，食根表皮。

防治措施：除进行轮作、清洁田园、深耕灭虫外，主要使用药剂防治。用辛硫磷、溴氰菊酯、辛硫磷+氰戊菊酯，或用48%毒死蜱出苗后喷药或灌根2次，即可保全苗。

（五）菜螟

菜螟又名钻心虫、萝卜螟，老百姓称之萝卜蛆。成虫体长7毫米，灰白或黄色。幼虫成熟体长12~14毫米，头黑色。初孵幼虫潜食叶肉，留下表皮，形成小的袋状隧道。2龄后在叶表活动，3龄钻入菜心，吐丝缠叶，身藏其中，食害心叶。4~5龄钻蛀肉质根，形成弯曲袋状隧道，并有转株为害习性。受害部位由于细胞分化生长速度受影响，使肉质根弯曲变形，失去商品性。

菜螟发生的适宜温度为30~31℃，相对湿度为50%~60%，即高温干燥。温度低于20℃，湿度超过75%，幼虫大量死亡。生产上早播迟播虫害均较轻或无虫害。重点防治放在5月下旬至6月上旬播种的白萝卜。

防治方法：因菜螟1~3龄为害叶片，4龄以后钻入肉质根内，因此，重点防治1~3龄幼虫。所用药剂同防治黄条跳甲用药。在萝卜根开始膨大，形如手指大小，即莲座后期喷灌1次，隔1周再喷灌1次，可基本控制萝卜蛆的为害。

（六）地老虎

又名地蚕，幼虫为害。3龄以前昼夜咬食萝卜叶片，将叶片吃成小孔或缺刻。3龄后幼虫白天栖息在土表2~6厘米处，夜间出来为害幼苗，咬坏或咬断幼苗嫩叶嫩茎，造成缺苗断垄。尤其天刚亮，露水多时为害更凶。一般黏土地发生严重，防治方法同黄条跳甲。因此，在苗期防治黄条跳甲也可起到防治地老虎的效果。

除上述三种虫害外，白萝卜还会受菜青虫、小菜蛾的为害，主要为害叶片，也应进行防治，其方法可参照大白菜这两种虫害的药剂防治。总之，萝卜害虫较多，只要从苗期每隔1周喷1次药，可防治多种害虫，达到高产、优质、高效。

第三节　大白菜

一、品种选择

1. 依大白菜对低温反应情况不同（可划分以下三种类形）

温感反应迟钝型：抽薹的温度界限值为<10℃（指播种后半个月平均温度），如春夏王、强势、春黄、金峰等。

温感反应半迟钝型：抽薹的温度界限值为 11.0~15.2℃，如胶春 1 号、春秋绿、耐病天福等。

温感反应敏感型：抽薹的温度界限值为 15.2~19.6℃，如秋绿 60、津青 70、津青 75、北京新 3 号、优抗 3 号等。

2. 春播大白菜

应选用温感反应迟钝型、抗病性强、结球紧实、商品性好的高产品种，张家口市种植的主要有以下品种：春泉、金峰 2 号、春鸣、春美、羞月、春黄、强势、春极品二号、东洋春夏等。

3. 坝上种植

夏白菜可选用春秋绿等温感反应半迟钝型白菜品种，可在 6 月 15 日前后露地直播。

4. 秋播

可根据市场需求选用生长期短的早熟种，如小杂 56、早心白、津绿 55 等，或选用优质、抗病、高产、耐贮藏的中晚熟品种，如津绿 75、北京新三号、津青 9 号、冀菜 5 号、中白 4 号等。

二、适宜播期

每年 7 月下旬至 9 月下旬由于国内大多数地区气温较高、湿度较大，种植大白菜病害发生严重，很少生产大白菜，形成市场空缺，而张家口市坝上地区夏季干旱凉爽，适宜进行大白菜春夏生产，因此，张家口市坝上地区 4 月 20 日至 5 月 15 日可进行纸筒设施育苗，或 5 月 20 日前后进行露地直播，一直可播到 7 月上旬。在此期间，一定要分批播种，以实现从 7 月下旬到 9 月下旬陆续上市，一般亩产 6 000~7 500 千克，要求商品规格：包心紧实，单株重 2~2.5 千克，不带虫眼，不带病斑。在坝上地区，由于 6 月中旬播种的大白菜其结球期正处于坝上高温季节，大白菜软腐病发病相对较重，因此种植像春夏王一类的抗软腐病较差的品种应调整播种期，错开 5 月 25 日至 6 月 20 日这段时期。

对于秋绿 60、津青 70、津青 75、北京新 3 号、晋菜 3 号这些温感型品种，播种时期必须在 6 月 25 日以后，否则易发生抽薹现象，要想提前种植，必须采用设施育苗措施，防止大白菜在苗期通过春化阶段发生抽薹现象。

三、茬口安排及适宜的密度

种植大白菜的地块最好选择前茬不是十字花科蔬菜。

根据市场需求调整株行距，一般大白菜产品单株重 2.5 千克左右比较好销售，为了达到此指标，大白菜的行距一般安排在 50 厘米，株距掌握在 45~50 厘米，每亩密度 3 000 株左右。同时也要根据所种植品种的生长日数大小、土壤肥力高低、水肥管理及市场需求而定。如生长期长、土壤肥厚、水肥条件较好且客商要求的单株重比较大时，种植密度可稀些，否则可密些。

四、种植形式及播种方法

（一）种植形式

大白菜在坝上高寒地区可以平畦种植，也可以起垄栽培。采取什么形式因土壤条件和水源条件而定。一般沙壤或壤土，水源条件较差的应该平畦种植，土壤黏重、水源充足的下湿地易发生软腐病，最好采用高垄栽培。地膜覆盖栽培，为防治杂草，覆膜前可按每亩 100~150 克氟乐灵或除草通过对水 50 千克进行土壤表面喷雾处理，然后在垄上覆 90 厘米宽的地膜，一膜种植两行，垄宽 70 厘米。

（二）整地施肥

种植大白菜的地块一般亩用农家肥 3 500~4 000 千克、过磷酸钙 50 千克、磷酸二铵 20 千克。在施足底肥浇好底墒水的基础上整地做畦。平畦一般在翻地前先将 2/3 底肥均匀地撒施在地里，耕地时翻入深土层中，耙地前再把剩余的 1/3 撒在地表，耙入浅土层中，然后耙碎糖平。菜畦一般长 10 米，宽 2~3 米。畦子的大小可根据地的土壤性质和平整程度来定，一般较平整的黏壤土的地块做畦可长些、宽些，沙壤土的地块做畦要短些、窄些，且做成跑水畦，以便浇水均匀。起垄栽培可结合翻地将 2/3 的底肥翻入深土层中与土混匀，然后耙碎整平后，按行距将其余的 1/3 底肥沟施，并在上面起垄，一般垄距 50 厘米，要求垄背、垄沟要牢固平整，以保证浇水均匀。

（三）种子处理

为减少发芽出土时间，有利于保全苗，播种前先将种子用冷水浸泡 10 小时左右，使种子吸饱水分，然后将种皮稍微晾干即可播种。

（四）播种

直播种植大白菜，按预定的株行距在畦面或垄背上点播，每穴呈三角形点 2~3 粒种子，覆土 1~1.5 厘米，并用手掌将覆土压实，一般亩用种为 20 克左右。5 月和 6 月中旬播种，由于气温较低，种子出苗缓慢，在土壤中停留时间较长，另外，如果天气干旱，覆土又薄，加上风吹日晒，一天就会使种子处于干土层，而难以发芽，造成缺苗断垄。因此，有条件的，可在播种穴上盖一块直径 15 厘米的地膜，四周用土压实，可起到增温保墒的效果。但是，覆盖地膜必须掌握好覆盖时间的长短，一旦发现种子有胚根扎入土中，但子叶还没出土时，就应立即揭去地膜，防止出苗后再揭膜，幼苗因受风吹日晒而死亡。采用地膜覆盖的，覆膜后 2~3 天，打孔坐水播种，每孔 3 粒种子，三角形分布，上面覆盖 1 厘米潮湿细土。

五、田间管理

（一）间苗、补栽和定苗

当幼苗长到一片真叶时，每穴留两棵苗，此时如有缺苗现象，先在缺苗位置挖穴，然后用铁铲从相邻位置挖一棵带土坨的小苗栽入穴中，浇水封土，实现全苗。当幼苗长到 2~3 片真叶时，选留无病虫害健壮苗，及时定苗。定苗时把多余幼苗从基部掐掉，以防拔苗带土伤害所留苗。

（二）中耕除草

在幼苗期和莲座期各进行 1 次，如浇水或遇雨土壤板结、杂草较多时，可增加 1~2 次。莲座后期停止田间中耕，以防伤害植株根系引起病害的发生。

（三）施肥浇水

在施足底肥的基础上，大白菜在整个生长期间追三次肥。第一次在定苗后追一次提苗肥，主要以氮肥为主，亩追尿素 10~15 千克。在距苗 8~10 厘米周围挖一小穴，把肥撒入穴内，埋土浇水。第二次追肥在莲座期，该期生长量加大，需肥较多，每亩追施尿素 25~30 千克，为补充磷钾可适当追施些磷酸二氢钾，均匀撒在植株周围，然后浇水。第三次追肥在包心期，是产量形成的关键时期，需肥量达到顶峰，每亩需追尿素 30~35 千克及 3 千克磷酸二氢钾（或钾宝），均匀遍撒在畦面或垄背侧面上，马上浇水，此时早已封垄，为减少叶片受伤，最好随水冲施。为防止大白菜干烧心的发生，这个时期可叶面喷施些硼砂和钙肥。如在沙壤土种植，为减少肥料随浇水渗入土壤深层而流失，第三次追肥也可分次进行，每 2 次浇水追 1 次肥，每次追施 15 千克。

大白菜的整个生长期需水量较大，除苗期、莲座初期可适当控水蹲苗外，一般应保持田间湿润。特别是包心中期不能缺水。

六、病虫害防治

（一）大白菜干烧心

大白菜干烧心是一种生理性病害，其发生的主要原因是植株体内缺乏钙素引起的，导致大白菜缺钙的因素主要是：植物体内钙的吸收困难；土壤返盐影响钙的吸收；离子的拮抗作用，如可溶性镁离子抑制钙的吸收；氮肥施用偏多，导致植物体内氮、钙不平衡；土壤过干或过湿影响根对钙的吸收。

大白菜干烧心病防治措施如下。

（1）施用钙肥。底施和追施硝酸钙是防治大白菜干烧心的一种有效措施。每亩施用 50 千克硝酸钙，可大幅度降低干烧心发病率，一般 1/3 底施，在结球前期和后期各追 1/3，根外喷施 0.5% 氯化钙和 0.5% 硝酸钙溶液，一般是在叶球开始形成时，每隔 5~7 天喷洒 1 次，每亩喷洒 50~100 千克，连续喷洒 3~5 次，对防治干烧心病有较好的效果。

（2）施用硼肥。硼肥可促进钙的吸收，土壤施硼或叶面喷施硼都可以减少干烧心的发病率。每亩用 0.3~0.5 千克硼砂做基肥，也可以用 0.1% 浓度的硼砂液在结球期与钙肥一起叶面喷施。

（3）施用 NAA（萘乙酸）。NAA 可促进钙的吸收和运转，提高大白菜对钙的吸收率，可以在大白菜结球期，将 10 毫克/升浓度的 NAA 与钙肥配合，叶面喷施。

（4）化控蹲苗。在大白菜结球前，以 80 毫克/升浓度的缩节胺喷洒白菜可促进根系的生长发育，增强大白菜根系对土壤中钙和磷的吸收能力，增加叶片中钙离子浓度，减少病害的发生。

（5）合理施用氮、磷、钾肥。北方石灰性土壤，氮肥按纯氮计，总量控制在每亩22~26千克，$N：P_2O_5：K_2O$ 为 3：1：1.5 左右，施肥方法，磷、钾肥全部底施，氮肥底施 1/3，结球前期和后期各追施 1/3。

（6）改进灌溉技术。在结球期间，如遇到土壤含水量低于 14%（沙壤）或 16%（中壤）时，应立即浇水，但水量应视土壤保水能力而定。一般控制在浇水后 1.5~2 小时渗干为宜，浇水量不可过大。

（7）选用抗病品种。

（二）软腐病

属细菌性病害，主要在结球期发病，大部分人把该病与干烧心病混淆，但常伴随干烧心病发生。初期在外围叶基部发生水渍状腐烂，严重时外叶萎蔫，叶球暴露基部，由外向内扩展，直到全部烂掉，菜株倾倒，一拔叶球与根部很易脱离，并带臭味。致病细菌在植株上、肥料中、土壤中越冬。通过浇水、昆虫传播，病菌从植株的伤口或生理裂口侵入。一般结球期遇高温高湿发病严重。

发病初期用 72%农用硫酸链霉素可溶性粉剂 3 000~4 000 倍液、新植霉素 4 000 倍液或 77%氢氧化铜可湿性粉剂 500 倍液喷雾防治。其方法是用喷雾器喷雾于植株基部，从周围向内喷，并注意不要碰伤叶片，防止病菌从伤口侵入。喷雾时间从莲座后期包心初期开始用药，每隔 1 周喷 1 次，连喷 3~4 次。最好在下午进行，一是没有露水，二是叶片发软少受损伤。结球期结合防治软腐病的同时可在药液中加入 0.7%氯化钙和大白菜防腐包心剂混合液喷雾，以促进包心和防止干烧心病的发生。

（三）白斑病（干叶病）

为真菌性病害，包心期发病，外围叶、老叶先发病。叶球上的叶片发病轻。发病初期，叶上散生灰白色近圆形病斑，扩大后呈圆形或卵圆形，灰白色。病斑直径 6~10 毫米，有时病斑上有 1~2 个轮纹，潮湿时叶背病斑上出现稀疏的灰白色霉，后期病斑变白色，半透明，似火烤状，易穿孔破裂。

目前推广的品种都不抗白斑病。发病的外界条件是高温高湿。5 月下旬至 6 月上旬播种，7 月中下旬至 8 月上旬正处于包心期，发病重。土壤瘠薄的沙板地发病重，施肥少的地块发病重。

采取轮作倒茬，施用充分腐熟的农家肥。在包心初期开始喷洒 50%多菌灵 1 000 倍液，或 70%代森锰锌 400~500 倍液。每隔 7 天喷 1 次。

（四）大白菜黄叶病

大白菜黄叶病属真菌性病害，苗期就可发病。染病植株定苗或移栽后生长缓慢，半边叶片褪绿，致半株或整株叶片萎蔫，似缺水状，拔起病株，须根少，剖开主根，维管束变褐，莲座后期到包心初期叶片开始黄化，进入包心中期，老叶叶脉间褪色变黄，叶脉四周多保持深绿色，后叶缘失水皱缩且向内卷曲，致植株呈萎缩状态或枯死。

传播途径和发病条件：遇干旱年份，土壤温度过高或持续时间过长，导致分布在耕作层的根系灼伤，次生根延伸缓慢，不但影响幼苗水分吸收，还会使根逐渐木栓化而引致发病。

防治方法：适期播种，一般不要过早，尽量躲过高温干旱季节。加强田间管理。蹲苗适度，改变蹲"满月"习惯，防止苗期土壤干旱，苗期遇有干旱年份地温过高时宜勤浇水降温，确保根系正常发育。

（五）黄条跳甲（土跳蚤）

主要是为害幼苗，是子叶期的主要害虫，严重影响了幼苗继续生长，造成缺苗断垄。苗期可用高效氯氰菊酯加辛硫磷喷雾防治。

（六）小菜蛾（吊丝虫、吊死鬼）

初龄幼虫以半潜叶形式为害，钻食叶肉，叶片被穿成弯曲的白线条状，2龄以后把叶片咬成洞或缺刻。如果幼虫集中在菜心为害，使白菜不能正常包心。为害菜球外叶，形成虫眼，降低商品性。用高氯+阿维菌素，或用高氯+杀单·苏2 500倍液，以上药液加害立平轮换使用。

（七）菜青虫

成虫叫白粉蝶，主要是幼虫为害，2龄前只啃食叶肉，留下一层薄而透明的表皮，3龄以后可蚕食整个叶片，影响植株生长和包心。包心期为害，严重降低产量及品质，特别到后期，影响其商品性（要求不带虫眼）。同时虫口易导致软腐病的发生。

因菜青虫采食量大，用药效果好，比防治小菜蛾容易些，防治小菜蛾的同时就可起到对菜青虫的防治效果。

第四节　西兰花

西兰花又叫青花菜、嫩茎花椰菜、绿菜花，以其肥嫩的花枝、花蕾所组成的翠绿色的花球供食用，不仅柔嫩、鲜美，营养丰富，而且适应性强，容易栽培，是一种很有发展前途的营养保健型高档蔬菜。绿菜花属半耐寒蔬菜，抗寒耐热性较甘蓝差，营养生长阶段适宜温度范围8~24℃，花球形成期为15~18℃。高于20℃容易形成多叶花球和绒毛球，同时花球易松散。

一、品种选择

选用抗逆性强、适应性广、商品性好的品种。春季栽培选用素丹、优秀、绿洲808等品种，秋季栽培选用绿岭、绿带子等品种。

二、培育壮苗

1. 育苗方式

露地、阳畦、大小棚、日光温室均可育苗。有条件的可采用电热温床、工厂化穴盘育苗。露地育苗应有防雨、防虫、遮阴等设施。

2. 播期

绿菜花品种生育期一般在 85~95 天，其苗龄掌握在 40 天左右，定植后 50~60 天即可采收。因此可根据上市时间来确定播期。坝上四县利用拱棚或阳畦育苗，一般从 4 月 15 日至 5 月 20 日均可播种，排开定植时间；坝下地区春播 3 月上中旬，秋播 6 月上中旬阳畦遮阴育苗。

3. 苗床准备

选三年未种过十字花科蔬菜的肥沃园土，每平方米施 10~15 千克腐熟有机肥和 80~100 克磷酸二铵，然后浅耕翻，使肥料与土壤均匀混合，耧平做畦。畦宽 1.2~1.5 米，长度视拱棚或阳畦大小而定。

4. 播种

每亩大田需种量 25~30 克，需苗床 6~8 平方米。播种前先浇一次透水，浇水下渗后将种子均匀地撒在畦面内（每 3 厘米见方 1 粒种子），覆细土 1 厘米，春季育苗苗床上盖覆盖物（地膜或干草），以利增温保墒。6~7 片真叶时即可定植。定植前 5~7 天要昼夜通风炼苗，以提高定植成活率。定植前 1 天，要浇透水，带土移栽，利于缓苗。

三、定植

定植前，首先将地块施足基肥，每亩铺施腐熟优质农家肥 7 000 千克、磷酸二铵 20 千克，然后浅耕翻，再整地做平畦或起垄种植。按行株距要求开沟或挖穴，坐水栽苗，或栽后立即浇水。早熟种每亩 2 700~4 000 株，行株距（50~60）厘米×（33~40）厘米；中晚熟种每亩 2 000~3 000 株，行株距（60~70）厘米×（40~60）厘米。埋土在第 1 片真叶下 2~3 厘米即可。切勿过深或过浅，过深不利于缓苗，过浅后期容易倒伏。定植后立即浇足水。

四、大田管理

（一）中耕松土

定植后 3~5 天浇缓苗水，缓苗后适当控水蹲苗，结合蹲苗，中耕 2~3 次，中耕时第 1 次浅，第 2 次深，第 3 次不准伤根。疏松土壤，增温保湿，促进根系发育，消灭杂草。

（二）追肥浇水

定植后 3 周左右，蹲苗期结束，应加强肥水管理，经常保持土壤湿润，特别是花球开始膨大时，要重施追肥，水肥齐攻，每 7 天左右浇 1 次水，结合浇水追施速效化肥两次，每亩追尿素 25 千克，顶花球采收后仍要浇水追肥，以利侧枝花球生长。

（三）打杈

侧枝萌发以后及时去掉，以使营养全部供应花球，保证花球大而漂亮。花球采收后，可选留 2~3 个健壮侧枝，使其侧头也能形成产品，以提高后期产量。

五、防治病虫害

首先要选用低毒高效的药物进行防治。绿菜花的主要病害有霜霉病、菌核病等发生，可用70%托布津800倍液或75%百菌清1 000倍液喷雾防治。虫害有蚜虫、菜青虫和小菜蛾等，可用20%杀灭菊酯乳油2 000倍、10%虫螨腈1 500~2 000倍液，或0.5%甲维盐微乳剂2 500倍液喷雾防治。

六、适时采收

绿菜花具有连续采收的特点，当花球充分膨大后，花蕾不松散、不开花、不散球时，务必及时采收。采收过早花球未充分膨大，影响产量；采收过晚，花蕾开散，松球，降低品质，同时也不利于侧枝连续结球。当花球充分长大紧实，表面平整，基部花枝略有松散时采收为宜。采收应以清晨和傍晚为好，采收时花球周围保留3~4片小叶，可保护花球。

第五节　白菜花

白菜花又称花椰菜、花菜。原产地中海东部沿岸地区，由野生甘蓝演化而来。张家口市近几年白菜花种植发展很快，白菜花成为夏秋季北菜南运以及出口创汇的主要蔬菜。

一、品种选择

张家口市主要种植的品种有雪宝、雪岭一号、富强80、高富、春雪宝等。

二、培育壮苗

（一）育苗方式

露地、阳畦、大小棚、日光温室均可育苗。有条件的可采用电热温床、工厂化育苗。露地育苗应有防雨、防虫、遮阴等设施。

（二）用种量和苗床面积

定植白菜花亩需种子20克，需苗床面积15平方米。

（三）种子处理

将种子放入50℃温水浸种20分钟，并不停搅拌，在常温下继续浸种3~4小时，捞出洗净，稍加风干后用湿布包好，放在20~25℃温度条件下催芽，每天用清水冲洗1次，待50%种子露白时即可播种。

（四）苗床土准备

选三年未种过十字花科蔬菜的肥沃园土与充分腐熟过筛圈肥，按10：1比例混合均匀作为苗床土，每立方米苗床土加氮磷钾三元复合肥1千克。用25%甲霜灵可湿性粉剂与 70%代森锰锌可湿性粉剂按 1：1 混合，按每立方米苗床土用药 100 克与苗床土混合，也可用 1 000 倍的 95%恶霉灵，或 600 倍的 80%多·福·锌可湿性粉剂进行床土消毒。播种时 2/3 铺于床面，1/3 覆盖在种子上。

（五）播种时间

坝上地区 4 月中旬至 5 月下旬排开播种；坝下地区春播 3 月上中旬，秋茬 6 月上中旬阳畦遮阴育苗。

（六）播种方法

浇足苗床水，待水渗后将种子均匀撒播于床面（为撒匀可掺些沙子或小米），覆细土 1 厘米，春季育苗苗床上盖覆盖物（地膜或干草），以利增温保墒。

（七）苗期管理

1. 温度管理（表 3-1）

表 3-1　苗期温度管理

时期	适宜日温（℃）	适宜夜温（℃）
播种至齐苗	20~25	15~18
齐苗至定植前 10 天	16~20	8~12
定植前 10 天至定植	5~8	4~6

2. 苗床管理

间苗 1~2 次，苗距 2~3 厘米，去掉病苗、弱苗及杂苗，间苗后覆土 1 次。部分幼苗出土后立即撤去覆盖物，床土不干不浇水，浇水宜浇小水或喷水，定植前 5~6 天浇透水，之后放风炼苗。露地夏、秋季育苗，气温太高可采取浇水、遮阴等方法降温。要防止床土过干，同时，防暴雨冲刷苗床，及时排出苗床积水。

3. 壮苗标准

植株健壮，株高 12 厘米，长有 5~6 片真叶，叶片肥厚，根系发达，无病虫害。

三、定植

（一）整地施肥

前茬为非十字花科蔬菜，栽培一般采用平畦。结合整地每亩施优质腐熟有机肥3 500 千克，磷酸二铵 30 千克，过磷酸钙 40 千克。

（二）定植方法和密度

按行株距要求开沟或挖穴，坐水栽苗，或栽苗后立即浇水。定植密度：早熟种2 700~4 000 株/亩，行株距（50~60）厘米×（33~40）厘米；中晚熟种 2 000~3 000株/亩，行株距（60~70）厘米×（40~60）厘米，具体密度可因地力等实际情况而调整。

四、定植后管理

（一）中耕除草

定植缓苗后、浇水后要及时中耕 2~3 遍，以促进根系的生长。如定植田杂草较多，可在移苗前每亩用 48%氟乐灵乳油或 33%除草通 100~150 毫升对水 50 千克处理土壤。

（二）浇水

定植后 5~7 天浇 1 次缓苗水，切忌大水漫灌，阴天停止浇水，但整个生长过程中不能缺水，尤其在茎叶生长旺盛期和花球生长期，每隔 4~5 天浇 1 次水。

（三）追肥

缓苗后结合浇水亩追施尿素 10 千克，或随水每亩施腐熟粪肥 500 千克。定植后 35 天左右，每亩追硫酸铵 10~15 千克、硫酸钾 10 千克。当花球直径达 3 厘米时，每亩追氮、磷、钾复合肥 20 千克。

（四）盖花球

由于花球在太阳直射下极易变黄，影响产品质量，所以当花球显现时，要及时盖球，可以从下部折 2~3 片老叶盖球，也可将紧靠花球的新叶折弯盖球。

五、病虫害防治

1. 黑根病

发现中心病株后喷洒 20%甲基立枯磷乳油 1 200 倍液，或 3.2%氯吡嘧磺隆水剂 300 倍液，或用 95%恶霉灵原药 3 000 倍液灌根。

2. 黑腐病

此病是十字花科蔬菜常发的细菌性病害，沿叶缘向里扩展呈"V"字形病斑，可用 72%农用链霉素 4 000 倍液、特效杀菌王、杀菌优等交替使用。

3. 菜青虫

卵孵化盛期选用 Bt 乳剂 200 倍液，或 5%抑太保乳油 2 500 倍液喷雾。幼虫 2 龄前选用 1%苦渗碱溶液 800 倍液，或 10%联苯菊酯乳油 1 000 倍液，或 25%灭幼脲 3 号 1 000 倍液喷雾。

4. 小菜蛾

卵孵化盛期用 5%氟虫腈悬剂 2 000 倍液，或 5%抑太保乳油 2 000 倍液；幼虫 2 龄前用 1.8%阿维菌素乳油 3 000 倍液，或 Bt 乳剂 200 倍液，或 0.5%甲维盐微乳剂 2 500 倍液喷雾。以上药剂要轮换、交替使用，切忌单一类农药常年连续使用。

5. 蚜虫

用 3%吡·高氯 1 500 倍液，或 50%抗蚜威可湿性粉剂 2 000~3 000 倍液，或 10%吡虫啉可湿性粉剂 1 500 倍液，6~7 天喷 1 次，连喷 2~3 次。用药时可加入适量展着剂。

六、适时采收

当花球充分肥大，质地致密，表面平展时，要及时采收。采收时，为保护花球，要带 2~3 片外叶，采收过程中所用工具要清洁、卫生、无污染。

第六节 胡萝卜

一、选用良种

根据市场要求及张家口市气候特点，种植胡萝卜应选用皮、肉、芯三红，顶部细小，根部收尾好，中柱较细，根型顺直，商品性好，叶丛挺立且叶小色深，适于密植，耐旱具有较强的抗抽薹性，适合出口外销的品种。近年来张家口市种植主要有以下几个品种：超级三红、红映二号、宝冠、超级红冠新黑田五参、东洋特级三红、日本大阪红参六寸、益农牌新黑田五寸参等。

二、整地施肥

由于胡萝卜对土壤条件要求比较严格，土壤黏重、土层浅、施用基肥未腐熟或施肥不均匀，这些都会影响产品的质量和产量，所以应选择周围不存在环境污染、地势平坦、土质肥沃、富含有机质、排灌良好的沙壤土作为胡萝卜的生产基地。

为改良和肥化土壤，保证胡萝卜的整个生育期有一良好的生长环境和充足的养分，在施肥中，应以基肥为主，底肥与追肥配合施用。因此，结合整地每亩施腐熟圈肥 4 000~5 000 千克，草木灰 200 千克，过磷酸钙 40 千克，硼砂 1~1.5 千克。为防止地下害虫发生，施肥前最好用 50% 辛硫磷乳油 500 倍液喷雾处理基肥。然后深翻土壤 25 厘米，耙细整平起垄，垄距 30 厘米，垄高 20 厘米。

三、播种

（一）适宜播期

春播胡萝卜坝上地区应在 5 月上中旬播种，坝下秋播胡萝卜在 6 月下旬至 7 月上旬播种。早春种植胡萝卜，最好选用红映二号这些抗抽薹品种，结合地膜覆盖，可保证苗齐苗壮，还可提早上市。

（二）种子处理

毛籽应在播种前搓去种子上的刺毛，以利种子吸水。

（三）施用除草剂防草

由于胡萝卜发芽慢，苗期生长时间长，易发生杂草，因此，在播种后或出苗前要用除草剂进行土壤处理。

（1）播种后出苗前，每亩用33%除草通（或除草通）100~150毫升，加水50千克，进行土壤喷雾处理，喷药时注意要做到既不可漏喷，也不可重喷。该药为选择性芽前土壤处理剂，杂草在萌发过程中通过幼芽、茎、根吸收药剂，抑制幼芽和次生根组织细胞分裂。该药施用后可不与土壤混匀。

（2）播种前每亩用48%氟乐灵乳油100~150毫升，加水50千克，进行土壤喷雾处理，喷药时注意要做到既不漏喷，也不重喷，喷雾前最好保证土壤湿润，以保证施药效果。喷后将土表耙平，以使药液与表土充分混匀即可播种。

（3）播种前或播后苗前，每亩用50%扑草净可湿性粉剂100克对水50千克，进行土壤喷雾处理。

（四）播种

胡萝卜一般亩用种量为300克左右。在垄上按行距30厘米开深1.5厘米的播种沟，将种子均匀撒播于沟中，播后覆土踩实，使种子与土壤密接，有利于出苗。

四、田间管理

（一）间苗、除草

当幼苗长至2~3片叶时进行间苗，苗距5厘米左右；4~5片叶时定苗，苗距11~13厘米，可采取错位定苗法，每亩种植2万株左右。红映二号属小根型品种，种植密度要适当加大，否则根部易生根瘤，影响产品质量。由于胡萝卜幼苗期生长缓慢，极易发生草荒，因此，要结合间苗及时拔除杂草，以利幼苗苗壮成长。

（二）水肥管理

北方地区气候干燥，且胡萝卜出苗时间长，喷灌浇水对出苗最有利，为保证苗齐苗全，从播种到出苗需连续浇2~3次小水，经常保持土壤湿润。胡萝卜出苗后要及时浇水，渠灌要顺垄沟浇小水，掌握"见干见湿、小水勤浇"的原则。进入叶生长盛期，要适当控制水分，进行中耕蹲苗，防止叶簇徒长。进入肉质根膨大期，应保证有充足的水肥供应，可结合浇水在小行间每亩追施三元复合肥25千克，或顺垄沟追施钾宝或硫酸钾20~25千克。结合中耕及时培土，避免肉质根顶部露出地面形成绿头。

（三）地膜覆盖

种植的苗期管理当幼苗刚出土时，要及时在其上方扎孔透气，待3~5天后将苗扶出地膜，用潮土压住四周，以防闪苗。

五、病虫害防治

综合运用以上农业技术措施，可有效防治胡萝卜病虫害。在病虫害防治方面提倡"以综合防治为主，化学防治为辅"的方针，发生病害时，优先采用无公害生物农药防治，化学农药应在采收前15天停用。

（一）胡萝卜黑腐病、黑斑病

发病初期，喷洒4%农抗120水剂600~800倍液，或75%百菌清可湿性粉剂600倍液，或 58% 甲霜灵·锰锌可湿性粉剂 400~500 倍液，或 50% 异菌脲可湿性粉剂 1 500 倍液，10 天喷 1 次，连喷 2~3 次。

（二）胡萝卜软腐病

发病初期喷洒 14% 络氨铜水剂 300 倍液，或 77% 氢氧化铜可湿性粉剂 500 倍液，或 72% 农用链霉素可溶性粉剂 3 000 倍液，7 天喷 1 次，连喷 2~3 次。

（三）胡萝卜细菌性疫病

发病初期开始喷洒新植霉素可溶性粉剂 4 000 倍液，或 14% 络氨铜水剂 300 倍液，或 77% 氢氧化铜可湿性粉剂 500 倍液，或 1∶1∶200 波尔多液，隔 7~10 天喷 1 次，连喷 2~3 次。

（四）胡萝卜病毒病

发病初期喷洒 1.5% 植病灵乳剂 1 000 倍液，或 20% 盐酸吗啉胍·乙酸铜可湿性粉剂 500~800 倍液隔 7~10 天喷 1 次，连喷 2~3 次。

（五）蚜虫

用 3% 吡·高氯 1 000~1 500 倍液，或用灭多威 600 倍液，或用 50% 抗蚜威可湿性粉剂 2 000 倍液，或用 10% 吡虫啉可湿性粉剂 1 500 倍液喷雾。

（六）地老虎

用 90% 晶体敌百虫粉 800 倍液，或用 50% 辛硫磷乳油 800 倍液、48% 毒死蜱乳油 1 000~1 500 倍液灌根。

六、肉质根畸形原因及防止措施

（一）肉质根畸形的原因

裂根：肉质根膨大前期生长迅速，后期干旱，形成层活动减弱，表皮、皮层及韧皮部木栓化。后期遇充足雨水，温度适宜，形成层继续旺盛生长，外部组织不能适应而被胀开形成裂根。

杈根：主根受损，侧根膨大，形成杈根。其产生原因一是种子成熟差或种子过于陈旧，生活力弱，发芽不良，影响幼根先端生长，侧根代替主根下扎而膨大，形成分杈；二是根层较浅、整地不精或土壤中有大石块，主根下扎时，遇到石块或其他较硬杂物而受阻，迫使侧根下扎而膨大，形成分杈；三是农家肥没有充分腐熟、施肥过量或不均，主根下扎时遇到化肥粒或未腐熟的农家肥，主根尖被烧死，迫使侧根生长下扎代替主根而膨大，形成分杈；四是地壤黏重的地块地下害虫为害比较严重，种子萌发出苗后，如遇地下害虫咬断主根，迫使侧根生长，后期膨大形成杈根。

根瘤、根毛大而多：生长期较短的早熟品种（如红映二号）留苗过稀或在土壤较为黏重的下湿盐碱地种植，胡萝卜肉质根上会形成较大而多的根瘤及毛根，影响产品的光洁度，降低产品的质量。

（二）肉质根畸形的防治止措施

针对以上肉质根畸形的原因，可采取以下措施防治：防止裂根，在胡萝卜肉质根膨大过程中浇水要均匀，保持土壤湿润。防止杈根及根瘤、根毛大，主要是购买饱满的新胡萝卜种子，播在土壤肥沃的沙质地块，避免在土壤黏重的下湿盐碱地种植；施用腐熟的农家肥，且要均匀细碎；根据品种特性，合理安排种植密度；如地下害虫发生较重的地块，结合施肥应撒施辛硫磷等农药防治虫害。

七、收获

采收时间因品种而异，一般早熟品种播种后 85 天左右即可采收，中晚熟品种多在播后 90~150 天采收。收获应适时，过早采收肉质根未充分膨大，产量低，甜味淡；采收过迟则会出现根老化、裂根、心部木质化、空洞症及抽薹现象，质地变劣。成熟时，大多数品种表现为心叶呈黄绿色，外叶稍有枯黄状。因肉质根肥大，地面会出现裂纹，有的根头部稍露出土面。

第七节 洋 葱

一、品种选择

选用抗逆性强、适应性广、商品性好的长日照品种。近年来张家口市种植表现较好的品种：加工型白皮洋葱白珠、白地球、银珠等品种；黄皮洋葱金黄冠、黄冠王、金岛、金状元等品种；紫皮洋葱大同紫球等优良品种。

二、培育壮苗

(一) 育苗方式

根据栽培季节和方式，可在露地、阳畦、塑料拱棚、日光温室均可育苗，有条件采用工厂化育苗。选背风向阳且近三年没有种过百合科蔬菜的地块，播种前 10~15 天将育苗保护设施的拱架搭好，扣棚解冻增温，为后期播种育苗作好准备。

(二) 育苗地处理

结合整地育苗地亩施优质农家肥 4 500 千克、磷酸二铵 10 千克，拌匀翻入土壤中，然后做成宽 1 米、长 3~6 米的平畦，每平方米育苗畦撒施敌克松 5 克，混土深 3 厘米，以防苗期病害。

(三) 种子处理

葱头属耐寒性蔬菜，适宜在冷凉环境中生长。种子在 3~5℃ 低温条件下开始萌动，12~20℃ 时发芽最快而且整齐。播种前用 50~55℃ 热水浸种 10 分钟，其间不断搅动。捞出后用 20~30℃ 温水浸种 4~5 小时，然后催芽或直接播种。如催芽可用纱布将温水浸种后的种子包好放在 12~20℃ 的温度条件下催芽（一般炕头即可），每天用温水淘洗 1 次，3~5 天即可发芽，芽刚露白即可播种。亩用种量为 150 克左右。

（四）播种时间

洋葱苗龄一般 50 天左右，为保证收口良好，坝上地区适宜播期为 3 月中下旬，5 月中下旬定植。催芽播种可比直接撒播适当晚播 5~7 天。坝下地区春季 2 月下旬至 4 月上旬均可保护地育苗；秋季 8 月中下旬露地育苗，深秋起苗囤苗。

（五）播种方式

整平育苗床后先浇足底水，水渗后将苗床刮平即可播种。一般手工撒播，种子间距掌握在 2 厘米左右为宜。播种后覆盖一层干细土，覆土厚度为 1~1.5 厘米，覆土不宜过厚，超过 2 厘米就会影响出苗，形成弱黄苗或大量残弱苗，但也不可过薄，否则会使幼苗戴帽出土。为保墒增温，覆土后马上覆盖地膜，部分幼苗出土后要及时揭掉。一般情况下，大田每亩洋葱需苗床 15 平方米左右。

（六）苗期管理

（1）除草。除草剂选用 33%除草通（或除草通、施田补），播种后每 15 平方米用药 3 克对水 1.5 千克均匀喷雾。该方法除草效果较好，但在除草剂的使用时要特别慎重，严格掌握除草剂的用量和用药时期，否则易出现药害，影响出苗率。

（2）浇水。整个育苗期内只在齐苗后和 2 片真叶时浇两次水，齐苗后浇水量不可过大，否则地温太低易发生苗期猝倒病。

（3）追肥。育苗期内，可在齐苗后 1 周叶面喷施 0.1%尿素加上 0.2%磷酸二氢钾 1 次，两周后再喷 1 次，苗弱时可在定植前 20 天左右追施尿素水 1 次，每亩 5~10 千克。

（4）温度。出苗前白天 20~26℃，夜间不低于 13℃，齐苗后白天控制在 18℃左右，夜间 8℃左右，定植前一周要逐渐加大通风量进行炼苗，定植前 3 天要揭去棚膜，以使幼苗适应外界大风低温环境，提高定植后幼苗成活率。

三、定植

（一）整地作畦

选择疏松肥沃、保肥保水的沙壤土，结合翻地亩施优质腐熟农家肥 4 000~5 000 千克（或干鸡粪 300 千克）、磷酸二铵 20 千克，过磷酸钙 30 千克、磷酸二氢钾 15 千克。耙碎整平后作成 1.5 米宽的平畦，畦长可根据浇水条件及土壤性质而定。

（二）土壤除草

定植前 3~5 天每亩用氟乐灵或除草通 150 毫升对水 50 千克均匀喷洒于畦面，由于氟乐灵见光易分解，为防止药效散失，喷洒氟乐灵后要与土混匀，拌土层 3 厘米以上。

（三）定植方式及密度

5 月中下旬，当苗高 15~20 厘米、茎粗 0.6~0.9 厘米时即可定植。定植前两天晚上，浇 1 次透水并喷施杀菌剂。起苗后按大小苗分级，将 300~500 株捆成一捆，用 800 倍辛硫磷浸根 5~20 分钟，再用 10~15 毫克/升的 ABT4 生根粉浸根 30 分钟，在阴凉地放一天再定植。密度：黄皮或紫皮洋葱 16 000~25 000 株/亩，行株距 20 厘米×（14~20）厘米；加工型白皮洋葱 28 000~33 000 株/亩，行株距（14~18）厘米×（14~16）厘米。定植深度掌握在埋住根部 2 厘米左右，定植深度对产量和质量影响很大，深了由于土壤机械阻力大于洋葱鳞茎的生长力，会使鳞茎长成棒槌形呈大葱状，除影响产量外，还会降低品质，影响商品率。定植后要及时浇定植水。

（四）田间管理

（1）中耕除草。定植成活后及时中耕，扶正秧苗。中耕有利于提高地温，促进根系生长。生长前期中耕 2~3 次，以浅锄划破地皮为宜，防止伤根。生长后期要视浇水及杂草情况而中耕，中耕时可适当深些，以促进鳞茎迅速膨大。

（2）合理灌溉。早春气温低，浇水不宜过勤，加强中耕保墒。一般移栽时浇 1 次定植水，5~7 天后浇 1 次缓苗水，以后每隔 10 天左右浇 1 水；进入发叶盛期（6~8 叶时），加大浇水量；鳞茎膨大前（8~9 叶时）浇 1 次大水然后蹲苗 10~15 天，这段时间主要是以锄代浇，促进植株进入鳞茎膨大期；进入鳞茎膨大期，浇水宜勤，量也增加，经常保持土壤湿润。

（3）适时追肥。前期追肥以氮肥为主，中期氮、磷、钾配合施用，后期以磷、钾肥为主。定植后以促根为主，叶面喷施强力生根剂 2 次；叶部进入旺盛生长期（定植后 30 天左右），亩追施硫酸铵 15 千克、磷酸二氢钾 10 千克；在鳞茎有核桃大小时，亩追硫酸铵 10 千克、硫酸钾 15 千克；进入鳞茎膨大盛期，植株便进入迅速生长期，要加大肥水的供应量，其间要结合浇水追两次肥，每次亩追氮磷钾复合肥 15 千克，并结合防病虫，叶面喷施硫酸锌、硼砂及磷酸二氢钾 2 次。

四、病虫害防治

洋葱病害主要有霜霉病、软腐病、紫斑病、病毒病。为害洋葱的主要虫害有地蛆、金针虫、地老虎、葱蓟马。其症状及防治措施如下。

（一）霜霉病

主要为害叶片，染病初在叶片上产生卵圆形黄白色斑点，边缘不明显，病斑扩大联合，沿叶呈筒状发展，干燥的变为枯斑。叶片中下部受害时，病部以上的叶片下垂干枯，假茎感病，病部多破裂，植株弯曲，鳞茎感病，可引起系统侵染，病株矮化，叶片扭曲畸形，呈苍白绿色，湿度大时表面遍生黄白色绒状物，后呈暗灰紫色霉层。防治措施：发病初期喷施 70% 烯烧吗啉水分散颗粒剂，或 69% 烯酰锰锌可湿性粉剂，或 72% 丙酰胺水剂 800 倍液，或 90% 乙膦铝 800 倍液加 75% 代森锰锌 800 倍液，或 58% 甲霜灵锰锌 600 倍液或霜脲锰锌 600 倍液。

（二）软腐病

一般先从茎基由下向上扩散，初侵染呈水渍状长形斑点，后产生半透明状灰白色病斑，接着叶鞘基部软化腐烂，致叶片折倒，病斑向下扩展，假茎部染病初呈水渍状，后内部开始腐烂，散发出细菌病害特有的恶臭。防治方法：一旦发现田间有染病植株，可先用质量好的生石灰亩用量 25~30 千克均匀地撒入田中，也可用 25%增效农用链霉素可溶性粉剂 2 000 倍液，2%精质春雷霉素可湿性粉剂或 3%中生菌素可湿性粉剂 600 倍液，或用 1 000 万单位新植霉素 3 000 倍液叶面喷雾防治。

（三）紫斑病

主要为害叶片、叶鞘，病斑初为水渍状小白点，稍有凹陷，后扩大成椭圆形或棱形，呈褐色或暗紫色，周围常有黄色晕圈。数个病斑愈合成长条形大斑。潮湿时，病部产生同心轮纹状排列的深褐色或黑灰色霉层，发病重时引起叶、假茎枯死或折倒。防治措施：发病初期喷洒 75%代森锰锌可湿性粉剂 600 倍液或 75%百菌清可湿性粉剂 500 倍液或 64%恶霜灵·锰锌可湿性粉剂 500 倍液。

（四）病毒病

从苗期到成株均可染病，得病植株生长受阻，病叶生长停止，叶片凹凸不平，皱缩扭曲，叶变细，叶尖逐渐黄化，叶片上有时产生长短不一的黄白色条斑或黄绿斑。防治方法：结合防治蚜虫和葱蓟马进行，一旦发病可用植病灵、吗呱·乙酸铜等药剂叶面喷雾防治。

（五）地蛆、金针虫、地老虎等地下害虫防治

农家肥要充分腐熟。结合整地可用辛硫磷颗粒剂拌毒土进行防治；定植后如有害虫为害可用 40%辛硫磷乳油 600 倍液或 48%毒死蜱乳油 1 000~1 500 倍液灌根防治。

（六）葱蓟马

可用 1.8%阿维菌素 2 000 倍液加 4.5%高效氯氰菊酯 600 倍液，或用 3%吡·高氯 1 000~1 500 倍液交替叶面喷雾防治。

五、适时采收

洋葱叶片开始枯黄，假茎变软，鳞茎外皮革质，表示开始成熟，当田间 80%的植株自然倒伏时，为采收适期。收获前 7~10 天应停止浇水，采收后要晾晒 2~3 天，将须根剪去，剪秧子时留 2 厘米。

第八节　结球生菜

一、品种选择

种植结球生菜，应选用抗逆性强、适应性广、商品性好、产量高、耐抽薹的优良品种。目前张家口市种植表现较好的结球生菜品种主要有射手 101、皇帝、绿翡翠、玻璃翠、大湖 659、柯宾、卡罗娜、阿斯特尔、萨林纳斯、凯撒。

二、培育无病虫壮苗

（一）适期播种

保护地种植生菜播期要求不严格，可周年生产。露地种植，坝上地区在4月中旬至6月中旬均可播种育苗，坝下地区一般在3月上旬至4月中旬或6月下旬至7月上旬播种育苗。

（二）种子处理

生菜亩用种量10~15克。将种子在55℃的温水中浸种20分钟，或100克种子用1.5克漂白粉（有效成分），加少量水与种子拌匀，放入容器中密闭16小时。

（三）苗床准备及播种

（1）苗床准备。育苗地应选用近3年未种过菊科蔬菜的菜园地，每10平方米苗床施腐熟有机肥100千克，过磷酸钙5千克，然后深翻混匀后整平，做成宽1~1.5米的育苗畦。

（2）苗床土消毒及播种。用25%甲霜灵可湿性粉剂与70%代森锰锌可湿性粉剂按9∶1混合，按每平方米苗床用药20克与25千克细土混合。播种时，将苗床浇透水，待水渗完后将1/3药土铺于床面上，然后将种子均匀撒在上面，最后将其余2/3的药土覆盖在种子上，覆盖土厚度0.8厘米左右。

（四）播后苗期管理

（1）温度管理。播种后保持日温18~23℃，夜温10~13℃；幼苗出齐后应及时放风降温，使日温保持在14~21℃，夜温6~8℃。

（2）水肥管理。不旱不浇水，以免幼苗徒长。由于结球生菜苗期较短，一般不需要追肥，如苗期长势较弱，可叶面喷洒0.3%尿素水溶液或其他速效性叶面肥。

（3）间苗、分苗。及时拔除病虫苗、弱小苗及杂草。为扩大幼苗的营养面积，使其苗壮成长，当幼苗长到2叶1心时要适时分苗。在分苗畦内，先开一小沟，然后把起出的小秧苗按4厘米株距摆在沟边，覆少量土，用水壶浇水，再覆平土，然后按6厘米的行距开下一沟。

（4）分苗后管理。分苗后应提高棚温到18~23℃，缓苗后把温度降到14~21℃。待苗成活后，及时用小钩松土以增加土壤的透气性。定植前一周，浇一次小水，2天后起苗囤苗，有利于生根缓苗。如不分苗，苗距应保持4厘米左右。幼苗生长后期，在不受冻害的前提下，要逐渐加大放风量进行低温炼苗，以利秧苗适应外界环境，增加定植后的成活率，缩短缓苗时间。

（5）壮苗标准。播后30~40天，苗高12~15厘米，5~6片叶时就可定植。

三、定植

（一）地块选择

应选择周围没有污染源、地势平坦、土壤肥沃、富含有机质、排灌良好的壤土作为结球生菜的生产基地。

（二）整地施肥

为改良和培肥土壤，保证结球生菜的整个生长期有一良好的生长环境和充足的养分，整地做畦时，每亩施腐熟农家肥 4 000~5 000 千克，磷酸二铵 20 千克，过磷酸钙 50 千克，耙细整平。为减轻伏天雨季生菜软腐病的发生，定植畦应做成高 10~15 厘米、底宽 90 厘米的小高畦。早春定植，畦上最好覆 90 厘米宽的地膜，这样不仅可提早采收，还可提高产量和产品质量。

（三）定植方式

在高畦上按 45 厘米×35 厘米的行株距错位挖定植穴，带土坨明水定植。定植深度以将根茎部埋住为准，并将周围的土壤压实，以使根部与土壤密接。

四、定植后田间管理

（一）中耕除草

定植后要及时中耕松土，以利于提高地温，增加根部透气性，促进缓苗。同时，结合中耕要及时查苗补栽和拔除杂草。

（二）肥水管理

定植后 2~3 天浇缓苗水，在施足基肥的基础上，结合浇缓苗水每亩追施硫酸铵 8~10 千克。进入莲座期，要以耕代浇，适时蹲苗，蹲苗时间应掌握在 6~8 天。当心叶开始包合时，应结束蹲苗，开始浇水施肥。进入结球盛期，为提高生菜的产量和品质，每隔 7 天左右浇 1 水，结合浇水追两次肥，每次每亩追尿素 10 千克、钾肥 5 千克。在结球生长后期要适当控制浇水，并结合喷药叶面喷施 0.3% 的氯化钙或其他钙肥，以防生菜干烧心生理病害的发生，同时，可减轻软腐病的发生。

五、病虫害防治

结球生菜主要病害是软腐病。发病初期用 77% 氢氧化铜可湿性粉剂 400~500 倍液，或用 50% 氯溴异氰尿酸可溶性粉剂 800 倍液，或用 72% 农用链霉素可溶性粉剂（25% 增效农用链霉素）2 000~3 000 倍液喷雾，10 天 1 次，连喷 2~3 次。

结球生菜的虫害较少，主要是蛴螬、金针虫和美洲斑潜蝇。蛴螬、金针虫等地下害虫可选用 50% 辛硫磷乳油 1 000 倍液，或用 48% 毒死蜱乳油 1 000 倍液、或用 80% 敌百虫可溶性粉剂 1 000 倍液喷洒或灌根；美洲斑潜蝇可用阿维·杀虫单乳油 3 000 倍液，或用 1.8% 阿维菌素乳油 3 000 倍液喷雾防治。

六、采收

一般定植后 50 天左右，叶球已充分长大，包合紧实，应及时采收。采收过早影响产量，采收过晚叶球内薹伸长，叶球开裂，品质下降。结球生菜一般成熟期不一致，应分期适时采收。收获时选择叶球紧密的植株自地面割下，剥除外部老叶，出口或外运产品留 3~4 片外叶保护叶球，以减少失重。收获时要轻拿轻放，避免挤压和揉伤叶片。

第九节　莴　笋

一、选用良种

应选用抗病性强、商品性好、耐抽薹的高产品种，如种都 5 号、尖叶笋、奔马特大白尖叶、春秋白尖叶、特选雁翎笋等。

二、培育壮苗

（一）选择适宜的种植方式

莴笋由于密度较高，可采取育苗移栽和露地直播两种种植形式。但坝上地区要想 7 月下旬上市，必须采取设施育苗措施。

（二）适时育苗

莴笋抗寒力较强，苗龄一般 35 天左右。坝下地区可在 3 月上中旬育苗，4 月中下旬定植。坝上地区 4 月中旬就可利用拱棚或温室等设施育苗，5 月中旬至 6 月中旬可露地育苗，然后移栽，也可露地直播。注意要分期播种，以便实现 7 月下旬至 9 月中旬的陆续上市。但生产上前期播种面积大，晚播面积小，应适当加大 6 月 20 日前后的播种面积。

（三）播种

要求育苗床土壤发黏而肥沃。种子可进行催芽，也可撒干籽直播。在施足底肥的基础上做成宽 1 米的育苗畦，耧平浇透水后将种子均匀撒播于畦面上，然后覆盖 0.5~0.8 厘米的细沙土。播种后畦面上覆盖地膜，有利于增温、保湿，出苗快而齐，待种子将要顶土出苗时揭掉覆盖物。种子发芽最适温度为 15~20℃，超过 25℃不易发芽，所以高温季节须采取井吊或其他低温措施进行催芽。

（四）苗期管理

出苗后的管理，如遇大风降温天气，在夜间继续覆盖防冻。待两片子叶展开达最大时，结合拔除杂草进行定苗，苗距 4~5 厘米。如土壤干旱结合追肥进行浇水。苗期温度应掌握在 15~20℃。白天温度高时应适当加大放风量。移栽前 5~7 天，要完全揭去棚膜进行炼苗。

三、定植

当幼苗长至 5~6 片真叶，外界气温稳定在 12℃时即可定植。定植不可太晚，否则苗子太大易出现未熟抽薹现象。一般结合耕翻施有机肥 4 000~5 000 千克、磷酸二铵 15 千克和硼砂 2 千克，然后耧平耙碎后做成平畦，把秧苗带土坨按 33 厘米×33 厘米的行株距穴栽。定植深度以土坨表面与畦面在同一水平面上为宜，栽后马上浇水。

四、田间管理

（一）中耕

定植缓苗后中耕 2~3 次，下大雨后要及时排水，勤中耕松土，适当蹲苗，蹲好苗，使之形成发达的根系和莲座叶，此时少浇水勤中耕，以利保墒增温，为茎部肥大积累营养物质。直播田出苗后结合间苗，浅锄 1 次，每穴留 2 株幼苗；长出 3~4 片真叶则可定苗，然后进行第二次中耕；莲座初期再中耕 1 次。三次中耕深度由浅入深。结合最后 1 次中耕适当往基部培土。

（二）追肥浇水

定植后一般需追肥两次。第一次在莲座初期每亩追施尿素 30 千克左右，第二次在肉质茎膨大始期，每亩追施氮、磷、钾复合肥 25~30 千克，畦面撒施然后浇水，或随水溜施。莴笋浇水应掌握生长前期适当控水蹲苗，促其根系生长；后期要保持土壤见干见湿。

五、收获

茎部充分膨大后，应及时收获，如收获过晚则花茎伸长，纤维增多，肉质茎硬，甚至中空，品质下降，影响商品性，同时，也影响下茬种植。收获时将下部老叶打掉，留上部新嫩叶。

六、防治病害

（一）莴笋霜霉病

症状：主要为害叶片。发病初期，叶片上呈圆形或多角形褪绿或黄绿色斑，背面长出白色霉层，后期病斑变褐色，连成片时，叶片干枯。

防治方法：在轮作基础上，在发病初期采用 75% 的百菌清 600 倍液、用 72.2% 丙酰胺水剂 800 倍液、70% 烯酰吗啉 3 000 倍液、25% 的甲霜灵 600 倍液，叶面叶背均要喷雾，侧重于叶背面，两种农药交替使用，每隔 7 天 1 次，连喷 2~3 次。

（二）莴笋裂茎

莴笋裂茎为常见多发性生理病害。在笋茎中下部纵向产生裂口，呈黄褐色，腐烂，严重降低商品性。

产生裂茎原因：主要由水肥供应不均所致。笋茎膨大后期，表皮、皮层木质化，此时浇水量过大，或降雨较多，肉质茎细胞分裂加快，细胞体积变大，肉质茎急剧加粗，外皮被撑开而产生裂口。收获较晚也易出现裂口。

预防办法：关键在莴笋生长后期，不能受旱，保持田面湿润状态，收获前半个月适当控水，使叶片、肉质茎膨大协调生长，并做到及时收获，底施硼肥或后期叶面喷施硼肥也可起到防裂茎的效果。

（三）抽薹

莴笋正常生长适温为 15~18℃，日平均气温超过 20℃，则容易引起抽薹。圆叶形更为严重。高寒区近几年栽培出现抽薹的时间为 8 月。此外，土壤贫瘠、施肥量少也易出现抽薹。为防止抽薹，首先要调整好播期，早播和迟播可避免抽薹，即 4 月上中旬育苗，7 月下旬至 8 月上旬上市；6 月下旬直播，9 月上旬上市。其次是选用抗抽薹品种，经品比及播期试验，"八斤棒"莴笋，抗抽薹力强，可于 5 月中旬至 6 月中旬播种。但该品种节间密，茎短，产量低，商品性稍差，适合温度较高季节栽培。第三，加强水肥管理，促进营养生长，减慢生殖生长进程。此外，经张北试区试验，笋茎膨大中期喷施矮壮素有一定抑制作用。

第十节　辣　椒

辣椒，又叫番椒、海椒、辣子、辣角、秦椒等，是辣椒属茄科一年生草本植物。果实。通常呈圆锥形或长圆形，未成熟时呈绿色，成熟时变成鲜红色、黄色或紫色，以红色最为常见。辣椒的果实因果皮含有辣椒素而有辣味，能增进食欲。辣椒中维生素 C 的含量在蔬菜中居第一位。

辣椒原产于中南美洲热带地区，是喜温的蔬菜。15 世纪末，哥伦布发现美洲之后把辣椒带回欧洲，并由此传播到世界其他地方。于明代传入中国，清陈淏子之《花镜》有番椒的记载。今中国各地普遍栽培，成为一种大众化蔬菜，其产量高，生长期长，从夏到初霜来临之前都可采收，是我国北方地区夏、秋淡季的主要蔬菜之一。

一、露地栽培

早春育苗，露地定植为主。

（一）种子处理

要培育长龄壮苗，必须选用粒大饱满、无病虫害，发芽率高的种子。育苗一般在春分至清明。将种子在阳光暴晒 2 天，促进后熟，提高发芽率，杀死种子表面携带的病菌。用 300~400 倍液的高锰酸钾浸泡 20~30 分钟，以杀死种子上携带的病菌。反复冲洗种子上的药液后，再用 25~30℃ 的温水浸泡 8~12 小时。

（二）育苗播种

苗床做好后要灌足底水。然后撒薄薄一层细土，将种子均匀撒到苗床上，再盖一层 0.5~1 厘米厚的细土覆盖，最后覆盖小棚保湿增温。

（三）苗床管理

播种后 6~7 天就可以出苗。70% 小苗拱土后，要趁叶面没有水时向苗床撒细土 0.5 厘米厚。以弥缝保墒，防止苗根倒露。苗床要有充分的水供应，但又不能使土壤过湿。辣椒高度到 5 厘米时就要给苗床通风炼苗，通风口要根据幼苗长势以及天气温度灵活掌握，在定植前 10 天可露天炼苗。幼苗长出 3~4 片真叶时进行移植。

（四）定植

在整地之后进行。种植地块要选择在近几年没有种植茄果蔬菜和黄瓜、黄烟的春白地。刚刚收过越冬菠菜的地块也不好。定植前7天左右，每亩地施用土杂肥5 000千克、过磷酸钙75千克、碳酸氢铵30千克做基肥。定植的方法有两种：畦栽和垄栽。主要是垄作双行密植。即垄距85~90厘米，垄高15~17厘米，垄沟宽33~35厘米。施入沟肥，撒均匀即可定植。株距25~26厘米，呈双行，小行距26~30厘米。错埯栽植，形成大垄双行密植的格局。

（五）田间管理

苗期应蹲苗，进入结果期至盛果期，开始肥水齐攻。盛果期后旱浇涝排，保持适宜的土壤湿度。在定植15天后追磷肥10千克，尿素5千克，并结合中耕培土高10~13厘米，以保护根系防止倒伏。进入盛果期后管理的重点是壮秧促果。要及时摘除门椒，防止果实坠落引起长势下衰。结合浇水施肥，每亩追施磷肥20千克，尿素5千克，并再次对根部培土。注意排水防涝。要结合喷施叶面肥和激素，以补充养分和预防病毒。

（六）及时采收

果实充分长大，皮色转浓绿，果皮变硬而有光泽时是商品性成熟的标志。

二、辣椒的春提前保护地栽培

（一）育苗

选用早熟、丰产、株形紧凑、适于密植的品种是辣椒大棚栽培早熟的关键。可选用农乐、中椒2号、甜杂2号、津椒3号、早丰1号、早杂2号等。播种期一般在1月上旬至2月上旬。

（二）定植

在4—5月，可畦栽也可垄栽，双行定植。选择晴天上午定植。由于棚内高温高湿，辣椒大棚栽培密度不能太大，过密会引起徒长，光长秧不结果或落花，也易发生病害，造成减产。为便于通风，最好采用宽窄行相间栽培，即宽行距66厘米，窄行距33厘米，株距30~33厘米，每亩4 000穴左右，每穴双株。

（三）定植后的管理

定植时浇水不要太多，棚内白天温度25~28℃，夜间以保温为主。过4~5天后，浇1次缓苗水，连续中耕2次，即可蹲苗。开花坐果前土壤不干不浇水，待第一层果实开始收获时，要供给大量的肥水，辣椒喜肥、耐肥，所以追肥很重要。多追有机肥，增施磷钾肥，有利于丰产并能提高果实品质。盛果期再追肥灌水2~3次。在撤除棚膜前应灌1次大水。此外还要及时培土，防倒伏。

（四）保花保果及植株调整

为提高大棚辣椒坐果率，可用生长素处理，保花保果效果较好。2, 4-D质量分数为15~20毫克/千克。10时以前抹花效果比较好。扣棚期间共处理4~5次。辣椒栽培不用搭架，也不需整枝打杈，但为防止倒伏对过于细弱的侧枝以及植株下部的老叶，可以疏剪，以节省养分，有利于通风透光。

第十一节　生　姜

生姜作为我们日常生活中应用非常广泛的一种草本植物，自古以来在民间就有流传"冬吃萝卜夏吃姜，不用医生开药方"之说，它既可以作为日常烹饪中的食品佐料，又可以单独下药驱寒祛湿。在市场经济快速发展的大背景下，生姜栽培技术也要顺应时代发展的需要，做到与时俱进，将新型现代化的生产经营模式应用于实际种植中，注重发展无公害的生姜栽培技术，促进生姜种植的发展。

一、选地整地

每一种作物对于其种植的地理环境都有各自独特的要求标准，生姜也不例外。进一步说，生姜相比于其他普通作物来说更特殊一些，生姜天性好阴暗潮湿、阳光充足温暖的自然环境，对微弱光线照射的适应度极强。把握生姜这一基本特性，针对生姜种植区域的选择这一方面而言，结合对土壤中营养物质的含量、以及浇灌工作的便利进行，将优先考虑地势较高的区域进行生姜的种植工作；另外经过大量长期的研究实践，相关技术人员发现沙土在生姜种植领域有较大的发展优势，其土壤环境较适应生姜的生长需求，生姜在沙土中的种植可以实现更高质量的种植。种植工作前期对土地的一系列规整工作可以更好地适应生姜后期的发展，如施有机肥、翻耕、整理出垄等。基于当前的技术条件与支持，对土地地势与土壤环境的精心挑选、以及种植前对土地的规划整理直接影响生姜种植的产量与质量。

二、播种

土地区域选择完毕、土地整理工作做好之后，种植工作就拉开了帷幕，生姜种植对温度有极高的标准，所以生姜种植生长过程中对温度的准确把控也会直接影响生姜的产量与质量。正常情况下，冬去春来的平均气温基于16℃以上的气候环境较适宜种植工作的进行。第一步，精心挑选优良姜种，为保证生姜的种植质量，对姜种进行防病虫害处理措施，将其种于提前整理好的平整土壤中，按照每亩的面积种植约400千克生姜种子的标准，结合实际种植区域的地理环境进行局部调整；第二步，植入时姜种之间的距离不宜过大过小，保证姜种间的距离适当、分布均匀很重要，另外，为后期施肥工作的便利进行，在距离种植区域10厘米的地方新开施肥沟渠；第三步，为实现后期生产经营的高效有序进行，将种植排向规范系统化，统一采用行向的方式。

三、田间管理

种植工作进行完毕后，生姜的正常生长发育需要加强田间管理工作，第一，要进行阶段性的除草工作，避免营养物质、养分资源被不相关作物的占用抢夺；第二，合理适当地追肥，尽量保持在 2~3 次，保证姜种生长发育过程中的营养需求与养分供应，追肥需要注意的是，把握生姜耐肥这一重要特点，正常情况下按照每亩施人工肥约 800 千克的标准，同时进行牲畜肥与复合肥的有机结合；第三，处于生长发育中后期（也就是旺盛期）的生姜要求培土工作的进行；第四，由于生姜植株生长在地底下，所以应避免生姜的根茎暴露于地面，这就需要专业的垄作业措施的实施；第五，姜种播种后，对于阳光照射需要采取适当的遮盖措施，尽量避免其对生姜幼苗的损伤，应对烈日直射，可采用搭棚或套种瓜类达到遮阴的目的，待姜苗成长至 15 厘米，便可逐渐减小遮蔽力度。

四、病虫害防治

生姜种植过程以及整个生长发育过程对病虫害的防治是整个生产过程的重难点，目前作物生长受病虫害的影响越来越大，病虫害现象越来越严重，因此人工防治病虫害是目前最为有效的举措之一，这就要求高效的生产管理模式的推进。加强病虫害的防治可以参照以下几点：第一，Bt 制剂的使用，主要针对姜螟或姜弄蝶卵块孵化盛期前后这两个重要阶段，喷洒次数以 2~3 次为标准，两次喷洒时间间隔 5~7 小时；第二，对害虫的诱捕杀害，可以通过黄板、频振式杀虫灯、"白酒、糖、醋、90% 敌百虫晶体溶液（1∶1∶3∶0.1）"、黑光灯等方式；第三，针对姜腐烂病症，做好种植前对土壤的整理工作，种前 10 天，以每 100~150 千克的生石灰粉覆盖每亩的区域为标准，对土壤进行消毒处理与翻耕。病虫害的防治工作应结合实际情况对症下药，尽量减少药剂品种或用量不当对姜种造成的损害，保证生姜的高产量、高质量。

五、采收

姜苗发育成熟后就可以进行采收工作了，把握最好的采收时间对生姜质量的提高有很大关系，就目前正常情况而言，在 9 月种植户采收的生姜属于子姜，每亩种植面积将会有 800 千克左右的生姜产量；在 11 月才采收的生姜，称为老姜，每亩的种植面积将会有高达 2 500 千克左右的生姜产量。通过对比，可以非常直观地看到，不同采收期对生姜产量造成的直接影响。因此，对于生姜采收，不同地域的种植户应结合当地实际地理环境进行采收时间的相对调整，尽最大限度地发挥生姜的市场经济价值。

第四章　食用菌栽培技术

第一节　香　菇

一、播种期的安排

我国幅员辽阔，受气候条件的影响，季节性很强。各地香菇播种期应根据当地的气候条件而定，然后推算香菇栽培活动时间，应选用合适的品种，合理安排生产，或根据预定的出菇期推算播种期。

二、菌袋的培养

指从接完种到香菇菌丝长满料袋并达到生理成熟这段时间内的管理。菌袋培养期通常称为发菌期。

（一）发菌场地

可以在室内（温室）、阴棚里发菌，但要求发菌场地要干净、无污染源，要远离猪场、鸡场、垃圾场等杂菌滋生地，要干燥、通风、遮光等。进袋发菌前要消毒杀菌、灭虫，地面撒石灰。

（二）发菌管理

调整室温与料温向利于菌丝生长温度的方向发展。气温高时要散热防止高温烧菌，低时注意保温。翻袋时，用直径 1 毫米的钢针在每个接种点菌丝体生长部位中间，离菌丝生长的前沿 2 厘米左右处扎微孔 3~4 个；或者将封接种穴的胶黏纸揭开半边，向内折拱一个小的孔隙进行通气，同时，挑出杂菌污染的袋。发菌场地的温度应控制在 25℃以下，夏季要设法把菌袋温度控制在 32℃以下。菌袋培养到 30 天左右再翻 1 次袋。在翻袋的同时，用钢丝针在菌丝体的部位，离菌丝生长的前沿 2 厘米处扎第二次微孔，每个接种点菌丝生长部位扎一圈 4~5 个微孔。

由于菌袋的大小和接种点的多少不同，一般要培养 45~60 天菌丝才能长满袋。这时还要继续培养，待菌袋内壁四周菌丝体出现膨胀，形成皱褶和隆起的瘤状物，且逐渐增加，占整个袋面的 2/3，手捏菌袋瘤状物有弹性松软感，接种穴周围稍微有些棕褐色时，表明香菇菌丝生理成熟，可进菇场转色出菇。

三、出菇管理

香菇菌棒转色后，菌丝体完全成熟，并积累了丰富的营养，在一定条件的刺激下，迅速由营养生长进入生殖生长，发生子实体原基分化和生长发育，也就是进入了出菇期。

（一）催蕾

香菇属于变温结实性的菌类，一定的温差、散射光和新鲜的空气有利于子实体原基的分化。这个时期一般都揭去畦上罩膜，出菇温室的温度最好控制在 10～22℃，昼夜之间能有 5～10℃ 的温差。空气相对湿度维持 90% 左右。条件适宜时，很快菌棒表面褐色的菌膜就会出现白色的裂纹，不久就会长出菇蕾。

（二）子实体生长发育期的管理

菇蕾分化出以后，进入生长发育期。不同温度类型的香菇菌株子实体生长发育的温度是不同的，多数菌株在 8～25℃ 时，子实体都能生长发育，最适温度在15～20℃，恒温条件下子实体生长发育很好。要求空气相对湿度 85%～90%。随着子实体不断长大，要加强通风，保持空气清新，还要有一定的散射光。

四、采收

当子实体长到菌膜已破，菌盖还没有完全伸展，边缘内卷，菌褶全部伸长，并由白色转为褐色时，子实体已八成熟，即可采收。采收时应一手扶住菌棒，一手捏住菌柄基部转动着拔下。

五、采后管理

整个一潮菇全部采收完后，要大通风一次，使菌棒表面干燥，然后停止喷水 5～7天，让菌丝充分复壮生长，待采菇留下的凹点菌丝发白，根据菌棒培养料水分损失确定是否补水。

当第二潮菇采收后，再对菌棒补水。以后每采收一潮菇，就补 1 次水。补水可采用浸水补水或注射补水。重复前面的催蕾出菇的管理方法，准备出第二潮菇。第二潮菇采收后，还是停水、补水，重复前面的管理，一般出 4 潮菇。

第二节　平　菇

一、平菇高产高效栽培技术

（一）菇房建造

可把现有的空房、地下室等，改造为菇房。有条件的也可以新建菇房。菇房应坐北朝南，设在地势高、靠近水源、排水方便的地方。菇房大小以房内栽培面积20 平方米为宜。屋顶、墙壁要厚，门窗安排要合理，有利于保温、保湿、通风和透光。内墙和地面最好用石灰粉刷，水泥抹光，以便消毒。另外，可建造简易菇房，即从地面向下 1.5～2.0 米的半地下式菇房。为了充分利用菇房空间，还可在菇房内设置床架，进行栽培。床架南北排列，四周不要靠壁，床架之间留60厘米宽的走道。上下层床面相距50厘米，下层离地20厘米，取上层不要超过窗户，以免影响光照。床面宽不超过1米，便于管理。床面铺木板、竹竿或秸秆帘等。

（二）菇房消毒

菇房在使用前要消毒，特别是旧菇房，更要彻底消毒，以减少杂菌污染和虫害发生。消毒方法如下。

（1）每100立方米菇房用硫黄500克、敌敌畏100克、甲醛200千克，与木屑混合加热，密闭熏蒸24小时。

（2）100立方米菇房用甲醛1千克、高锰酸钾500克，加热密闭熏蒸24小时。

（3）喷洒5%的苯酚溶液。

（4）喷洒敌敌畏800倍液。

（三）播种

平菇的播种方法很多，有混播，穴播，层播和覆盖式播种等。下面主要介绍一下层播。床面上铺一块塑料薄膜，在塑料薄膜上铺一层营养料，约5厘米厚，然后撒一层菌种，再铺一层营养料，再在上面撒一层菌种，最后整平压实。床面要求平整、呈龟背形。一般每平方米床面用料20千克左右，厚度10~15厘米。在播种前，应先将菌种从瓶内或塑料袋内取出，放入干净的盆内，用洗净的手把菌种掰成枣子大小的菌块，再播入料内。播种后，料面上再盖上一层塑料薄膜，这样既利于保湿，也可防止杂菌污染。播种时间，一般从8月末到翌年4月末，均可播种。不过春播要早，秋播要晚，气温在15℃以下是平菇栽培的适宜时期。既适于平菇生长发育，又不利杂菌生长。一般播种量为料重的10%~15%。上层播种量占菌种量的60%，用菌种封闭料表面，以防止杂菌污染。

（四）管理

1. 发菌期的管理

菌丝体生长发育阶段的管理，主要是调温、保湿和防止杂菌污染。为了防止杂菌污染，播种后10天之内，室温要控制在15℃以下。播后两天，菌种开始萌发并逐渐向四周生长，此时每天都要多次检查培养料内的温度变化，注意将料温控制在30℃以下。若料温过高，应掀开薄膜，通风降温，待温度下降后，再盖上薄膜。料温稳定后，就不必掀动薄膜。10天后菌丝长满料面，并向料层内生长，此时可将室温提高到20~25℃。发现杂菌污染，可将石灰粉撒在杂菌生长处，用0.3%多菌灵揩擦。此期间将空气相对湿度保持在65%左右。在正常情况下，播种后，20~30天菌丝就长满整个培养料。

2. 出菇期的管理

菌丝长满培养料后，每天在气温最低时打开菇房门窗和塑料膜1小时，然后盖好，这样可加大料面温差，促使子实体形成，还要根据湿度进行喷水，使室内空气相对湿度调至80%以上。达到生理成熟的菌丝体，遇到适宜的温度、湿度、空气和光线，就扭结成很多灰白色小米粒状的菌蕾堆。这时可向空间喷雾，将室内空气相对湿度保持在 85% 左右，切勿向料面上喷水，以免影响菌蕾发育，造成幼菇死亡。同时要支起塑料薄膜，这样既通风又保湿，室内温度可保持在 15~18℃。菌蕾堆形成后生长迅速，2~3 天菌柄延伸，顶端有灰黑色或褐色扁圆形的原始菌盖形成时，把覆盖的薄膜掀掉，可向料面喷少量水，保持室内空气相对湿度在 90% 左右。一般每天喷 2~3 次，温度保持在 15℃ 左右。

（五）采收

当平菇菌盖基本展开，颜色由深灰色变为淡灰色或灰白色，孢子即将弹射时，是平菇的最适收获期。这时采收的平菇，菇体肥厚，产量高且味道美。采收时，要用左手按住培养料，右手握住菌柄，轻轻旋扭下来。也可用刀子在菌柄基部紧贴料面处割下。采大朵留小朵，一般情况下，播种一次可采收 3~4 批菇。每批采收后，都要将床面残留的死菇，菌柄清理干净，防止下批生产烂菇。盖上薄膜，停止喷水 4~5 天，然后再少喷水，保持料面潮湿。经 10 天左右，料面再度长出菌蕾，仍按第一批菇的管理方法管理。

二、平菇栽培注意事项

（一）菇场选择

选择具有增温和保温条件的菇场，如备有增温条件的室内菇房、温度较高的地下菇场以及采用塑料大棚栽培的阳畦菇场等。

（二）菌株选用

冬栽平菇按产菇期的安排可分冬栽冬出和冬栽春出两种。前者选用低温型品种或中低温型品种较为适宜，后者则必须选用中低温型和中温型品种。具体品种的选用应按产菇末期的环境温度来确定。加大接种量，使平菇菌丝尽快占全料面，控制杂菌生长。平菇菌丝发好后入棚以前，栽培棚一定要预先消毒，以免引起杂菌污染。

（三）精细选料

一定把好选料与配料关。要洁净的原料，并搞好消毒处理，在配料时不可随意添加化学肥料，只有在堆料发酵种植平菇时，才能适量添加尿素补充氮源。同时，在配料过程中，要特别注意培养料的湿度，水分含量不可过高或过低，否则对发菌都不利。一定要选择新鲜、无霉变的玉米芯，在装料以前要选择晴天，在太阳下暴晒 2 天以杀死培养料中杂菌。

（四）冬管措施

冬栽平菇必须保证培养料的温度达到菌丝生长的最低限温度，否则播下的种块不能定植吃料，时间一长反会因自身的能量消耗造成菌种活力下降。提高料温的方法除利用菇场具备的增温和保温条件外，还可以采用培养料预先堆积发酵和热水拌料等措施。菌丝培养成熟后必须强调温差刺激措施，否则会出现迟迟不能出菇的现象。出菇结束后，棚内杂物要及时清理干净，有污染的菌袋要挖坑埋掉或烧掉，盖棚塑料布要全部揭掉，晾棚，以便明年再种。

（五）及时采收

平菇采收要及时（最好八成熟），以免平菇孢子携带杂菌感染其他没有生病的菌袋。采完一潮菇后，一定要及时清理料面，降低棚内温度，使平菇菌丝恢复生长，重新扭结出菇。

第三节 金针菇

一、栽培季节

金针菇属于低温型的菌类，菌丝生长范围 7~30℃，最佳 23℃；子实体分化发育适应范围 3~18℃，以 12~13℃ 生长最好。温度低于 3℃ 菌盖会变成麦芽糖色，并出现畸形菇。

人工栽培应以当地自然气温选择。南方以晚秋，北方以中秋季节接种，可以充分利用自然温度，发菌培养菌丝体。待菌丝生理成熟后，天气渐冷，气温下降，正适合子实体生长发育的低温气候。

二、出菇管理

（一）出菇管理工序

1. 全期发菌的出菇管理工序

全期发菌的栽培袋出菇期的管理工序为解开袋口→翻卷袋口→堆袋披膜→通风保湿催蕾→掀膜通风 1 天→披膜促柄伸长→采收→搔菌灌水→保温保湿催蕾。管理方法同前，直至收获 4 茬菇。

2. 半期发菌的出菇管理工序

半期发菌的栽培袋，在培菌期内，菌丝发满半袋后，两端即有幼菇形成，此时应及时按全期发菌的管理方法将菌袋移入栽培场。

（二）搔菌

所谓搔菌就是用搔菌机（或手工）去除老菌种块和菌皮。通过搔菌可使子实体从培养基表面整齐发生。搔菌宜在菌丝长满袋并开始分泌黄色水珠时进行。菌袋转入菇棚前要消毒，喷水，使菇棚内的湿度为 85%~90%。打开袋口，用接种铲或钩将老菌种扒去，并把表面菌膜均匀划破，但不可划得太深。搔菌后将菌袋薄膜卷下 1/2，摆放在床架上，袋口上覆盖薄膜或报纸，保温、保湿，防菌筒表面干裂。

在一般情况下应先搔菌丝生长正常的，再搔菌丝生长较差的。若有明显污染以不搔为佳。

搔菌方法有平搔、刮搔和气搔几种。平搔不伤及料面，只把老菌扒掉，此法出菇早、朵数多；刮搔把老菌种和 5 毫米的表层料（适合锯末）一起成块状刮掉，因伤及菌丝，出菇晚，朵数减少，一般不用；气搔是利用高压气流把老菌种吹掉，此种方法最简便。

（三）催蕾

搔菌后应及时进行催蕾处理。温度应保持在 10~13℃，空气湿度为 85%，但在头 3 天内，还应保持 90%~95% 的空气相对湿度，使菌丝恢复生长。当菇蕾形成时，每天通气不少于 2 次，每次约 30 分钟。每次揭膜通风时，要将薄膜上的水珠抖掉，并有一定散射光和通气条件。

经 7~10 天菇蕾即可形成，便可看到鱼籽般的菇蕾，12 天左右便可看到子实体雏形，催蕾结束。

（四）抑菌

抑菌也叫蹲蕾，是培育优质金针菇的重要措施，宜在菇蕾长为 1~3 厘米时进行。将菇棚内的温度降为 8~10℃，停止喷水，加大通风量，每天通风 2 次，每次约 1 小时。在这种低温干燥条件下，菇蕾缓慢生长 3~5 天，菇蕾发育健壮一致，菌柄长度整齐一致、组织紧密、颜色乳白。菇丛整齐。

（五）堆袋披膜出菇法

将菌袋两端袋口解开，将料面上多余塑料袋翻卷至料面。可根据袋的长短决定一端解口或两端解口，一端解口摆放方法是将两个袋底部相对平放在一起，高度以 5~6 袋为宜，长度不限。在出菇场内地面及四周喷足水分，然后用塑料膜覆盖菌袋。此法保温保湿良好，后期又可积累二氧化碳，有利于菌柄生长。

（1）保湿通风催蕾。披膜后保持膜内小气候，空气相对湿度 85%~90%，每天早上掀膜通风 30 分钟，7~10 天可相继出菇，出菇后可适当加大通风，保证湿度，但不可把水洒到菇体上。

（2）掀膜通风抑制。当柄长到 3~5 厘米时要进行降湿降温抑制。具体措施为停止向地面洒水，掀去塑料膜，通风换气，冬天保持 2 天，春秋保持 1 天，使料面水分散失，不再出菇，已长出的菇也因基部失水而不再分枝。

（3）培育优质菇。要求温度在 6~8℃，空气相对湿度 85%~90%。有极弱光，通过控制通风量，维持较高二氧化碳的浓度。

一般温度在 10~15℃ 条件下，进入速生期 5~7 天，菇柄可从 3 厘米长到 12~15 厘米，10 天后可长到 15~20 厘米，这时可根据加工鲜销标准适时采收。

搔菌灌水。第一茬菇采收后，要进行搔菌，即用铁丝钩将菇根和老菌皮挖掉 0.5 厘米左右，并将料面整平。若菌袋失水，应往袋内灌水，可将塑料袋口多余的塑料膜拉起往料面上灌水，6~10 小时后将水倒出，然后再进行催蕾育菇管理。

一般情况下，金针菇种 1 次可采收 3~4 茬，生物转化率可达 80%~120%。

三、采收

采收的标准是菌盖轻微展开，鲜销的金针菇应在菌盖六七分开时采收，不宜太迟，以免柄基部变褐色，基部绒毛增加而影响质量。

第四节 黑木耳

一、栽培场地及季节

可利用蔬菜大棚、空闲场地、阳台、楼顶、林果树荫下等场地，但要临近水源，通风好，远离污染源。

栽培季节以当地气温稳定在 15~25℃时为最佳出耳期进行推算。

二、发菌管理

（一）发菌管理

室温应控制在 20~25℃为宜。每天通气 10~20 分钟，空气相对湿度保持在 50%~70%，如超过 70%，棉塞易生霉。培养室光线要接近黑暗。在培养期间尽可能不搬动料袋，必须搬动时要轻拿轻放，以免袋子破损，污染杂菌。培养 40~45 天菌丝长到袋底后，即可移到栽培室进行栽培管理。

（二）黑木耳发菌常见问题的补救措施

（1）进入发菌室 5 天内，其他管理正常，如果发现 70%以上的菌袋，种块不萌动，也没有杂菌污染。属杀菌时间短，应立即全部回锅重新杀菌后再利用。

（2）进入发菌室 7 日内，如果发现霉菌污染数量超过 1/3，不论是何原因，必须挑出污染部分，重新杀菌再利用。

（3）进入发菌室 10 天后，如发现菌丝吃料特别慢或停止生长，如果原料没有问题，就是袋内缺氧造成，要清除残菌、补充新料，重新灭菌再利用，并改进封口措施。

三、出耳管理

室内床架栽培常采用挂袋法。操作方法是：除去菌袋口棉塞和颈圈，用绳子扎住袋口，用 1%的高锰酸钾溶液或 0.2%克霉灵溶液清洗袋的表面，并用锋利的小刀轻轻将袋壁切开三条长方形洞口，上架时用 14 号铁丝制成"S"形挂钩，将袋吊挂到栽培架的铁丝上。按子实体生长阶段对温湿度和空气的要求进行管理。亦可采用吊绳挂袋出耳。

在自然温度适宜的季节也可在树荫下或人工荫棚中搞室外栽培，栽培方法仍以挂袋法为佳，如在地面摆放，应采取措施，防止泥土飞溅到木耳片上。

栽培袋表面菌丝发生扭结和形成少数黄褐色胶状物时，将袋口封死不透气，再按梅花状均匀分配在菌袋周围用锋利刀片或剪子划破薄膜，开出 5~6 个裂口，孔形如"V"状，两边裂缝各长约 1.5 厘米，孔间距离 10 厘米左右。空气湿度保持在 90%左右，裂口保持在湿润状态。裂口处长出肉瘤状的耳基，逐渐长大成耳芽突出裂缝外。

小耳片形成后要加大湿度及通风，喷水最好是雾状勤喷，多雾、阴雨天加大通风，促使耳片快速展开。在子实体生长期应进行干湿交替管理，先停水 2~3 天，然后加大湿度，使耳片充分吸水。整个出耳期应避免高温、高湿，以免出现流耳或霉菌感染。黑木耳出耳温度应控制在 15~25℃，不超过 28℃。为了避免出现不良现象，水分管理上应遵守"七湿三干，干湿交替"的原则。要有足够的散射光，以促进耳片生长肥厚，色泽黑亮，提高品质。

四、采收

成熟的耳片要及时采摘。子实体成熟的标准是颜色由深转浅，耳片舒展变软，肉质肥厚，耳根收缩，子实体腹面产生白色孢子粉。袋栽一般两个星期，但栽培袋所处的位置不一致，成熟时间也不一致，故需分批采收。采摘时用手抓住整朵木耳轻轻拉下，或用小刀沿壁削下，切忌留下耳根。总的要求是：勤摘、细拣，不使流耳。段木栽培春耳和秋耳要拣大留小，伏耳则要大小一起采。

第五节 杏鲍菇

一、栽培季节的选择

栽培季节的选择主要是要考虑到杏鲍菇的出菇温度。一要选择适合杏鲍菇出菇的气温的季节。一般为春初，秋末冬初的季节出菇。杏鲍菇出菇适宜的温度一般为 10~15℃。

二、菌袋制做

按照配方把各个原料称好，混合均匀，加水搅拌，要把含水量控制在 60%~65%，栽培鲍菇的塑料袋可以用 (15~17) 厘米×35 厘米的聚丙烯塑料袋或低压高密度聚乙烯袋，也可以用 12 厘米×28 厘米的小袋。两头用绳扎紧，按照常规方法灭菌。灭菌后接种，接种后就进入了菌袋培养阶段。

三、菌袋培养管理

在菌袋培养阶段，要保持在培养环境中光线很弱，空气相对温度保持在 60%~65%，温度保持在 20~25℃。同时，培养室经常通风换气。在正常情况下，经过 30~40 天，菌丝就可以发满袋了。接着就进入出菇管理阶段。

出菇管理

1. 刺激原基的形成

松口后加大通风量，增加通风和拉开温差及湿度差，以刺激原基的形成。保持温度不能低于 12℃，最好也不要超过 18℃，保持空气相对湿度在 90%左右。

2. 出菇阶段

在整个出菇阶段，要保持温度在 12~18℃。在原基形成阶段，菇棚内的空气相对湿度应保持在 85%~95%。

在子实体原基形成阶段，以保湿为主。随着子实体的不断增大，也要逐渐地加大通风量，以保证棚内空气新鲜。出菇空间光线在 500~1 000 勒克斯为宜，气温升高时要注意不要让光线直接照射。

四、采收

杏鲍菇生长一段时间后，当菇盖平展、颜色变浅、孢子还没有弹射时，就可以采收了，或者按照客户的要求来采收。适当地提前采收，杏鲍菇的风味好，而且保鲜时间较长。在采收前的 2~3 天，把空气相对温度控制在 85% 左右更好。

在采收完以后，要及时地清除料面，去掉菇根，及时的补水，再培养 15 天左右，又可以生长出第二潮菇了。

第六节　病虫害综合防治

食用菌病虫害的防治应掌握"预防为主，综合防治"。任何单一的防治措施，效果往往会不理想，甚至达不到目的。在食用菌生产中，防治病虫害还应注意以下问题。

一、菌种

应选用优良的抗病虫菌种，严把菌种质量关。菌丝粗壮，无其他杂色，具有该食用菌特有的味道，可视为优质菌种。如有条件，抽样培养，检查菌丝生活力。

二、灭菌

常压灭菌必须使灶内温度稳定在100℃，并持续 8 小时；锅内菌袋排放时，中间要留有空隙，受热均匀；要避免因补水或烧火等原因造成中途降温。高压灭菌严格按操作规程进行。注意灭菌后的冷却，防止二次污染。

三、把好菌袋制作关

熟料栽培时，塑料袋应选择厚薄均匀、不漏气、弹性强、耐高温塑料袋，培养料切忌含水量太高，掌握好料水比；装料松紧适中，上下内外一致；两端袋口应扎紧，在高温季节制菌袋时，可用克霉菌灵拌料，防治杂菌。

四、科学安排接种季节

根据菌丝生长和子实体发生对温度的要求，合理安排接种季节。过早接种或遇夏秋高温气候，既明显增加污染率，又不利于菌丝生长；过迟接种，污染率虽然较低，可能影响产量。

五、严格无菌操作

接种室应严格消毒处理；做好接种前菌种预处理；接种过程中菌种瓶用酒精灯火焰封口；接种工具要坚持火焰消毒；菌种尽量保持整块；接种时要避免人员走动和交谈；及时清扫接种室，保持室内清洁。夏季气温偏高时，接种时间安排在午夜至次日清晨。

六、净化环境

做好环境卫生，净化空气降低空气中杂菌孢子的密度，是减少杂菌污染最积极有效的一种方法。装瓶消毒冷却，接种、培养室等场所，均需做好日常的清洁卫生。暴雨后要进行集中打扫。将废弃物和污染物及时处理，以防污染环境和空气。注意菇房周围的环境卫生，不要把出口处建在靠近堆肥舍和畜舍的地方。要远离酿造厂，否则容易感染杂菌。减少栽培场地虫源，可有效降低虫害的发生。

七、改善环境促进菌丝快速健壮生长

杂菌发生快慢与轻重，很大程度上取决于各种环境因子。在日常管理工作中，尽可能创造适宜于食用菌生长发育的环境条件是一项很重要的预防措施。

八、加强管理

在气温较高季节，培养室内菌袋排放不宜过高过密，以免因高温菌丝停止生长甚至死亡，影响成品率。发菌过程中结合翻堆认真检查，发现污染菌袋随即处理。污染物及时清除出房外，烧毁或深埋，绝不能在菇房里处理。菇棚用水要洁净，防止雨水浸淋。

九、害虫防治

栽培场地可使用诱杀、隔离、驱避措施，降低害虫基数，减少还虫害与食用菌的接触机会。在菌丝蔓延期间，只要见成虫飞出就要用杀虫剂防治。马拉硫磷、除虫脲或溴氰菊酯都可以用。培菌空间使用蚊蝇驱避香效果很好。有菇蕾发生时，即应停止使用。棚内悬挂粘虫板，安装紫外线杀虫灯。

第二部分　养殖业技术篇

第五章 羊养殖技术

第一节 羊的饲养管理

一、绵羊品种

小尾寒羊。主要分布在山东省和河北省境内。该品种羊生长发育快，早熟、多胎、多羔、体格大、产肉多、裘皮好、遗传性稳定和适应性强等优点。成年公羊体重95千克左右，成年母羊50千克左右。母羊一年四季发情，通常是两年产3胎，有的甚至是一年产两胎，每胎产双羔、三羔者屡见不鲜，产羔率平均270%，居我国地方绵羊品种之首。近年来，本县养羊多数是小尾寒羊。

二、绵羊的生活习性

1. 羊吃百草

羊对饲料的利用范围广，各种无毒野草、树叶、嫩枝、灌木，各种作物的秸秆、蔓藤、糠皮、根、茎、籽实、荚壳等，羊都能采吃。

2. 放牧性好

羊的嘴端尖而长，口唇灵活，下颌门齿锐利前倾，上颌坚硬光滑，上唇中央有一纵沟，像兔唇一样，便于啃食低草，能一年四季利用牧场。

3. 合群性强

据古书记载："羊性喜群，故有文羊为群，犬为独也。"

4. 胆小温驯

羊是一种小型家畜，对外来敌害无自卫能力，胆小易惊，四散奔跑。管理上应动作轻巧，态度温和。羊群放牧或休息时，不可大声吆喝。

5. 喜燥恶湿

绵羊四蹄蹄叉之间，各有一个趾腺，容易被淤泥阻塞，影响蹄部的正常生理机能，引起发病或跛行。

6. 喜好干净卫生

羊喜吃干净的饲料，饮清凉卫生的水。饲料中水分过多或有异味，羊宁愿受饿也不采食；水中有泥沙或有腐臭味，羊宁愿受渴也不饮用。舍内补饲要少给勤添。

三、羊的饲养管理

(一) 种公羊的饲养管理

(1) 要求种公羊体质结实，保持中上等膘情，性欲旺盛，精液品质好。

(2) 要根据饲养标准配合日粮，富含蛋白质、维生素和矿物质，品质优良、易消化、体积小和适口性好。

(3) 有条件可以单独组群饲养，并要求有足够的运动量。

(4) 要求圈舍冬暖夏凉，干燥清洁，做好预防接种和消毒工作。

(5) 要求定时做好驱虫工作。

(二) 繁殖母羊的饲养管理

(1) 初配适龄。绵羊的性成熟期一般在 5~8 月龄，初次配种年龄一般在 1.5 岁左右。

(2) 空怀母羊。主要是恢复体况，根据膘情不补料或少补料。

(3) 妊娠期母羊。主要从后期补饲，混合精料或青绿多汁饲料。

(4) 哺乳母羊。母羊哺乳羔羊多为 4 个月左右，分为哺乳前期和哺乳后期，补饲的重点在前期，饲料应富含蛋白质、维生素和矿物质等，保证母羊全价营养，以提高产乳量。

(5) 哺乳中后期应减料，特别是羔羊断奶时，应提前几天减少母羊多汁饲料和精料的喂量，以预防母羊乳房炎的发生。

(6) 要每天打扫圈舍，勤消毒，保持干燥清洁。

(7) 要经常检查母羊乳房，如发现奶孔闭塞、乳房发炎、乳汁异常等情况，及时采取措施。

(三) 缺奶母羊催奶法

(1) 用中药黄芪、王不留行、穿山甲、奶浆草各 200 克煎水喂给，每天一剂、连用 3 天。

(2) 黄豆 250 克在水中泡涨，然后磨浆并煮熟，凉后让母羊自饮，每天 2 次，连续3~4 天。

(3) 蜂蜜 250 克、鸡蛋清 2 个、混均匀后给母羊灌服，每天 1 次、连用 2~3 天。

(四) 羔羊的饲养管理

(1) 羔羊出生后，应迅速清除鼻端和口腔内的黏液，以保持羔羊呼吸畅通；如果羔羊包在胎膜内，要立即撕破胎膜，以免羊羔窒息死亡。

(2) 断脐带，应在断脐带处涂 3%碘酊消毒，以防破伤风杆菌的侵入。

(3) 保证初生羔羊在 2 小时内吃上初乳，初乳中含有免疫球蛋白，能增加幼畜对疾病的抵抗力；另外，初乳中含钙、镁等离子，有利于排出胎粪。

(4) 对于弱羔、初产及母性差的母羊所产的羔羊，要人工辅助哺乳。

(5) 对孤儿羊或多羔以及缺奶母羊所生的羔羊，可以找保姆羊代哺或人工哺乳。

（6）饲养规模大，数量多的，应该按分娩顺序编号，填写分娩记录。

（7）如果羔羊断尾，一般选择在 3~7 日龄晴天的早晨进行（育肥能去膻味，改善肉质）。

（8）羔羊补饲，从 7~10 日龄开始喂青干草和饮水（冬天饮温水）；15 日龄补给混合精料，量逐渐增加；到 60~90 日龄，每天平均 200 克让其自由采食。

（9）羔羊断奶应根据羔羊的日龄，体重大小及气候、生产条件一般在 2.5~4 月龄进行。

（10）管理上要注意圈舍温度，饲喂定时定量、少给勤添，搞好卫生和消毒。

（11）预防乳房炎，断奶时母羊逐渐减料，羔羊减少吃奶次数；同时，羔羊应留原圈饲养，保持原来的环境、饲料以减少应激。

四、引起羊生病的主要因素

1. 饲养管理不当和营养性因素

如羊舍饲养密度过大，通风不良，断水，饲喂不均匀，饥一顿饱一顿，应冰渣水等都可导致羊发病。另外，羊受到惊吓，追赶过急，长途运输等都可诱发羊群生病。饲料营养不足，缺乏维生素、微量元素、蛋白质、脂肪、糖等就引起相应缺乏症，但某些营养过剩，微量元素过多，可引起中毒。霉变饲料或外伤，都与饲养管理有关。

2. 生活环境不适应是引起疾病发生的重要诱因

如环境温度、湿度过高易引起中暑，高湿度易得皮肤病，低温易感冒、患风湿病，地势低洼、潮湿易患腐蹄病。羊舍中有害气体超标往往导致呼吸系统疾病。

3. 病原微生物和寄生虫的感染导致羊发生传染病是养羊生产的最大威胁

预防传染病的发生和控制传染病是保证养羊生产的首要任务。

五、观察羊群健康的方法

1. 看羊动态

无病的羊不论采食或休息，常聚集在一起，休息时多呈半侧卧势，人一接近即行起立。病羊食欲、反刍减少，常常掉群卧地，出现各种异常姿势。

2. 听羊声音

健康羊发出宏亮而有节奏的叫声。病羊叫声高低常有变化，不用听诊器可听见呼吸声及咳嗽声、肠音。

3. 看羊反刍

无病的羊每次采食 30 分钟后开始反刍 30~40 分钟，一昼夜反刍 6~8 次。病羊反刍减少或停止。

4. 看羊毛色

健康羊被毛整洁、有光泽、富有弹性。病羊被毛蓬乱而无光泽。

5. 摸羊角

无病的羊角尖凉，角根温和。病羊角根过凉或过热。

6. 看羊眼

健康羊眼珠灵活，明亮有神，洁净湿润。病羊眼睛无神，两眼下垂，反应迟缓。

7. 看羊耳

无病羊双耳常竖立而灵活。病羊头低耳垂，耳不摇动。

8. 看羊大小便

无病羊粪呈小球状而比较干硬。补喂精料的良种羊呈较软的团块状，无异味。小便清亮无色或微带黄色，并有规律。病羊大小便无度，大便或稀或硬，甚至停止，小便黄或带血。

六、怎样进行羊舍消毒

（1）在消毒前首先将羊舍和病羊停留过地面上的表土、粪便和垃圾彻底铲除，在彻底清扫的基础上可使羊舍内病原体数减少50%，在此基础上再用药物消毒。

（2）所用消毒液的量要足，让地面完全湿透，一般每平方米面积用1~2升消毒液，再根据是否发生传染病及病原体的性质确定所用消毒液品种及浓度。

（3）消毒方法是将消毒液盛于喷雾器内，先均匀喷洒地面，再喷湿墙壁、天棚和饲料槽，过一段时间再开窗通风，并用清水刷洗饲槽、用具，将消毒药味除去。

七、种羊引种时应注意的问题

1. 生态环境

种羊的引入地与原产地的气候环境、饲草饲料资源应基本相同。

2. 引种季节

一般在秋季或春末夏初。

3. 种羊选择

引进羊只系谱资料完整，外貌特征符合品种要求。引进孕羊的妊娠期不要超过2个月。种公羊还必须检查其生殖器官发育情况和精液品质。

4. 羊群结构

一般引种引以青壮年为主。公母羊比例一般为（1∶30）~（1∶20）。

5. 隔离期管理

单圈隔离饲养45天，确无传染病后方可与其他羊混群饲养。

6. 运输

根据运输距离的长短备足草料及饮水设备。长途运输过程中定时给羊饮水，宜喂优质干草和青绿多汁饲料，尽量少喂精料。

八、饲料配合的原则

1. 根据家畜的营养需要配制

首先要满足家畜对能量的需要；其次是能量和蛋白比要符合饲养标准的要求，还要考虑氨基酸、维生素等营养物质的比例关系，同时，要控制粗纤维的含量。

2. 饲粮组成体积应与家畜消化道相适应

原料的选择要因地制宜、新鲜、无毒、无发霉变质，同时，种类要力求多样化。

3. 不含有毒有害物质

4. 饲粮水分要适宜

北方地区一般不超过 14%，南方地区以不超过 12.5% 为宜。

5. 根据家畜的体况、季节等条件的变化，可在标准基础上适当调整，幅度一般不超过 10%

九、青贮饲料的技术要点

1. 原料的选择

青贮原料以当天收割的青绿秸秆为宜，无泥土、无霉变、无污染，叶茎比越高越好。带穗青贮时应在玉米的乳熟后期或蜡熟期收割。水分含量 60%~75% 为宜。

2. 装窖

原料切割长度 1.5~2.5 厘米，要边切碎、边装填、边压实。装填时将切好的原料逐层装填、逐层压实，每层厚度 0.3 厘米左右。装好后，原料要高出窖口，高出量为窖深的 15%~20%。整个装窖过程防止雨水进入。

3. 封窖

把装好原料的窖顶整理成拱形，用塑料薄膜盖顶，边盖膜边在膜上覆盖湿土，以排出膜下的空气，土的厚度在 0.2 米以上。窖的四周设排水沟。

十、通过感观鉴定青贮饲料的质量

判断青贮饲料的优劣，最简单的方法是感观鉴定，必要时才进一步做实验室鉴定。感观鉴定的方法如下。

1. 颜色

以越接近原料的颜色越好，品质良好的呈茶绿色或黄绿色；中等的呈黄褐色或暗绿色；低劣的呈褐色或黑色。

2. 气味

良好的青贮饲料具有弱酸香味和酒香味；有较浓的醋酸香味则质量次之；有霉味和酸臭味的不可饲喂。

3. 质地

良好的青贮饲料在窖里压得非常紧密，但取出来后很松散，质地柔软，略带湿润，植物的茎、叶分辨明显。茎、叶黏成一团或干燥粗硬的均为劣质品。

十一、预防羊病要做到三点

1. 做好消毒工作

用10%~20%的石灰乳和20%的漂白粉溶液，喷洒地面、墙、顶棚（每平方米1升液体）；对病羊尤其是怀疑患传染病的羊进行隔离；对被其污染的环境、用具用4%氢氧化钠或10%克辽林溶液进行消毒、废弃物进行无害化处理。

2. 有计划地进行免疫预防

免疫预防可激发羊体产生特异性抗体，对某种传染病的抵抗力增强。

3. 定期驱虫

一般每年春秋两次药物驱虫。丙硫咪唑、阿维菌素都具有高效、低毒、广谱的优点，对常见的胃肠道线虫、肺线虫、片型吸虫均有效，可同时驱除混合感染的多种寄生虫。

第二节　羊的主要传染病

一、羊炭疽病

炭疽病是由炭疽杆菌引起的一种急性、热性、败血性人畜共患传染病，常呈散发性或地方性流行，绵羊最易感染。

病羊体内以及排泄物、分泌物中含有大量的炭疽杆菌。健康羊采食了被污染的饲料、饮水或通过皮肤损伤感染了炭疽杆菌，或吸入带有炭疽芽孢的灰尘，均可导致发病。

羊发生该病多为最急性或急性经过，表现为突然倒地，全身抽搐、颤抖，磨牙，呼吸困难，体温升高到40~42℃，黏膜蓝紫色。从眼、鼻、口腔及肛门等天然孔流出带气泡的暗红色或黑色血液，血凝不全。死后尸僵不全。

通过病理观察发现，怀疑炭疽病的尸体严禁剖检，因此，特别注意外观症状地综合判断，以免误剖。

（一）预防

（1）预防接种。经常发生炭疽及受其威胁地区的易感羊，每年均应用羊2号炭疽芽胞苗皮下注射1毫升。

（2）有炭疽病例发生时应及时隔离病羊。对污染的羊舍，用具及地面要彻底消毒，可用10%烧碱水或2%漂白粉连续消毒3次，间隔1小时，羊群除去病羊后，全群用抗菌药3天。

（二）治疗

（1）病羊必须在严格隔离条件下进行治疗，对病程稍缓的病羊可采用特异血清疗法结合药物治疗。病羊皮下或静脉注射抗炭疽血清 30~60 毫升，必要时于 12 小时后再注射 1 次。

（2）炭疽杆菌对青霉素、土霉素及氯霉素敏感。其中，青霉素最为常用，剂量按每千克体重 1.5 万单位，每 8 小时肌内注射 1 次。

二、布鲁氏菌病

布鲁氏菌病又称布氏杆菌病，简称布病。布氏杆菌病是羊的一种慢性传染病。主要侵害生殖系统。羊感染后，以母羊发生流产和公羊发生睾丸炎为特征。布鲁氏菌病也是一种人畜共患的传染病。一年四季均可发生。

布鲁氏菌为球杆菌或短杆菌，无鞭毛，不产生芽孢，革兰氏染色阴性。本菌为需氧或兼性厌氧菌。最适宜生长温度为 36~37℃，对热的抵抗力不强，湿热 70℃经 30 分钟可将其杀死。煮沸立即可以杀死。日光直射需 30 分钟至 4 小时才能将其杀死。本菌对常用消毒药品敏感，如 2.5% 漂白粉、3% 来苏儿及 0.5% 乳酸均可在 1~2 分钟将其杀死。

（一）发病症状

羊布鲁氏菌病主要症状为生殖器官发炎，妊娠母羊流产，流产常发生在妊娠后的 3~4 个月，流产前病畜食欲减退，精神委顿，起卧不安，阴道中流出黄色、灰黄色黏液，流产母畜多发生胎衣不下、子宫内膜炎，排污秽恶露。其他症状有早产、产死胎、乳房炎、关节炎、公羊表现为睾丸炎、附睾炎及不育等。

（二）传播途径

1. 传染源

患病羊和带菌羊是本病的主要传染源。妊娠母羊是最危险的传染源，其在流产或分娩时，大量布鲁氏菌随胎儿、羊水、胎衣排出而污染的环境，特别有传染力。山羊和绵羊是人类"流行性布病"的主要传染源，而牛和猪是人类"散发性布病"的主要传染源。

2. 传播途径

本病在家畜中主要通过饲料和饮水经消化道感染，还可以通过交配传播和感染。此外，本病也可经昆虫叮咬传播。

3. 易感动物

人和多种动物对布病有易感性。动物布氏杆菌可传给人类，但人传人的现象较为少见。

（三）预防措施

目前，本病尚无特效的药物治疗，只有加强预防检疫。

（1）控制和消灭传染源。购买牲畜应严格检疫，发现病畜立即隔离，被污染的场所和用具及流产的胎儿、胎衣、羊水、病畜粪尿等，进行严格消毒或深埋处理；定期对疫区羊群进血清学检查，淘汰阳性病畜。

（2）切断传播途径。加强对牲畜粪尿等排泄物的管理和对屠宰场废弃物和污水的处理，以防污染环境和水源。

（3）预防接种。疫苗为布鲁斯杆菌活疫苗（S2 株）；用灭菌生理盐水或凉白开进行稀释，严禁使用自来水，稀释后的疫苗限 2 小时内用完；免疫方法是口服法，用注射器吸取稀释后的疫苗，采用口腔喷注；免疫部位是口腔中部，严禁灌注到气管、食道内；做好人员防护，在稀释和免疫过程中，需要佩戴橡胶手套、口罩。

三、羊口蹄疫

口蹄疫是由口蹄疫病毒引起的偶蹄类动物共患的急性、热性、高度接触性传染病。其临床特征是患病动物口腔黏膜、蹄部和乳房发生水疱和溃疡，在民间俗称"口疮""蹄癀"。

口蹄疫病毒具有较强的环境适应性，耐低温，不怕干燥。该病毒对酚类、酒精、氯仿等不敏感，但对日光、高温、酸碱的敏感性很强。常用的消毒剂有 1%~2%氢氧化钠、30%热草木灰、1%~2%甲醛、0.2%~0.5%过氧乙酸、4%碳酸氢钠溶液等。

（一）临床症状

羊感染口蹄疫病毒后一般经过 1~7 天的潜伏期出现症状。病羊体温升高，初期体温可达 40~41℃，精神沉郁，食欲减退或拒食，脉搏和呼吸加快。口腔、蹄、乳房等部位出现水疱、溃疡和糜烂。严重病例可在咽喉、气管、前胃等黏膜上发生圆形烂斑和溃疡，上盖黑棕色痂块。绵羊蹄部症状明显，口黏膜变化较轻。山羊症状多见于口腔，呈弥漫性口黏膜炎，水疱见于硬腭和舌面，蹄部病变较轻。病羊水疱破溃后，体温即明显下降，症状逐渐好转。

（二）预防措施

（1）本病发病急、传播快、危害大，必须严格搞好综合防治措施。

（2）要严格畜产品的进出口，加强检疫，不从疫区引进偶蹄动物及产品。

（3）本病尚无特效治疗药物，必须按照国家规定实施强制免疫。

（4）一旦发生疫情，严格执行封锁、隔离、消毒、紧急预防接种、检疫等综合扑灭措施。

四、羊肠毒血症

羊肠毒血症是韦氏梭菌（产气荚膜梭菌 D 型）在羊肠道内大量繁殖并产生毒素所引起的绵羊急性传染病。该病以发病急，死亡快，死后肾脏多见软化为特征。又称软肾病。

（一）临床症状

突然发病，很少能见到症状，或看到症状后很快就死亡。病羊中等以上膘情，鼻腔流出黄色浓稠胶冻状鼻液，口腔流出带青草的唾液，有的伴发腹泻，排黑色或深绿色稀便，往往在 3~4 小时内死亡。

（二）发病特点

发病以绵羊为多，山羊较少。通常为 2~12 月龄、膘情好的羊为主；经消化道而发生内源性感染。牧区以春夏之交抢青时和秋季牧草结籽后的一段时间发病为多。农区则多见于收割抢茬季节或食入大量富含蛋白质饲料时。多呈散发流行。

（三）防治方法

（1）春夏之际少抢青、抢茬、秋季避免吃过量结籽饲草。

（2）常发区定期注射羊三联四防冻干苗，大小羊只一律肌内注射 1 毫升。

五、羊破伤风

破伤风是由破伤风梭菌经伤口感染引起的急性、中毒性传染病。羊的破伤风又名强直症，羊发病时由于毒素的作用，肌肉发生僵硬，出现身体躯干强直症状，因此得名。临床主要表现为骨骼肌持续痉挛和对刺激反射兴奋性增高。

本病为散发，没有季节性，必须经创伤才能感染，特别是创面损伤复杂、创道深的创伤更易感染发病。

（一）症状

病初症状不明显，常表现卧下后不能起立，或者站立时不能卧下，逐渐发展为四肢强直，运步困难。由于咬肌的强直收缩，牙关紧闭，流涎吐沫，饮食困难。常并发急性肠卡他，引起剧烈的腹泻。

（二）预防

（1）预防注射。破伤风类毒素是预防本病的有效生物制剂。羔羊的预防，以母羊妊娠后期注射破伤风类毒素较为适宜。

（2）创伤处理。羊身上任何部分发生创伤时，均应用碘酒或 2% 的红汞严格消毒，并应避免泥土及粪便侵入伤口。对一切手术伤口，包括剪毛伤、断尾伤及去角伤等，均应特别注意消毒。对感染创伤进行有效的防腐消毒处理。彻底排除脓汁、异物、坏死组织及痂皮等，并用消毒药物（3% 过氧化氢、2% 高锰酸钾或 5%~10% 碘酊）消毒创面，并结合青链霉素，在创伤周围注射，以清除破伤风毒素来源。

（3）注射抗破伤风血清。早期应用抗破伤风血清（破伤风抗毒素）。可 1 次用足量（20 万~80 万单位），也可将总用量分 2~3 次注射，皮下、肌内或静脉注射均可；也可一半静脉注射，一半肌内注射。抗破伤风血清在体内可保留 2 周。

六、羊传染性脓疱

羊传染性脓疱又称"羊口疮"，是由传染性脓包病毒引起的急性、接触性传染病，特征是在羊的口、唇等处的皮肤和黏膜上形成丘疹、水疱，后形成脓疱、溃疡，最后结成桑葚状的厚痂块。其病原是传染性脓疱病毒，是一种嗜上皮性病毒。

（一）症状

本病潜伏期 4~8 天，临床上一般分为唇型、蹄型和外阴型 3 种病型，也见混合型感染病例。

（二）防治措施

勿从疫区引进羊或购入饲料、畜产品。

保护羊的皮肤、黏膜勿受损伤，拣出饲料和垫草中的芒刺。加喂适量食盐，以减少羊只啃土啃墙，防止发生外伤。

本病流行区用羊口疮弱毒疫苗进行免疫接种，使用疫苗株毒型应与当地流行毒株相同。

病羊可先用水杨酸软膏将痂垢软化，除去痂垢后再用 0.1%~0.2%高锰酸钾溶液冲洗创面，然后涂 2%龙胆紫、碘甘油溶液或土霉素软膏，每日 1~2 次，至痊愈。蹄型病羊则将蹄部置 5%~10%福尔马林溶液中浸泡 1 分钟，连续浸泡 3 次；也可隔日用 3%龙胆紫溶液、1%苦味酸溶液或土霉素软膏涂拭患部。

七、羊痘

羊痘是羊感染痘病毒后引起的一种接触性传染病。

羊痘病毒主要存在于病羊的皮肤、黏膜的丘疹、脓疱、痂皮内及鼻黏膜分泌物中。发病羊体温升高时，其血液中存有大量病毒，病羊为传染源，主要通过传染的空气经呼吸道感染，也可以通过损伤的皮肤或黏膜侵入机体。

（一）临床症状

（1）绵羊痘。病羊体温升高达 41~42℃，结膜眼睑红肿，呼吸和脉搏加快，鼻流出黏液，食欲丧失，弓背站立，经 1~2 天后出现痘疹，痘疹多见于皮肤无毛或少毛处，先出现红斑，后变成丘疹再逐渐形成水疱，最后变成脓疱，脓疱破溃后，若无继发感染逐渐干燥，形成痂皮，经 2~3 周痊愈。发生在舌和齿龈的痘疹往往形成溃疡。

（2）山羊痘。病羊发热，体温升高达 40~42℃，精神不振，食欲减退或不食，在尾根、乳房、阴唇、尾内肛门的周围、阴囊及四肢内侧，均可发生痘疹，有时还出现在头部、腹部及背部的毛丛中，痘疹大小不等，呈圆形红色结节、丘疹，迅速形成水疱、脓疱及痂皮，经 3~4 周痂皮脱落。

（二）预防措施

（1）避免接触患羊痘的绵羊和山羊。

（2）对羊群中已有发病时，立即隔离病羊、消毒羊舍、场地、用具，未发病的羊只做紧急预防接种。

（3）用 0.1%高锰酸钾水溶液洗擦病羊患部，也可用忍冬藤、野菊花煎汤或用淡盐水洗涤病羊患部，然后用碘甘油涂擦。

（4）每年定期预防接种羊痘疫苗，在尾部或股内测皮下注射 0.5 毫升，注射后 4~6 天产生可靠的免疫力，免疫期 1 年。

八、羔羊大肠杆菌

羔羊大肠杆菌病是由致病性大肠杆菌所引起的一种幼羔急性、致死性传染病。临床上表现为腹泻和败血症。

（一）发病特点

多发生于数日至 6 周龄的羔羊，呈地方性流行，也有散发的。气候不良、营养不足、场地潮湿污秽等，易造成发病；主要在冬春舍饲期间发生；经消化道感染。

（二）症状

潜伏期 1~2 天，分为败血型和下痢型两型。败血型多发于 2~6 周龄的羔羊。病羊体温 41~42℃，精神沉郁，迅速虚脱，有轻微的腹泻或不腹泻，有的有神经症状，运步失调，磨牙，视力障碍，有的出现关节炎；多于病后 4~12 小时死亡。下痢型多发于 2~8 日龄的新生羔。病初体温略高，出现腹泻后体温下降，粪便呈半液体状，带气泡，有时混有血液，羔羊表现腹痛，虚弱，严重脱水，不能起立；如不及时治疗，可于 24~36 小时死亡。

（三）预防

（1）母羊要加强饲养管理，做好母羊的抓膘、保膘工作，保证新产羔羊健壮、抗病力强，同时，应注意羊的保暖。

（2）对病羔要立即隔离，及早治疗。对污染的环境、用具要用 3%~5% 来苏儿液消毒。

（四）治疗

（1）土霉素按每日每千克体重 20~50 毫克，分 2~3 次口服；或按每日每千克体重 10~20 毫克，分 2 次肌内注射。

（2）呋喃唑酮，按每日每千克体重 5~10 毫克，分 2~3 次内服，新生羔再加胃蛋白酶 0.2~0.3 克；对心脏衰弱的，皮下注射 25% 安钠咖 0.5~1 毫升；对脱水严重的，静脉注射 5% 葡萄糖盐水 20~100 毫升；对于有兴奋症状的病羔，用水合氯醛 0.1~0.2 克加水灌服。

九、小反刍兽疫

小反刍兽疫俗称羊瘟，是由小反刍兽疫病毒引起的一种急性病毒性传染病，主要感染小反刍动物，以发热、口炎、腹泻、肺炎为特征。

（一）流行病学

本病主要感染山羊、绵羊、美国白尾鹿等小反刍动物，流行于非洲西部、中部和亚洲的部分地区。在疫区，本病为零星发生，当易感动物增加时，即可发生流行。本病主要通过直接接触传染，病畜的分泌物和排泄物是传染源，处于亚临诊型的病羊尤为危险。

（二）临床症状

小反刍兽疫潜伏期为 4~5 天，最长 21 天。自然发病仅见于山羊和绵羊。山羊发病严重，绵羊也偶有严重病例发生。一些康复山羊的唇部形成口疮样病变。感染动物临诊症状与牛瘟病牛相似。急性型体温可上升至 41℃，并持续 3~5 天。感染动物烦躁不安，背毛无光，口鼻干燥，食欲减退。流黏液脓性鼻漏，呼出恶臭气体。在发热的前 4 天，口腔黏膜充血，颊黏膜进行性广泛性损害、导致多涎，随后出现坏死性病灶，开始口腔黏膜出现小的粗糙的红色浅表坏死病灶，以后变成粉红色，感染部位包括下唇、下齿龈等处。严重病例可见坏死病灶波及齿垫、腭、颊部及其乳头、舌头等处。后期出现带血水样腹泻，严重脱水，消瘦，随之体温下降。出现咳嗽、呼吸异常。发病率高达 100%，在严重暴发时，死亡率为 100%，在轻度发生时，死亡率不超过 50%。幼年动物发病严重发病率和死亡都很高，为我国划定的一类疾病。

（三）防治措施

（1）对本病尚无有效的治疗方法，发病初使用抗生素和磺胺类药物可对症治疗和预防继发感染。

（2）在本病的洁净国家和地区发现病例，应严密封锁，扑杀患羊，隔离消毒。

（3）对本病的防控主要靠疫苗免疫。

十、羊狂犬病

羊狂犬病是一种人、畜共患的急性接触性传染病，该病以神经调节高度障碍为特征，表现为羊狂躁不安和意识紊乱，最终发生麻痹而死。

本病的病原是狂犬病病毒，为弹状病毒科狂犬病病毒属，病毒主要存在于病畜的中枢神经组织、唾液腺和唾液中。

患病动物主要经唾液腺排毒，以咬伤为主要传播途径；也可经损伤的皮肤、黏膜传染；另外，还可以经呼吸道及口腔传播。以散发性流行为主。

（一）症状

羊狂犬病在临床上分为狂暴型和沉郁型两种病型。

狂暴型初期病羊呈惊恐状，神态紧张，直走，并不停地狂叫，叫声嘶哑，见其他羊只就咬，并会跃起扑人，并有嘴咬石头砖瓦等异食现象，见水狂喝不止。继而精神逐渐沉郁，似醉酒状，行走踉跄。眼充血发红，眼球突出，口流涎，最后腹泻消瘦。

沉郁型病例多无兴奋期或兴奋期短，而且迅速转入麻痹期，出现喉头、下颌、后躯麻痹，流涎、张口、吞咽困难等症状，最终卧地而死。

（二）防治

（1）预防。扑杀野狗和没有免疫的狗；养狗必须登记注册，进行免疫接种；疫区与受威胁区的羊和易感动物接种弱毒疫苗或灭菌苗。

（2）治疗。羊和家畜被患有狂犬病或可疑的动物咬伤时，应及时用清水或肥皂水冲洗伤口，再用 0.1% 升汞、碘酒或硝酸银等处理伤口，并立即接种狂犬病疫苗；也可用免疫进行治疗。对被狂犬咬伤的羊和家畜一般应予扑杀，以免危害于人。

第三节 羊的主要寄生虫病

一、羊肝片吸虫

羊肝片吸虫病是由片形吸虫寄生在羊胆管所引起的一种蠕虫病，俗称肝蛭病。多呈地方性流行，在低洼和沼泽地带放牧的羊群发病较严重（三工地镇沙河庙较典型）。

该病多发生在夏秋两季，6—9月为高发季节。羊吃了附着有囊蚴（虫卵→毛蚴→钻入椎实螺体内→胞蚴→雷蚴→尾蚴→从螺体逸出→囊蚴）的水草而感染，各种年龄、性别、品种的羊均能感染，羔羊和绵羊的病死率高（图5-1）。

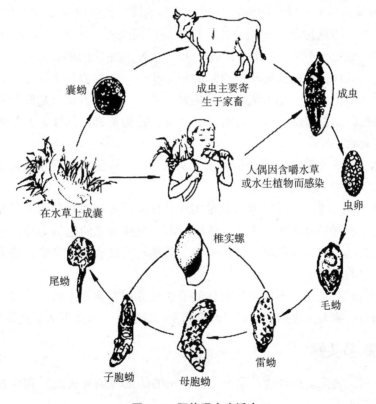

图5-1 肝片吸虫生活史

（一）临床症状

精神沉郁，食欲不佳，可视黏膜极度苍白，黄疸，贫血。病羊逐渐消瘦，被毛粗乱，毛干易断，肋骨突出，眼睑、颌下、胸腹下部水肿。放牧时有的吃土，便秘与腹泻交替发生，拉出黑褐色稀粪，有的带血。病情严重的，一般经1~2个月后，因病恶化而死亡，病情较轻的，拖延到翌年天气回暖，饲料改善后逐渐恢复。

（二）防治措施

（1）药物驱虫。肝片吸虫病的传播主要是源于病羊和带虫者，因此驱虫不仅是治疗病羊，也是积极的预防措施。所有羊只每年在 2—3 月和 10—11 月应有两次定期驱虫，10—11 月驱虫是保护羊只过冬，并预防羊冬季发病；2—3 月驱虫是减少羊在夏秋放牧时散播病源。最理想的驱虫药物是硝氯酚，每千克体重 4~6 毫克，空腹 1 次灌服，每天 1 次，连用 3 天。另外，还有联氨酚噻、肝蛭净、蛭得净、丙硫咪唑、硫双二氯酚等药物，可选择按说明服用。

（2）粪便处理。圈舍内的粪便，每天清除后进行堆肥，利用粪便发酵产热而杀死虫卵。对驱虫后排出的粪便，要严格管理，不能乱丢，集中起来堆积发酵处理，防止污染羊舍和草场及再感染发病。

（3）牧场预防。①选择高燥地区放牧，不到沼泽、低洼潮湿地带放牧。②轮牧。轮牧是防止肝片吸虫病传播的重要方法。把草场用网围栏、河流、小溪、灌木、沟壕等标志把草场分成几个小区，每个小区放牧 30~40 天，按一定的顺序一区一区地放牧，周而复始地轮回放牧，以减少肝片吸虫病的感染机会。③放牧与舍饲相结合。在冬季和初春，气候寒冷，牧草干枯，大多数羊消瘦、体弱，抵抗力低，是肝片吸虫病患羊死亡数量最多的时期，因此在这一时期，应由放牧转为舍饲，加强饲养管理，来增强抵抗力，降低死亡率。

（4）饮水卫生。在发病地区，尽量饮自来水、井水或流动的河水等清洁的水，不要到低湿、沼泽地带去饮水。

（5）消灭中间宿主。消灭中间宿主椎实螺是预防肝片吸虫病的重要措施。在放牧地区，通过兴修水利、填平改造低洼沼泽地，来改变椎实螺的生活条件，达到灭螺的目的。据资料报道，在放牧地区，大群养鸭，既能消灭椎实螺，又能促进养鸭业的发展，是一举两得的好事。

（6）患病脏器的处理。不能将有虫体的肝脏乱弃或在河水中清洗，或把洗肝的水到处乱泼，而使病原人为地扩散，对有严重病变的肝脏立即做深埋或焚烧等销毁处理。

二、羊脑多头蚴

羊脑包虫病又名为多头蚴病，是由多头绦虫的幼虫（脑多头蚴）寄生在羊的脑内而引起的一种寄生虫病。

羊脑包虫病一年四季均可发生，但多发于春季。主要侵害 2 岁以下幼龄羊，绵羊最易感，1 岁以下的牛也易感。

（一）病因

羊吃到被多头绦虫卵污染的饲草，虫卵随着血液移行脑及脊髓，经 2~3 个月发育成多头蚴而引起发病。多头蚴的成虫是一种多头绦虫，它寄生在狗、狐狸、狼的小肠中，长 40~80 厘米。含有成熟虫卵的后部节片不断成熟与脱落，并随着粪便排出体外，羊吃了被虫卵污染的草料，进入羊消化道的虫卵，卵膜被溶解，六钩蚴逸出，并钻入肠黏膜的毛细血管内，随血流被带到脑内继续发育成囊泡状的多头蚴。

（二）症状

羊脑包虫病的主要表现为食欲下降，反应迟钝，长时间沉郁不动，遇障碍物时则奋力前冲抵物不动，但是，寄生部位不同，则引起的症状也不同：若虫体寄生于脑部的某侧则患羊将头抵患侧，并向患侧作圆圈运动，对侧的眼常失明；若虫体寄生在脑的前部（额叶）则患羊头部抵于胸前，向前作直线运动，行走时高抬前肢或向前方猛冲，遇到障碍物时倒地或静立不动；虫体寄生在小脑则患羊易惊恐，行走时出现急促或蹒跚步态，严重时衰竭卧地，视觉障碍、磨牙、流涎、痉挛，后期高度消瘦。若虫体寄在脑表面则有转圈、共济失调神经性症状，触诊时容易发现，压迫患部有疼痛感或颅骨萎缩甚至穿孔；若位于脑后部则患羊表现角弓反张，行走后退，卧地不起，全身痉挛，四肢呈游泳状。

（三）预防

（1）加强饲养管理，羊圈舍的周围尽可能减少犬的饲养，不给羊饲喂犬类污染过的饲料。

（2）狗要拴系饲养，不能放开或混入羊群，平时对狗粪便集中进行生物热发酵处理。

（3）防止狗吃到患有脑包虫的羊脑及脊髓。定期给狗驱虫。

（4）牧羊犬应该做到定期驱虫，排出的粪便和虫体应深埋或焚烧。

（5）吡喹酮和丙硫苯咪唑对脑包虫病有较好的治疗效果。

三、羊肺线虫

羊肺线虫病是由网尾科和原圆科的线虫寄生于羊呼吸器官（气管、支气管）内而引起的一类线虫病。

现以羊丝状网尾线虫为例介绍。雌虫在羊气管和支气管内产卵，卵产出时已含幼虫，当羊咳嗽时，虫卵被咳到口腔，大部分被咽入消化道，卵在通过消化道的过程中。幼虫从卵内逸出随粪便一起排到体外。感染性幼虫落入水中或附着在草上，当羊在吃草、饮水时吞食幼虫而感染。幼虫进入肠壁，随淋巴管和血管移到心脏，再沿小循环到肺脏，穿过毛细血管进入肺泡，进入小支气管和支气管内发育为成虫。

（一）症状

患病羊表现咳嗽，尤其是清晨和夜间明显，多为阵发性，常咳出黏液性团块。患羊常以鼻孔中排出脓性分泌物，干燥后在鼻孔周围形成痂皮。贫血，头胸部和四肢水肿。呼吸加快或呼吸困难。羔羊和犊牛症状明显，严重者死亡。成年牛羊症状轻微。

（二）预防

（1）本病流行地区，1年要进行2次驱虫，春秋各1次。

（2）不要在潮湿的沼泽地区放牧。注意饮水卫生，不要饮死水，要饮流水或井水。

(3) 对粪便用生物热处理。

(三) 治疗

(1) 丙硫咪唑，羊每千克体重 5~10 毫克，口服，效果很好。

(2) 伊维菌素或阿维菌素，羊每千克体重 0.2 毫克，1 次口服或皮下注射。

(3) 左旋咪唑，羊每千克体重 8~10 毫克，1 次口服。

四、羊疥癣

羊疥癣，主要由疥螨、痒螨和足螨三种寄生虫为害引起。羊疥癣的特征是皮肤炎症、脱毛、奇痒及消瘦。在秋末、冬季和早春多发生，阴暗潮湿、圈舍拥挤和常年的舍饲可增加发病概率和流行时间。

(一) 症状与病变

羊疥癣的症状：病初虫体刺激神经末梢，引起剧痒，羊不断的在圈墙、栏杆等处摩擦。在阴雨天气、夜间、通风不良的圈舍病情会加重，然后皮肤出现丘疹、结节、水疱，甚至脓疮，以后形成痂皮或龟裂。绵羊患疥螨时，病变主要在头部，可见大片被毛脱落。患羊因终日啃咬和摩擦患部，烦躁不安，影响采食量和休息，日见消瘦，最终极度衰竭死亡。疥螨病一般开始于皮肤柔软且毛短的地方，如嘴唇、口角、鼻面、眼圈及耳根部，以后皮肤炎症逐渐向四周蔓延；痒螨病则起始于被毛稠密和温度、湿度比较恒定的皮肤部分，如绵羊多发生于背部、臀部及尾根部。

(二) 防治措施

(1) 对新买的羊要隔离观察，并进行药物防治后再混群，及时发现病羊并隔离治疗。

(2) 每年春秋季节定期驱虫，可选用阿维菌素、伊维菌素，每千克体重按有效成分 0.2 毫克口服或皮下注射。

(3) 剪毛后 5~7 天进行药浴，是预防本病的有效措施（用螨净水溶液进行药浴）。

(4) 气候寒冷发病少时，可局部用药，在用药前，先用肥皂水软化痂皮，第二天用温水洗涤，再涂药。用克辽林擦剂涂擦患部。

五、羊鼻蝇蛆

羊鼻蝇蛆病是羊鼻蝇幼虫寄生在羊的鼻腔或额突里，并引起慢性鼻炎的一种寄生虫病。

(一) 症状

患羊表现为精神萎靡不振，可视黏膜淡红，鼻孔有分泌物，摇头，打喷嚏，运动失调，头弯向一侧旋转或发生痉挛、麻痹，听、视力降低，后肢举步困难，有时站立不稳，跌倒而死亡。

(二) 发病特点

羊鼻蝇成虫多在春、夏、秋出现，尤以夏季为多。成虫在 6—7 月开始接触羊群，雌虫在牧地、圈舍等处飞翔，钻入羊鼻孔内产幼虫。经 3 期幼虫阶段发育成熟后，幼虫从深部逐渐爬向鼻腔，当患羊打喷嚏时，幼虫被喷出，落于地面，钻入土中或羊粪堆内化为蛹，经 1~2 个月后成蝇。雌雄交配后，雌虫又侵袭羊群再产幼虫。

（三）防制措施

防治方法，防治该病应以消灭第一期幼虫为主要措施。各地可根据不同气候条件和羊鼻蝇的发育情况，确定防治的时间，一般在每年 11 月进行为宜。可选用如下药物：一是 4-溴-2-氯苯基，口服剂量按每千克体重 0.12 克，配成 2%溶液，灌服。肌内注射取精制敌百虫 60 克，加 95%酒精 31 毫升，在瓷器内加热溶解后，加入 31 毫升蒸馏水，再加热到 60~65℃，待药完全溶解后，加水至总量 100 毫升，经药棉过滤后即可注射。剂量按羊体重 10~20 千克用 0.5 毫升；体重 20~30 千克用 1 毫升；体重 30~40 千克用 1.5 毫升；体重 40~50 千克用 2 毫升；体重 50 千克以上用 2.5 毫升。二是 2，2-二氯乙烯，口服剂量按每千克体重 5 毫克，每日 1 次，连用两天。烟雾法常用于羊群的大面积防治，药量按熏蒸场所的空间体积计算，每立方米空间使用 80%敌敌畏 0.5~1.0 毫升。吸雾时间应根据小群羊的安全试验和驱虫效果而定，一般不超过 1 小时为宜。气雾法亦适合于大群羊的防治，可用超低量电动喷雾器或气雾枪使药液雾化。药液的用量及吸雾时间与烟雾法相同。涂药法对个别良种羊，可在成蝇飞翔季节将 1%敌敌畏软膏涂擦在羊的鼻孔周围，每 5 天 1 次，可杀死雌虫产下的幼虫。

六、羊消化道线虫

消化道线虫病是寄生于绵羊、山羊消化道内的各种线虫引起的疾病。其特征是患羊消瘦、贫血、胃肠炎、下痢、水肿等，严重感染可引起死亡。羊消化道线虫种类很多，它们具有各自引起疾病的能力和不同的临床症状，常呈混合感染，给养羊业造成严重的经济损失。

（一）临床症状

羊在严重感染的情况下，可出现不同程度的贫血、消瘦、胃肠炎、下痢、下颌间隙及颈胸部水肿。幼畜发育受阻，血液检查红细胞减少，血红蛋白降低，淋巴细胞和嗜酸性白细胞增加。少数病羊体温升高，呼吸、脉搏增数，心音减弱，最后导致病羊衰弱而死亡。

（二）治疗

（1）左旋咪唑。每千克体重 5~10 毫克，溶水灌服，也可配成 5%的溶液皮下或肌内注射。

（2）噻苯唑。每千克体重 50~10 毫克，可配成 20%悬浮液灌服，或瘤胃注射。

（3）甲噻嘧啶。每千克体重 10 毫克，口服或拌饲喂服。

（4）甲苯咪唑。每千克体重 1015 毫克，灌服或混饲给予。

（5）丙硫咪唑。每千克体重 5~10 毫克，口服。

（6）伊维菌素。每千克体重 0.1 毫克，口服；0.1~0.2 毫克/千克体重，皮下注射，效果极好。

（三）预防

（1）计划性驱虫。可根据当地的流行病学资料作出规划，一般春秋季各进行一次驱虫。

（2）放牧和饮水卫生。应避免在低湿的地方放牧；不要在清晨、傍晚或雨后放牧，尽量避开幼虫活动的时间，以减少感染机会；禁饮低洼地区的积水或死水。

（3）加强粪便管理，将粪便集中在适当地点进行生物热处理，消灭虫卵和幼虫。

第四节　羊的常见普通病

一、羔羊痢疾

羔羊痢疾是初生羔羊的一种急性毒血症，以剧烈腹泻和小肠发生溃疡为其特征。本病常可使羔羊发生大批死亡，给养羊业带来重大损失。

（一）病原

本病病原为 B 型韦氏梭菌。羔羊在生后数日内，韦氏梭菌可以通过羔羊吮乳、饲养员的手和羊的粪便而进入羔羊消化道。在外界不良诱因如母羊怀孕期营养不良，羔羊体质瘦弱；气候寒冷，羔羊受冻；哺乳不当，羔羊饥饱不匀，羔羊抵抗力减弱时，细菌大量繁殖，产生毒素。

羔羊痢疾的发生和流行，就表现出一系列明显的规律性。

本病主要为害 7 日龄以内的羔羊，其中又以 2~3 日龄的发病最多，7 日龄以上的很少患病。传染途径主要是通过消化道，也可能通过脐带或创伤。

（二）临床症状

自然感染的潜伏期为 1~2 天，病初精神委顿，低头拱背，不想吃奶。不久就发生腹泻，粪便恶臭，有的稠如面糊，有的稀薄如水，到了后期，有的还含有血液，直到成为血便。若不及时治疗，常在 1~2 天内死亡。主要症状为四肢瘫软，卧地不起，呼吸急促，口流白沫，最后昏迷，头向后仰，体温降至常温以下，常在数小时到十几小时内死亡。

沙门氏菌、大肠杆菌和肠球菌也可引起初生羔羊下痢，应注意区别。

（三）预防措施

（1）加强妊娠母羊饲养管理，使母壮羔肥，从而增强羔羊抗病能力。

（2）搞好卫生工作。产羔前，对栏舍进行严格消毒，并要做好母体、乳房及用具的清洁卫生，并注意保暖防寒。

（3）做好预防接种。每年秋季给母羊注射羔羊痢疾菌苗或厌气菌五联菌苗，产前 2~3 周，再给母羊注射 1 次，可预防本病发生。

（四）治疗

（1）板蓝根 5~15 克，煎汤内服，或用板蓝根冲剂 1~2 包（人医用药），温开水冲服，每日 2~3 次，连用 2~3 天。

（2）若有体温升高、全身症状者，可用地塞米松 2~3 毫升、庆大霉素 4 万~6 万单位、维生素 C 2~4 毫升，1 次分别肌内注射，每日 2 次，连用 2 天。

（3）口服土霉素、链霉素各 0.125~0.25 克，也可再加乳酶生 1 片，每天 2 次。

二、羔羊白肌病

白肌病是幼畜的一种以骨骼肌、心肌纤维以及肝组织发生变性、坏死为主要特征的疾病，因病变部位肌肉色淡，甚至苍白而得名。

各种动物特别是幼畜、幼禽均可发生，山羊羔的发病率可达 90% 以上，死亡率也很高。

（一）发病原因

通过大量的研究证明是属于硒与维生素 E 缺乏引起的一种营养代谢病，特征是心肌和骨骼肌发生变性与坏死。

（二）临床症状

病羊羔精神委顿，食欲减少，常有腹泻，跛行，拱背站立或卧地不起现象。若驱赶运动，则步态僵硬，关节不能伸直，触诊四肢及腰部肌肉感到硬而肿胀且有痛感，骨骼肌弹性降低。尿液往往呈红褐色。常由于咬肌及舌肌机能丧失而无法采食，心肌及骨骼肌严重损害时导致死亡。该病常呈地方性同群发病，应用其他药物治疗不能控制病情。

（三）防制措施

（1）对缺硒地区每年所生的羊羔，用 0.2% 亚硒酸钠皮下或肌内注射，可预防本病的发生，通常在山羊羔出生 20 天左右就可用 0.2% 亚硒酸钠液 1 毫升注射 1 次，间隔 20 天左右，用 1.5 毫升再注射 1 次。注意注射日期最晚不超过 25 日龄，过迟则有发病的危险。

（2）给怀孕后期的母山羊，皮下注射一次亚硒酸钠，用量为 4~6 毫克，也可预防所生山羊羔发生白肌病，提高羔羊成活率。

（3）山羊羔中已有本病发生，应立即用亚硒酸钠进行治疗，每只羊的用量为 1.5~2 毫升、还可用维生素 E 10~15 毫克，皮下或肌内注射，每天 1 次，连用数次。

三、羔羊佝偻病

羊佝偻病是羔羊钙、磷代谢障碍引起骨组织发育不良的一种非炎性疾病，维生素 D 缺乏在本病的发生中起着重要作用。

（一）发病原因

羔羊饲养在阴暗潮湿的羊舍内，阳光照射不足，饲料中缺乏维生素 D 和足够的钙磷质，或者钙、磷比例失常；或者因长期消化不良而影响钙磷吸收。维生素 D 对机体的钙和磷的正常代谢起着重要的调节作用，当维生素 D 缺乏时，动物的消化道内对钙和磷的吸收减少，而随粪便和尿排出的钙和磷反而增多，结果造成体内血清中的钙和磷浓度下降，钙磷在骨中的沉淀减少，以致造成骨骼松软、弯曲和变形，发生了佝偻病。

（二）发病症状

病羊轻者主要表现为生长迟缓，异嗜；喜卧不活泼，卧地起立缓慢，往往出现跛行，行走步态摇摆，四肢负重困难。触诊关节有疼痛反应。病程稍长则关节肿大，以腕关节、关节、球关节较明显；长骨弯曲，四肢可以展开，形如青蛙。患病后期，病羔以腕关节着地爬行，躯体后部不能抬起；重症者卧地，呼吸和心跳加快。

（三）预防措施

（1）加强怀孕母羊和泌乳母羊的饲养管理，饲料中应含有较丰富的蛋白质、维生素 D 和钙、磷，并注意钙、磷配合比例，供给充足的青绿饲料和青干草，补喂骨粉，增加运动和日照时间。

（2）羔羊饲养更应注意，有条件的喂给干苜蓿、胡萝卜、青草等青绿多汁的饲料，并按需要量添加食盐、骨粉、各种微量元素等。

（四）治疗方法

（1）补给富含维生素 D 的鱼肝油，每日 5 毫升。也可以注射维生素 AD 注射液，每次 2 毫升，2~3 天 1 次。

（2）羔羊每日内服含维生素 D 的鱼肝油丸 3~5 粒，连续 10~20 日，效果良好。

四、牛羊食盐中毒

食盐中毒是家畜因吃入过量食盐所致的中毒。牛的急性中毒剂量为每千克体重 2.2 克，绵羊为 6 克，长期利用咸酱渣、食堂残羹等喂饲是常见的病因。

（一）症状

表现口渴、呕吐、腹痛、腹泻，视觉障碍，共济失调。

（二）治疗

（1）25%硫酸镁注射液 120 毫升、10%葡萄糖酸钙注射液 500 毫升。用法：1 次静脉注射。说明：也可用溴化钙、溴化钾镇静。重症配合强心补液。

（2）麻油 750 毫升。用法：1 次胃管投服。

（3）预防。严格控制食盐添加量，并混合均匀，保证饮水供应。

五、牛羊亚硝酸盐中毒

亚硝酸盐中毒是由于饲料中富含硝酸盐，在饲喂前加工调制不当或被反刍动物采食后在瘤胃内由于硝酸盐还原菌的作用也可转化为亚硝酸盐，造成高铁血红蛋白症。

（一）症状

临床上以呼吸促迫、结膜发绀、角弓反张、流涎及血液凝固不良为特征。

（二）治疗

（1）亚甲蓝（美蓝）注射液400毫克。用法：配成1%溶液1次静脉注射。按1千克体重1毫克用药。必要时2小时后重复用药1次。

（2）甲苯胺蓝2克。用法：配成5%溶液静脉、肌内或腹腔注射，按1千克体重5毫克用药。注意：配合使用维生素C和高渗葡萄糖可提高疗效。特别是无美蓝时，重用维生素C及高渗糖也可达治疗目的。

（三）预防

（1）主要青贮饲料的保管，不应长期堆放，不喂冰冻、腐烂青饲料。

（2）反刍动物饲喂青贮饲料时，应注意搭配一定量的碳水化合物饲料。

六、亚麻（胡麻）茎叶中毒

在坝上尚义，一直有种植亚麻历史，但有些农民不知亚麻茎叶、籽饼也可中毒的道理，以致误食、暴食造成家畜中毒死亡事故时有发生。

笔者近年来农技推广下乡，走遍14个乡镇各新政村，听到反映最多的就是中毒病例。经调查羊对本品特别敏感、多数在采食后10分钟内倒毙。本病主要是由于采食亚麻茎叶（特别是秋季，籽实没成熟时）含有亚麻苦苷毒素，进入体内后，在酶的作用下，水解为剧毒的氢氰酸，造成组织尤其是中枢神经系统严重缺氧，最后导致呼吸中枢麻痹引起急性死亡。毒物进入体内，在10分钟后出现不安，严重时起卧、打滚、呼吸加快且困难，肌肉震颤，痉挛，口流白沫，牛羊引起瘤胃臌气，体温下降，心跳加快，节律不齐，结膜发绀，严重倒地不起，呼吸停止而死亡。

希望养殖户引起注意，不要把秋季熟不了的胡麻秸秆喂牲畜，以免引起中毒死亡。

七、黄曲霉毒素中毒

黄曲霉毒素中毒原因是羊短期采食含有大量黄曲霉毒素的霉变饲料或长期饲喂霉变玉米、霉变饲料所致。

（一）症状

羊发病后生长发育缓慢，营养不良，被毛粗乱、逆立无光泽。病初食欲不振，后期废绝。角膜混浊，常出现一侧或两侧眼角失明。反刍停止，磨牙，呻吟，有时有腹痛表现，间歇性腹泻，排泄混有血液凝块的黏液样软便，表现里急后重症状，往往因虚脱昏迷死亡。妊娠母羊有时发生早产或排出死胎等。

（二）治疗

（1）当发生中毒时，立即停止饲喂霉败饲料，改饲碳水化合物多的青饲和高蛋白饲料，并减少或不喂含脂肪过多的饲料。

（2）除及时投服盐类泻剂排毒外，还要应用一般解毒、保肝和止血药物，如应用

25%~30%葡萄糖注射液，加维生素 C 制剂，心脏衰弱病例，皮下注射或肌内注射强心剂（樟脑油、安钠咖等）。

（三）预防

（1）尚无解毒剂，主要在于预防。玉米或玉米秸秆等收获时必须充分晒干，勿放置阴暗潮湿处而致使发霉。

（2）已被污染的处所可将门窗密闭，采用福尔马林、高锰酸钾水溶液熏蒸（每立方米空间用福尔马林25 毫升、高锰酸钾25 克、水 12.5 毫升的混合液）进行熏蒸消毒。

（3）如已发现中毒，所有动物都不应再饲喂发霉饲料。严重发霉饲料还是以全部废弃为宜。

（4）至于轻度发霉饲料，可先进行磨粉，然后加入清水浸泡，反复换水。直至浸泡的水呈现无色为止，即使如此处理，仍须与其他精饲料配合应用。

第六章　兔养殖技术

第一节　家兔的饲养

一、家兔的生活习性

夜行性和嗜眠性。家兔夜间活跃，白天安静，晚上采食的日粮和水占75%。家兔在某种条件下很容易进入困倦或睡眠状态，在此期间痛觉降低或消失，这种特性称为嗜眠性。

胆小，怕惊扰。兔的耳朵长而大，听觉灵敏，易受惊吓。

厌湿喜干燥。家兔抵抗疾病的能力差。

群居性差。成兔群养时经常发生争斗和咬伤，特别是公兔间或新组兔群间更为严重。

穴居性。家兔保留了原始祖先穴居的本能。

啮齿行为。家兔的第一对门齿为恒齿，而且不断生长。家兔必须借助采食或肯咬硬物，不断磨损，才能保持其上下门齿的正常咬合。

食粪性。家兔对自己夜间排出的团状软粪有自食的本能行为。

二、家兔的饲养原则

以青饲料为主，精料为辅，营养不足部分，补以精料。兔对植物粗纤维的消化率为65%~75%。

合理搭配饲料，喂给由多种饲料合理搭配的日粮，能使兔从饲料中获得的养分比较全面，有利于兔生长发育，也有利于蛋白质的互补作用。

定时定量饲喂，养成家兔良好的进食习惯，调换饲料要渐增渐减。

饮水，供水量可根据家兔的年龄、生理状态、季节和饲料特点而定。

家兔有晚上采食的习惯，晚上要注意多喂草料。

三、家兔的管理原则

注意卫生，保持干燥。每天须打扫兔笼，清除粪便，洗刷用具，勤换垫草，定期消毒。

在管理上要求轻巧、细致，保持环境安静，同时，还要注意防御敌害。

加强运动，在条件许可时，笼养兔应适当运动。

做好夏季防暑防潮、冬季防寒工作。雨季是家兔发病和死亡率最高的季节，此时应特别注意舍内干燥，垫草应勤换，兔舍地面勤扫并撒生石灰以吸湿气，保持干燥。

第二节　家兔常见病

一、兔球虫病

兔球虫病是由艾美耳属的多种球虫寄生于兔的小肠或胆管上皮细胞内引起的。病原体是艾美耳球虫。以 1~3 月龄的兔最易感而且病情严重，死亡率高；成年兔发病轻微，多为带虫者，成为重要的传染源。

本病感染途径是经口食人含有孢子化卵囊的水或饲料。发病季节多在春暖多雨时期，如兔舍内经常保持在 10℃ 以上，随时可能发病。

（一）临床症状

病兔食欲减退，精神沉郁，眼鼻分泌物增多，体温升高，腹部胀大，臌气，下痢，肛门沾污，排粪频繁。肠球虫有顽固性下痢，甚至拉血痢，或便秘与腹泻交替发生。

（二）防治措施

（1）加强兔场管理，成年兔和小兔分开饲养，断乳后的幼兔要立即分群，单独饲养。

（2）保证饲料新鲜及卫生清洁，每天清扫兔笼及运动场上的粪便，定期消毒。

（3）氯苯胍每日每千克体重 15 毫克拌料预防。

（4）也可采用莫能霉素等药物预防本病发生。发现病兔立即隔离治疗。

（5）治疗药物可用磺胺甲氧嘧啶、呋喃唑酮等。上述预防药物也可用于治疗，一般用预防剂量的 2~3 倍。

二、兔瘟

兔瘟是由病毒引起的一种急性、热性、败血性和毁灭性的传染病。一年四季均可发生，各种家兔均易感。3 月龄以上的青年兔和成年兔发病率和死亡率最高（可高达95%以上），断奶幼兔有一定的抵抗力，哺乳期仔兔基本不发病。可通过呼吸道、消化道、皮肤等多种途径传染，潜伏期48~72 小时。

（一）临床症状

可分为 3 种类型。

最急性型：无任何明显症状即突然死亡。死前多有短暂兴奋，如尖叫、挣扎、抽搐、狂奔等。有些患兔死前鼻孔流出泡沫状的血液。这种类型病例常发生在流行初期。

急性型：精神不振，被毛粗乱，迅速消瘦。体温升高至41℃以上，食欲减退或废绝，饮欲增加。死前突然兴奋，尖叫几声便倒地死亡。

以上 2 种类型多发生于青年兔和成年兔，患兔死前肛门松弛，流出少量淡黄色的黏性稀便。

慢性型：多见于流行后期或断奶后的幼兔。体温升高，精神不振，不爱吃食，爱喝凉水，消瘦。病程 2 天以上，多数可恢复，但仍为带毒者而感染其他家兔。

(二) 病理变化

病死兔出现全身败血症变化，各脏器都有不同程度的出血、充血和水肿。肺高度水肿，有大小不等的出血斑点，切面流出多量红色泡沫状液体。喉头、气管黏膜淤血或弥漫性出血，以气管环最明显；肝脏肿胀变性，呈土黄色，或淤血呈紫红色，有出血斑；肾肿大呈紫红色，常与淡色变性区相杂而呈花斑状，有的见有针尖状出血。

(三) 预防措施

预防接种是防止兔瘟的最佳途径。

（1）小兔断乳后每只皮下注射 1 毫升，5~7 天产生免疫力，免疫期 4~6 个月。

（2）成年兔每年注射 2 次，每次注射 1~2 毫升。

（3）一旦发生兔瘟，立即封锁兔场，隔离病兔，死兔深埋（离地表面 50 厘米就可以），笼具、兔舍及环境彻底消毒；必要时，对未感染兔紧急预防注射，每只注射 2~3 毫升。

（4）兔场不可在发病期向外售兔，也不可从疫区引种。

三、兔巴氏杆菌病

兔巴氏杆菌病是由 Fo 型多杀性巴氏杆菌引起的，其血清型为 7：A、5：A，家兔中较常发生，一般无季节性，以冷热交替、气温骤变，闷热、潮湿多雨季节发生较多。

(一) 发病原因

当饲养管理不善、营养缺乏、饲料突变、过度疲劳、长途运输、寄生虫感染以及寒冷、闷热、潮湿、拥挤、圈舍通风不良、阴雨绵绵等，使兔子抵抗力降低时，病菌易乘机侵入体内，发生内源性感染。

病兔的粪便、分泌物可以不断排出有毒力的病菌，污染饲料、饮水、用具和外界环境，经消化道而传染给健康兔，或由咳嗽、喷嚏排出病菌，通过飞沫经呼吸道而传染，吸血昆虫的媒介和皮肤、黏膜的伤口也可发生传染。

临诊特征是鼻炎、地方流行性肺炎、全身性败血症、中耳炎、结膜炎、子宫积脓、睾丸炎等不同病型。此病是引起 9 周龄至 6 月龄兔死亡的一种最主要的传染病。

(二) 发病阶段

潜伏期一般数小时至 5 天或更长。在临床常见有以下几各类型。

（1）出血性败血症型。最急性的常无明显症状而突然死亡。生产中以鼻炎和肺炎混合发生的败血症最为多见，可表现为精神萎靡不振，食欲减退但没有废绝，体温升高，鼻腔流出浆液性、黏液性或脓性鼻液，有时腹泻。临死前体温下降，四肢抽搐，病程数小时至 3 天。

（2）传染性鼻炎型。鼻腔流出浆液性、黏液性或脓性分泌物，呼吸困难，打喷嚏、咳嗽，鼻液在鼻孔处结痂，堵塞鼻孔，使呼吸更加困难，并出现呼噜声。由于患兔经常以爪挠抓鼻部，可将病菌带入眼内、皮下等，诱发其他病症。病程一般数日至数月不等，治疗不及时多衰竭死亡。

（3）地方性肺炎型。常由传染性鼻炎继发而来。由于獭兔的运动量很小，自然发病时很少看出肺炎症状，直到后期严重时才表现为呼吸困难。患兔食欲不振、体温升高、精神沉郁，有时会出现腹泻或关节肿胀症状，最后多因肺严重出血、坏死或败血而死。

（4）中耳炎型。又称斜颈病（歪头症），是病菌扩散到内耳和脑部的结果。其颈部歪斜的程度不一样，发病的年龄也不一致。有的刚断奶的小兔就出现头颈歪斜，但多数为成年兔。严重的患兔，向着头倾斜的一方翻滚，一直到被物体阻挡为止。由于两眼不能正视，患兔饮食极度困难，因而逐渐消瘦。病程长短不一，最终因衰竭而死。

（5）结膜炎型。临床表现为流泪，结膜充血、红肿，眼内有分泌物，常将眼睑黏住。

（6）脓肿、子宫炎及睾丸炎型。脓肿可以发生在身体各处。皮下脓肿开始时，皮肤红肿、硬结，后来变为波动的脓肿。子宫发炎时，母体阴道有脓性分泌物。公兔睾丸炎可表现一侧或两侧睾丸肿大，有时触摸感到发热。

鼻炎型和中耳炎型症状明显，可做出诊断。其他各型症状不明显，常同时或相继发生，临床诊断较困难。必须采取血液、肝、脾、渗出液或脓汁进行病原检查才能确诊。此外可用 0.2%~0.5%的煌绿溶液 2~3 滴，滴入病兔鼻孔内。18~24 小时后检查，如鼻孔有化脓性白色黏液为阳性或隐性带菌，无变化者为阴性。

（三）防治方法

平时加强饲养管理，改善环境卫生，改善兔子食欲为主，注意保暖防寒，防治寄生虫病等；定期进行检疫；兔舍、用具要严格消毒。预防时可用兔巴氏杆菌氢氧化铝菌苗肌内注射（或禽巴氏杆菌菌苗免疫肌内注射，或用兔瘟、兔巴氏杆菌二联苗免疫肌内注射，或者兔巴氏杆菌、波氏杆菌二联苗免疫肌内注射，最好不用三联苗），每年两次，对预防本病有一定效果。病兔可用链霉素（链霉素+青霉素混合肌内注射 2 毫升/只，有显著效果）、诺氟沙星、增效磺胺及头孢菌素等治疗。

第七章　牛养殖技术

第一节　肉牛品种

（一）夏洛来牛

原产于法国，最大特点是生长快、瘦肉多，平均屠宰率可达 65%～68%，有良好的适应能力，耐寒抗热。夏杂一代具有父系品种的特点，用来改良我国黄牛效果良好，应予注意的是体形较小的妊娠黄牛可能难产。

（二）利木赞牛

原产于法国，是大型肉用品种，特点是产肉性能高，屠宰率为 65% 左右，胴体瘦肉率为 80%～85%；脂肪少，占 10.5%；骨重较小，占 12%～13%；牛肉风味好，很适宜生产小肉牛。利木赞牛与我国黄牛杂交产生的利杂牛体形有改善，肉用特征明显，生长强度增大。

（三）安格斯牛

原为英国无角品种牛，是世界著名的小型专门化肉牛品种，表现为早熟，胴体品质高，出肉多，屠宰率一般为 60%～65%，适应性强，耐寒抗病。

（四）海福特牛

原产于英国，特点是生长快，早熟易肥，肉品质好，饲料利用率高，耐粗饲，屠宰率可达 67%，净肉率为 60%，耐热性较差，抗寒性强。海福特牛与我国黄牛杂交，杂交效果显著，杂交牛生长发育快，很适合用于我国北方黄牛改良。

（五）西门塔尔牛

原产于瑞士，是大型乳、肉、役三用品种，是我国引进较早、纯种繁育数量最多的品种。西门塔尔牛耐粗放，适应性很强。用西门塔尔牛改良的黄牛数量最多，分布全国各地，杂种牛的适应性明显优于纯种牛，一代西杂阉牛平均日增重 1 千克以上。

第二节　育肥牛的选择

育肥牛的来源，有两个渠道，一是自养母牛进行改良繁殖，牛犊长到一定程度，强化短期育肥出售，这是既可靠又可行的路子。但是，针对张家口市目前养牛形式和牛的饲养数量，远远满足不了育肥牛大发展的需要。因此，在重点发展自繁育肥的同时，由外地进行选购补充是必要的措施。外购牛时，严格掌握选择标准，选择的重点，应在以下几个方面进行把关。

一、品种

最理想的品种是杂交改良牛，它是由引进的良种公牛改良配种当地蒙古牛所生的改良后代，这种牛育肥增重快，出肉率高，肉质鲜嫩，深受消费者欢迎。

张家口市先后引进了短角、西门塔尔、黑白花和自培的草原红牛等优良品种的公牛，对原饲养的蒙古母牛开展改良配种，目的是提高杂交后代的生产性能。这些良种公牛具备的特点是体大结实，骨骼粗壮，腰宽背直，体躯深长，嘴宽眼大，全身肌肉丰满，体质健壮，生产性能高，长得快和肉质好。杂交改良牛继承了父本和母本优良特性，体格增大，生长发育变快，适应性强。在张家口地区引进的品种中，以西门达尔种公牛改良后表现最好，西蒙一代牛，与同龄蒙古牛比较，在同等的饲养条件下，体重增加显著。

西蒙杂交一代公牛初生重 28.21 千克，6 月重 108.7 千克，12 月重 170.08 千克，蒙古公牛初生重 20.08 千克，6 月重 82.5 千克，12 月重 122.5 千克。

二、体形外貌

用眼看手摸选择，要选体格骨架较大，四肢健壮，皮肤松软毛顺有弹性，体表没有皮肤病，鼻宽嘴大，鼻镜湿润（鼻镜在牛上唇正上方两鼻孔之间无毛处，能看到分泌均匀的水珠，干燥则表示有病）。性情温顺，杂交牛遗传品种特征表现明显，体型结构匀称，避免较严重的是斜尻、凹背、肢势不正等缺点。

三、年龄

据有关资料报导，牛在 1~2 岁，是肌肉骨骼生长最快的阶段，所以提倡杂交牛犊在此阶段育肥出售，能获得较好的效益。2~4 岁的架子牛，生理机能基本上趋于成熟，采食能力和消化能力均保持在旺盛状态，选择 2~4 岁牛育肥比较理想。5 岁以后，随着年龄的增长，采食和消化机能下降，增重自然减慢。据张家口畜牧技术推广站试验，2~4 岁的杂交牛育肥，平均日增重 1.37 千克，5 岁以上仅达 0.86 千克。

四、体重

购买架子牛育肥，在同等的条件下，体重不同增重结果就不同。据试验表明，体重 400 千克阶段育肥增重效果最好，平均日增重达 1.45 千克。体重 350 千克左右，日增重 1.10 千克，300 千克左右日增重 0.92 千克。200 千克左右日增重仅为 0.74 千克。

五、性别

出口肉牛对性别挑选严格，非公牛不能出口。为了适应这种形势，张家口市提倡公牛不再去势，全部进行结扎输精管，不仅防止混群乱配，实际上公牛有雄性内分泌刺激，比去势牛生长快饲料报酬高。

六、季节

育肥季节对牛的增重影响很大，张家口市冬季严寒，11 月至翌年 1 月增重效果最差。7—8 月气温较高蚊蝇较多，不利牛的生长，增重效果亦不理想。最好的时机是 3—6 月和 9—11 月。搞肉牛育肥时，要抓住有利季节，就能获得较好效益。

第三节　育肥牛的饲养管理

育肥牛的饲养方式，多采取舍饲拴系喂养，限制活动量。减少营养消耗。因此，外购牛进行育肥，必须经过观察、适应、育肥三个阶段。自养牛育肥，由放牧转入舍饲，也应有适应过程。在进入正式育肥期内，分成前期、中期和后期，各阶段大致时间如下（表 7-1）。

表 7-1　外购牛育肥

观察期	适应期	育肥期		
		前期	中期	后期
10~15 天	10~20 天	20~30 天	30~40 天	20~30 天

育肥牛的饲养管理方案，就要根据以上各期的具体情况和牛的实际需要，科学地进行制定，本着有利于牛体健康和提高增膘长肉速度，灵活地进行掌握。在实施过程中，不断改进和完善。

一、育肥牛的饲养

针对张家口市目前情况，应提倡低精料饲养，大量利用加工秸秆养牛，成本低，效益高。据国内进行少精多粗饲养试验，增重 1 千克体重，满足食用秸秆，仅耗精料 1.92~2.18 千克。这是利用了牛的消化特点，即是日粮中精料比重低，对粗饲料消化率就高，增重耗料量减少。因此，在整个育肥过程中，提倡喂给精粗料比例前粗后精、多粗少精、粗中混精等办法，让牛多吃粗料。饲料要保持清洁、无沙石碎块等杂质，发霉变质饲料不能食用。在变换饲料品种时，要逐日递增、减少，使牛消化机能有个适应过程，否则容易引起疾病。本区产麻饼数量大、价格低、营养高，是育肥牛理想的精料，一定注意每日喂量，不能超过总日量 25%~40%。给饲应定时定量，使牛的消化器官活动形成规律，能促进食欲，保证正常的采食和反刍，有利消化液分泌，给饲次数每日早午晚三次较好，每次给饲要少给勤添，避免唾液污染饲料影响食欲。饲料配方可参照张家口市畜牧站育肥牛试验和本资料内介绍的典型经验，以牛的个体午龄、体重，膘情、季节、育肥不同阶段等具体情况，以灵活掌握，按照营养成分需要，经常进行核算，矿物质和维生素含量不足时，及时进行补充。注意观察每个牛的饮食排便情况，发现异常，及时采取补救措施，消化不良或粪便发臭时，可每日给干酵母20~

30 片混饲。给饲后 1 小时饮水，每日 3~4 次，水质要清洁卫生、新鲜无异味。寒冷季节，水温应保持在 8℃ 左右。

二、育肥牛的管理

外购的牛进行育肥，首先要隔离观察，不要与原有牛合在一起，系统地进行健康检查，发现严重疾病立即淘汰，一般疾病进行对症治疗。自养和外购牛，在育肥前均需驱除体内寄生虫。同时，在育肥前进行健胃 1 次，内服畜用健胃散 250 克。搞好必要的传染病预防注射，健康无病者进入育肥适应期，拴系喂养。对放牧或散养牛，要有适应过程，慢慢习惯上槽吃料，用容器饮水。为了限制活动，减少体力消耗，把牛拴在木桩上，木桩高度不超过 0.5 米，牛绳以 66 厘米为宜。食槽设在牛舍内，高度以适宜牛吃草为好。设置一个安静舒适的环境，冬季牛舍有保温设备或扣塑膜暖棚，舍内温度保持 8℃ 左右。夏季牛舍通风凉爽，给饲后拴系在防晒遮阴凉棚处。牛舍粪便当日清扫，常年保持牛床干燥，以适于牛的躺卧休息，静养和反刍。拴系牛的位置要固定，不能随意变换。每日上、下午两次检查牛体，发现异常及时改进，每日刷拭牛体 1 次，每次 10~20 分钟。夏季蚊虫叮咬，影响牛只安静休息，可喷洒驱虫药预防。总之，在育肥牛的管理上，要求做到"三知"和"六净"。三知：知牛的冷热、饥饱、疾病。六净：草、料、水、饲槽、圈舍、牛体清洁卫生。

对性情暴躁的牛，必须穿鼻带上鼻环，牛绳拴在鼻环上予以制服，穿鼻位置在鼻中隔软骨前端柔软的地方，不宜靠后，以免影响鼻环拴系。必要时还可以采取去角措施。

育肥牛进入育肥期前，必须进行称重，以后每月称重一次。以掌握增重情况，改进饲养管理措施。称重时间在早晨未给饲前进行，最准确的方法是直接称重。如无地磅设备，可用计算公式进行测算。因牛的采食量大，体尺测重有时出现误差，最好连续进行两天，所得数据加以平均。

三、育肥牛饲料配方

饲料通常占肉牛生产总成本 70%，以最小投入获取最大产出，是经营肉牛成功的关键，若完全利用粗饲料喂牛，价格虽低，但导致生产效率下降，饲养成本未必最低。反之，若用精料过多，将导致浪费，疾病增加成本提高。因此，在制定肉牛配方时进行科学搭配，掌握以下 3 个原则，一是饲料来源广泛，为当地生产；二是价格低廉、营养和利用价值高；三是牛喜食的饲料品种。现就张家口市科技人员进行育肥牛试验的饲料配方提出（表 7-2 至表 7-9），以供参考。

表 7-2 育肥前期饲料配方（使用 25 天）　　　　　　　　　　单位：千克

配方号	玉米面	麻饼	麸皮	粉碎秸秆	酒糟	谷草粉	食盐（克）	尿素（克）
1	1.25	0.75	0.5	12			40	25
2	1.0	0.5	1.0		20		30	

（续表）

配方号	玉米面	麻饼	麸皮	粉碎秸秆	酒糟	谷草粉	食盐（克）	尿素（克）
3	1.5	0.5	1.0			10	40	20

表7-3　育肥中期饲料配方（使用40天）　　　单位：千克

配方号	玉米面	麻饼	麸皮	粉碎秸秆	酒糟	谷草粉	食盐（克）	尿素（克）
1	1.5	1	0.5	10			40	30
2	1.25	1.25	0.5		25		30	
3	2.0	0.5	1.0			10	40	20

表7-4　育肥后期饲料配方（使用25天）　　　单位：千克

配方号	玉米面	麻饼	麸皮	粉碎秸秆	酒糟	谷草粉	食盐（克）	尿素（克）
1	2.0	1.0	0.5	10			40	30
2	1.75	1.25	0.5		20		30	
3	3.0	0.75	1.0			12	40	20

说明：配方1粗饲料为玉米秸秆；配方2粗饲料为酒糟；配方3粗饲料为谷草粉；以上配方适于体重300千克左右的牛使用。

表7-5　春秋季日粮配方

体重（千克）	饲料配方及用量						粗饲料用量
	日喂量（千克）	玉米（%）	麻饼（%）	麸皮（%）	磷酸氢钙（%）	食盐（%）	日喂量（千克）
200	2	38.5	50	10	1	0.5	5
300	3	43.5	40	15	1	0.5	6
400	4	48.5	35	15	1	0.5	7
500	5	53.5	30	15	1	0.5	8

表7-6　夏季日粮配方

体重（千克）	饲料配方及用量						粗饲料用量
	日喂量（千克）	玉米（%）	麻饼（%）	麸皮（%）	磷酸氢钙（%）	食盐（%）	日喂量（千克）
200	2	38.5	50	10	1	0.5	5
300	3	33.5	40	15	1	0.5	6
400	4	43.5	35	20	1	0.5	7
500	5	38.5	35	25	1	0.5	7

表7-7 冬季日粮配方

体重 （千克）	饲料配方及用量						粗饲料用量
	日喂量 （千克）	玉米（%）	麻饼（%）	麸皮（%）	磷酸 氢钙（%）	食盐（%）	日喂量 （千克）
200	2	38.5	50	10	1	0.5	5
300	3	48.5	40	10	1	0.5	6
400	4	53.5	35	10	1	0.5	7
500	5	53.5	35	10	1	0.5	7

表7-8 用尿素喂牛精粗饲料配方　　　　　　　　体重150千克

类别	玉米（%）	麻饼（%）	麸皮（%）	磷酸 氢钙（%）	食盐（%）	尿素 （克）	日喂量 （千克）
精料	70	0	29.9	0.5	0.5	80	2.5~3
粗饲料	玉米秸秆草粉50%						
	酒糟50%						

注：在蛋白饲料缺乏地方用此配方。

饲喂方法：将尿素与精饲料混合均匀，然后再与饲草充分混合加适量的水（以手握不滴水为度）在室温15℃经8~12小时堆积自然发酵，达到软、甜、酸、香有酒槽味即可喂牛。以上配方粗饲料不限量，吃多少喂多少。

表7-9 常用饲料营养成分

品种	干物质（%）	粗蛋白（%）	消化能（兆卡/千克）	钙（%）	磷（%）	
玉米	93.23	9.02	3.55	0.02	0.3	
麸皮	89.9	16.35	2.96	0.12	1.21	
麻饼	88.81	27.19	3.38	0.59	0.96	
谷草	90.25	4.38	2.21	0.14	0.03	
酒糟	37.7	9.3	1.19			
玉米秸秆	92.25	3.65	2.37	0.36	0.03	未加工处理

第四节　肉牛舍的建造

一、栓系饲养

栓系饲养可以减少牛群不同个体间的相互干扰，便于饲喂、刷拭、清粪，但费人费时，栓系式育肥牛舍是向阳面有全墙或下部有半截墙，其余三面都有墙的背窗牛舍。它的优点是每头牛所需要的面积较少，便于管理，牛有较好的休息环境和采食位置，互不干扰；缺点是必须辅以相当的手工操作，牛出入时，系放工作比较麻烦。栓系饲养，很适合农村小规模饲养肉牛。

二、围栏饲养

围栏饲养具有饲喂方便、劳动效率高的优点，但要求牛个体大小一致，否则会导致以大欺小、个体发育不均等现象。此外，还要求草料充足，饲养密度适宜。围栏育肥是育肥牛不栓系、高密度散放饲养在围栏内，牛只自由采食、自由饮水的一种育肥方式，牛舍多为开放式肉牛舍和棚舍。

第五节　肉牛快速育肥技术

一、对入栏犊牛的要求

挑选 5~6 月龄断奶体重在 200 千克左右的健康犊牛，入栏前除对圈舍要充分消毒外，对新购进犊牛也需用 0.3% 过氧乙酸溶液体表喷洒消毒。

二、犊牛入栏后适应期的管理

适应期一般为 15~20 天。在此期间调节牛的饮食，喂一些容易消化的草料，注意观察它们的采食及活动情况。7 天后开始驱虫，用虫克星按每头每千克体重 0.1 克投药。从入栏后第 5 天开始逐步在每头牛的日粮中添加食盐 30 克、尿素 20~60 克、瘤胃素 40~60 克、酒糟混合料 2~7 千克（5 份酒糟 1 份糠），其中，酒糟、尿素、瘤胃素都是由少至多逐渐加量，投喂时与其他日粮拌成湿料，食后 1.5 小时内禁止饮水。如果有氨化饲料可不喂尿素，可用氨化饲料或微贮饲料逐步代替粗饲料。对入栏牛加强防疫，定期注射相应的疫苗。

三、育肥期的饲养管理

育肥期需 11~13 个月，体重在 250 千克之前为前期育肥，从 250 千克开始进入强化育肥阶段。在此阶段可以给牛使用增重埋植剂，每 90 天埋植 1 次。进入育肥期应限制牛的活动量进行舍内栓养，每天早 6 时、晚 18 时各喂料 1 次，先喂粗料后喂精饲料，水温不低于 4℃。根据牛的不同生长阶段的营养需要合理调配日粮，换料应在 2~3 天时间逐步更换。在整个育肥过程中，应注意观察牛的采食量和消化状况，以便及时发现问题迅速解决，尽量避免出现酸中毒、尿素（氨）中毒等猝死现象发生。

四、日粮配制

根据各阶段营养需要及当地饲料资源配制以下几组日粮，仅供参考。

1. 体重 150~200 千克牛用

玉米 1 千克、豆饼 1 千克、玉米秸 3 千克、酒糟 15 千克以内、尿素 50 克、食盐 40

克、磷酸氢钙 20 克、硫酸钠 15 克、瘤胃素 60 毫克。

2. 体重 200~250 千克牛用

稻草 2.9 千克、玉米 2.6 千克、豆饼 1 千克、酒糟 20 千克以内、尿素 60 克、食盐 40 克、磷酸氢钙 20 克、硫酸钠 18 克、瘤胃素 90 毫克。

3. 体重 250~300 千克牛用

玉米秸 2.9 千克、玉米 2.6 千克、豆饼 1 千克、酒糟 25 千克以内、尿素 100 克、食盐 65 克、磷酸氢钙 10 克、硫酸钠 30 克、瘤胃素 160 毫克。

4. 体重 300~400 千克牛用

稻草 2.3 千克、玉米 5.7 千克、豆饼 1 千克、酒糟 30 千克以内、尿素 125 克、食盐 90 克、磷酸氢钙 37.5 克、硫酸钠 5 克、瘤胃素 240 毫克。

5. 体重 400~500 千克牛用

玉米秸 2.3 千克、玉米 5.7 千克、豆饼 1 千克、酒糟 30 千克以内、尿素 150 克、食盐 100 克、磷酸氢钙 45 克、硫酸钠 5 克、瘤胃素 360 毫克。

在以上 5 组配料中，第 1、3、5 粗料玉米秸可经氨化或微生物发酵使用。同时 5 组配方都要补充优质人工牧草或青贮料以补充养分不足的缺点。日粮中酒糟每次给总量的 1/4，其余作填充料投喂。构成日粮的各种饲料均为无化学、农药污染的安全饲料原料。

五、粗饲料的加工与调制

（一）粗饲料的氨化处理

将无霉变的农作物秸秆铡成 5~7 厘米长，每吨秸秆用尿素 40~50 千克，与适量水配成溶液，均匀地喷洒在秸秆上，装池压实后密封；也可用麻袋装好垛起后用塑料布密封。环境温度高于 10℃时 2 周后就可以，当温度低于 7℃则需 8 周左右使用；用后将其封好。

（二）饲料的微生物处理

现以宁夏产的磊菌宝 3 号作发酵剂为例，将饲料微贮技术介绍如下：首先把秸秆铡成 5~7 厘米长，每 3 吨用磊菌宝 3 号 1 千克，溶入 0.9 的温盐水 3 000~4 000 千克后静置 1 个小时喷到物料上使其含水量控制在 65% 左右（用水抓握搅拌匀后的物料无水滴出，松手后手上留有明显的水迹），然后入池或装袋垛起，用无毒塑料布密封厌氧发酵，当温度在 5℃以上 20~30 天即可使用，用后要把塑料布封好。微贮料在不开封的情况下可保存 2 年不变质。

六、适时出栏

经 10~13 个月的育肥，体重在 500 千克左右即可上市出售，出栏前 90 天内不得使用增重埋植剂或其他残留期长的兽药。

第八章 猪养殖技术

第一节 种 猪

一、种公猪的饲养

根据种公猪营养需要配合全价饲料。配合的饲料应适口性好，粗纤维含量低，体积小，少而精，防止公猪形成草腹，影响配种。

饲喂要定时定量，每天喂 2 次。饲料宜采用湿拌料、干粉料或颗粒料。

严禁饲喂发霉变质和有毒有害饲料。

二、种母猪的饲养

（一）空怀母猪的饲养管理

空怀母猪是指从仔猪断奶到再次发情配种的母猪。空怀母猪饲养管理的任务是使空怀母猪具有适度的膘情体况，按期发情，适时配种，受胎率高。空怀母猪的体况膘情，直接影响母猪的再次发情配种。实践证明，母猪过肥或太瘦都会影响母猪的正常发情，空怀母猪七八成膘，母猪能按时发情并且容易配上、产仔多。七八成膘是指母猪外观看不见骨骼轮廓和不会给人肥胖的感觉，用拇指稍用力按压母猪背部可触到脊柱。母猪体况太瘦，会使母猪发情推迟或发情微弱，甚至不发情，即使发情也难以配上。母猪膘情过肥，也会使母猪的发情不正常、排卵少、受胎率低、产仔少，所以，空怀母猪的饲养应根据母猪的体况膘情来进行。

（二）妊娠母猪的饲养管理

妊娠母猪指从配种后卵子受精到分娩结束的母猪。妊娠母猪饲养管理的任务是使胎儿在母体内得到健康生长发育，防止死胎、流产的发生，获得初生重大，体质健壮，同时，使母猪体内为哺乳期储备一定的营养物质。

三、哺乳母猪的饲养管理

哺乳母猪是指从母猪分娩到仔猪断奶这一阶段的母猪。哺乳母猪饲养管理的任务是满足母猪的营养需要，提高母猪泌乳力，提高仔猪断奶重。

（一）哺乳母猪的营养需要

正常情况下，母猪在哺乳期内营养处于入不敷出状态，为满足哺乳的需要，母猪会动用在妊娠期储备的营养物质，将自身体组织转化为母乳，越是高产、带仔越多的母猪，动用的营养储备就越多。如果此时供给饲粮营养水平偏低，会造成母猪身体透支，严重者会使母猪变得极度消瘦，直接影响母猪下一个情期的发情配种，造成损失。所以，哺乳母猪的饲养都采用"高哺乳"的饲养模式，给哺乳母猪高营养水平的饲养，尽最大限度地满足哺乳母猪的营养需要。

（二）饲养技术

（1）哺乳母猪的饲喂量。哺乳母猪经过产后 5~7 天的饲养已恢复到正常状态，此时应给予最大的饲喂量，母猪能吃多少，就喂给多少，保证母猪吃饱吃好。一般带仔 10~12 头，体重 175 千克的哺乳母猪，每天饲喂 5.5~6.5 千克的饲粮。

（2）供给品质优良饲料，保持饲料稳定。饲喂哺乳母猪应采用全价配合饲料，饲料多样化搭配，供给的蛋白质应量足质优，最好在配合饲料中使用 5% 的优质鱼粉，对于棉籽粕、菜籽粕都必须经过脱毒等无害化处理后方可使用。严禁饲喂发霉变质、有毒有害的饲料，以免引起母猪乳质变差造成仔猪下痢或中毒。要保持饲料的稳定，不可突然变换饲料，以免引起应激，引起仔猪下痢。

（3）供给充足饮水。猪乳中含水量在 80% 左右，保证充足的饮水对母猪泌乳十分重要，供给的饮水应清洁干净，要经常检查自动饮水器的出水量和是否堵塞，保证不会断水。

（4）日喂次数。哺乳母猪一般日喂 3 次，有条件的加喂 1 次夜料。

（5）饲喂青绿饲料。青绿饲料营养丰富，水分含量高，是哺乳母猪很好的饲料，有条件的猪场可给哺乳期母猪额外喂些青绿饲料。对提高泌乳量很有好处。

（6）哺乳母猪的管理。给哺乳母猪创造一个温暖、干燥、卫生、空气新鲜、安静舒适的环境，有利于哺乳母猪的泌乳。在日常管理中应尽量避免一切会造成母猪应激的因素。保持猪舍的冬暖夏凉，搞好日常卫生，定期消毒。仔细观察母猪的采食、粪便、精神状态，仔猪的吃奶情况，认真检查母猪乳房和恶露排出情况，对患乳房炎、子宫炎及其他疾病的母猪要及时治疗，以免引起仔猪下痢。对产后无乳或乳少的母猪应查明原因，采取相应措施，进行人工催乳。

第二节 肉猪的生产

一、实行"全进全出"饲养制度

在规模化猪舍中应安排好生产流程，在肉猪生产采用"全进全出"饲养制度。它是指在同一栋猪舍同时进猪，并在同一时间出栏。猪出栏后空栏一周，进行彻底清洗和消毒。此制度便于猪的管理和切断疾病的传播，保证猪群健康。若规模较小的猪场无法做到同一栋的猪同时出栏，可分成两到三批出栏，待猪出完栏，对猪舍进行全面彻底消毒，方可再次进猪。虽然会造成一些猪栏空置，但对猪的健康却很有益处。

二、组群与饲养密度

肉猪群饲有利于促进猪的食欲和提高猪的增重，并充分有效利用猪舍面积和生产设备，提高劳动生产率，降低生产成本。猪群组群时应考虑猪的来源、体重、体质等，每群以 10 头左右为宜，最好采用"原窝同栏饲养"。若猪圈较大，每群以 15 头左右，不超过 20 头为宜。每头猪占地面积漏缝地板 1.0 平方米/头，水泥地面 1.2 平方米/头。

三、分群与调教

猪群组群后经过争斗，在短时间内会建立起群体位次，若无特殊情况，应保持到出栏。但若中途出现群体内个体体重差异太大，生长发育不均，则应分群。分群按"留弱不留强、拆多不拆少、夜合昼不合"的原则进行。猪群组群或分群后要耐心做好"采食、睡觉和排泄"三定点的调教工作，保持圈舍的卫生。

四、去势与驱虫

肉猪生产对公猪都应去势，以保证肉的品质，而母猪因在出栏前尚未达到性成熟，对肉质和增重影响不大，所以母猪不去势。公猪去势越早越好，小公猪去势一般在生后15 天左右进行，现提倡在生后 5~7 天去势，早去势，仔猪体内母源抗体多，抗感染能力强，同时手术伤口小，出血少，愈合快。寄生虫会严重影响猪的生长发育，据研究，控制了疥螨比未控制疥螨的育肥猪，育肥期平均日增重高 50 克，达到同等出栏体重少用 8~9 天时间。在整个生产阶段，应驱虫 2~3 次，第一次在仔猪断奶后 1~2 周，第二次在体重 50~60 千克，可选用芬苯达唑、可苯达唑或伊维菌素等高效低毒的驱虫药物。

五、加强日常管理

（一）仔细观察猪群

观察猪群的目的在于掌握猪群的健康状况，分析饲养管理条件是否适应，做到心中有数。观察猪群主要观察猪的精神状态、食欲、采食情况、粪尿情况和猪的行为。如发现猪精神萎靡不振，或远离猪群躺卧一侧，驱赶时也不愿活动，猪的食欲很差或不食，出现拉稀等不正常现象，应及时报告兽医，查明原因，及时治疗。对患传染病的猪，应及时隔离和治疗，并对猪群采取相应措施。

（二）搞好环境卫生，定期消毒

做好每日两次的卫生清洁工作，尽量避免用水冲洗猪舍，防止污染环境。许多猪场采用漏缝地板和液泡粪技术，与用水冲洗猪舍相比，可减少 70% 的污水。要定期对猪舍和周围环境进行消毒，每周 1 次。

六、创造适宜的生活环境

（一）温度

环境温度对猪的生长和饲料利用率有直接影响。生长育肥猪适宜的温度为 18～

20℃，在此温度下，能获得最佳生产成绩。高于或低于临界温度，都会使猪的饲料利用率下降，增加生产成本。由于猪汗腺退化，皮下脂肪厚，所以，要特别注意高温对猪的危害。据研究，猪在37℃的环境下，不仅不会增重，反而减重350克/日。开放式猪舍在炎热夏季应采取各种措施，做好防暑降温工作；在寒冷冬季应做好防寒保暖，给猪创造一个温暖舒适的环境。

（二）湿度

湿度与温度、气流一起对猪产生影响，闷热潮湿的环境使猪体散热困难，引起猪食欲下降，生长受阻，饲料利用率降低，严重时导致猪中暑，甚至死亡。寒冷潮湿会导致猪体热散发加剧，严重影响饲料利用率和猪的增重，生产中要严防此两种情况发生。湿度以55%~65%为宜。

（三）保持空气新鲜

在猪舍中，猪的呼吸和排泄的粪、尿及残留饲料的腐败分解，会产生氨、硫化氢、二氧化碳、甲烷等有害气体。这些有害气体如不及时排出，在猪舍内积留，不仅影响猪的生长，还会影响猪的健康。所以保持适当的通风，使猪舍内空气新鲜，是非常必要的。

七、适时出栏

肉猪养到一定时期后必须出栏。肉猪出栏的适宜时间以获取最佳经济效益为目的，应从猪的体重、生长速度、饲料利用效率和胴体瘦肉率、生猪的市场价格、养猪的生产风险等方面综合考虑。从生物学角度，肉猪在体重达到100~110千克时出栏可获最高效益。体重太小，猪生长较快，但屠宰率和产肉量较少；体重太大，屠宰率和产肉量较高，但猪的生长减缓，胴体瘦肉率和饲料利用率下降。生猪的市场价格对养猪的经济效益有重大影响，当市场价格成向上走势时，猪的体重可稍微养大一些出栏，反之则可提早出栏。当周边养殖场受传染病侵扰时，本场的养殖风险增大，应适当提早出栏。

第九章　驴养殖技术

驴肉属典型的高蛋白、低脂肪肉食品，还具有补血、益气补虚等保健功能。对驴进行饲养及育肥，要做好以下几项工作。

第一节　选好驴种

我国的驴按体格大小分三类：大型驴有陕西关中驴、山东德州驴（渤海驴），体重250~290千克，种公驴也有在350千克以上的；中型驴有山西晋南驴、山西广灵驴、陕西佳米驴、河南泌阳驴、甘肃庆阳驴、河北阳原驴，体重220~250千克，种公驴也有300千克以上的；小型驴有新疆驴、华北驴、西南驴（川驴）、太行驴、临县驴、内蒙古库伦驴、淮北灰驴、苏北毛驴、云南驴、西藏驴、陕北毛驴、甘肃凉州驴、青海毛驴，体重160~220千克，种公驴也有250千克以上的。肉驴的品种选择要求有三：一是生长发育迅速，可使育肥进程加快，饲养效益提高；二是体形要大，可多长肉，提高屠宰率；三是体格要健壮，蹄小而坚实，抗病力强，遗传性好。养肉驴宜选中型驴，次之为大型驴，而小型驴多为制阿胶用，其肉也投放市场。以良种驴改良本地驴，用其杂交后代培养肉驴是最佳选择。

第二节　种驴繁殖技术

一、驴的初配适龄

母驴生长发育至体成熟时，有了雌性动物的外貌特征。母驴开始配种的体重一般应为其成年体重的70%左右。母驴的初配年龄一般为两岁半至3岁。种公驴到4岁时，才能正式配种使用。

二、控制母驴的发情

驴是季节性多次发情的动物，发情从3—4月开始，4—6月为发情的旺季，7—8月，酷暑期减弱，发情期较长，至深秋季节停止，进入乏情期。也可利用人工诱导方法，即在母驴的乏情期，利用外源激素（如促性腺激素）等物质或环境条件的刺激，诱导母驴发情。一般情况下，可给母驴肌内注射促性腺激素或绒毛膜促性腺激素前列烯醇等，来控制母驴的发情，效果较好。

三、配种适宜时间

母驴排卵时间一般在发情开始后 3~5 天即发情，停止为前 1 天。为此，配种时间应在发情持续期的 1~5 天内进行，受精率较高。

第三节　驴驹的饲养管理

对初生驴驹除了按正常的方法饲喂外，一般在其 15 日龄开始训练吃精饲料，可将玉米、大麦、燕麦等磨成面熬成稀粥加上少许糖，诱其采食。开始每天补喂 10~20 克，数日后补喂 80~100 克，1 个月后补喂 10~20 克，两个月后喂 100 克，以后逐日增加，9 月龄后日喂精料 3.5 千克。

驴驹的育肥还可用以下 6 种方法：①黄豆和大米各 500 克加水磨碎，放入米糠 250 克和适量食盐拌匀，驴驹吃草后再喂，连喂 7~10 天。②每头驴每天用白糖 150 克溶于温水中，让驴自饮，10~20 天即可壮膘。③将棉籽饼炒至黄色或放在锅里煮熟至膨胀裂开，可除去 90% 的棉酚毒，且香味扑鼻，每头驴每天喂 1 千克，连续 15 天。④取猪油 250 克、鲜韭菜 1 千克、食盐 10 克，炒熟喂驴，每天 1 次，连喂 7 天。⑤每天给驴驹口服 10 毫克乙烯雌酚，日增重可提高 12%。出栏前 100 天在驴驹耳下埋植乙烯雌酚 24 毫克，放牧驴日增重可提高 15%。⑥在饲料中加微量元素钴、碘、铜、硒等，能提高饲料利用率，促进增重。育肥中加喂一些锌，可防止脱毛，减少皮肤病。

第四节　肉驴育肥

一、加强管理

肉驴的育肥，要注意舍内常温，天冷时要保温，并尽量让驴多晒太阳，避免因御寒过多消耗体能；天热时及时降温，加强通风，以防中暑或食欲减退。每日应有 1 小时左右的运动，遇上雨雪天，可在有遮阳棚的围栏内做轻微运动。每天对肉驴进行几次身体刷拭，既可刺激皮肤促进血液循环，增强体表运动，又可驱除虱、螨等体外寄生虫，促进体表健康。驴舍、饲槽、水槽每日清扫、涮洗干净，保持清洁卫生，每隔 10~15 天用 3% 的来苏儿消毒驴舍，以防疾病发生。

二、抓好育肥

驴舍应选择背风、向阳、干燥、温暖而又凉爽的房屋，根据年龄、体况、公母、强弱进行分槽饲养，不放牧，以减少饲料消耗，利于快速育肥。育肥进程可分为 3 个阶段。

1. 适应期

购进的驴先驱虫，不去势，按性别、体重分槽饲养。初生驴 15 日龄训练吃由玉米、小麦、小米各等份混匀熬成的稀粥，加少许糖，但不能喂太多，一般用作诱食，精料饲喂从每日 10 克开始，以后逐步增加，到 22 日龄后喂混合精料 80~100 克，其配方为：大豆粕加棉仁饼 50%、玉米面 29%、麦麸 20%、食盐 1%，1 月龄每头驴日喂 100~200 克，2 月龄日喂 500~1 000 克。如是新购进的成年驴或是淘汰的役驴，先饲喂易消化的干、青草和麸皮，经几天观察正常后，再饲喂混合饲料，粗料以棉籽壳、玉米秸粉、谷草、豆荚皮或其他各种青、干草为主，精料以棉籽饼（豆饼、花生饼）50%、玉米面（大麦、小米）30%、麸皮（豆渣）20%配合成。饲喂时讲究少喂勤添，饮足清水，适量补盐。

2. 增肉期

成年驴所喂饲料同上（适应期）。幼驴日补精料量从 100~200 克开始，2 月龄后补喂 500~1 000 克，以后逐月递增，到 9 月龄时日喂精料可达 3.0~3.5 千克。全期育肥共耗精料 500 千克。如将棉籽炒黄或煮熟至膨胀裂开，每头驴日喂 1 000 克，育肥效果更佳。

3. 催肥期

为 2~3 个月。此期主要促进驴体膘肉丰满，沉积脂肪。除上述日料外，还可采取以下催肥方法。

（1）每驴每天用白糖 100 克或红糖 150 克溶于温水中，让驴自饮，连饮 10~20 天。

（2）猪油 250 克，鲜韭菜 0.86 千克，食盐 10 克，炒熟喂，每日 1 次，连喂 7 天。

（3）将棉籽炒黄熟至膨胀裂开，每驴每天喂 1 千克，连喂 15 天。在育肥过程中再添加适量锌，可预防脱毛及皮肤病。舍饲肉驴一定要定时定量供料，每天分早、中、晚、夜 4 次喂饲，春夏季白天可多喂 1 次，秋冬季白天短可少喂 1 次，但夜间一定要喂 1 次。

第五节　适时屠宰

过了催肥期肉驴增长缓慢，饲料报酬会逐步下降，这时屠宰率最高。屠宰前 1 天光喂水不给料，使驴处于绝食状态。若此时喂料，会影响肉质。判断肉驴育肥最佳结束期，不仅对养驴者节约投入，降低成本，而且对保证肉的品质有极重要的意义。一般有以下几种方法。

一、采食量判断

在正常育肥期，肉驴的饲料采食量是有规律的，即绝对采食量，随着增重而下降，如下降量达正常量的 1/3 或更少则可提前结束育肥。

二、按活量计算日采食量（以干物质为基础）

采食量为活重的 1.5% 或更少，这时已达到育肥的最佳结束期。

三、从肉驴外貌判断

检查判断的标准为：必须有脂肪沉积的部位是否有明显脂肪及脂肪量的多少；脂肪不多的部位和沉积的脂肪是否厚实、均衡。

第六节　养殖基地

一、场址的选择

肉驴场应水电充足，水源符合国家生活饮用水卫生标准；饲料来源方便，交通便利；地势高燥，地下水位低，排水良好，土质坚实，背风向阳，空气流通，平坦宽阔或具有缓坡，距离交通要道、公共场所、居民区、城镇、学校 1 000 米以上；远离医院、畜产品加工厂、垃圾堆及污水处理厂 2 000 米以上，周围应有围墙或其他有效屏障。

二、场区布局

肉驴场一般分生活区、管理区、生产区和辅助生产区。生活区和管理区应设在场区地势最高处或上风头处，与生产区保持 50 米以上的距离。辅助生产区设在管理区与生产区之间。生产区包括驴舍、运动场、积粪池等，应设在场区地势较低位置。消毒室、兽医室、隔离室、积粪池和病死驴无害处理室等应设在生产区的下风头，距驴舍不少于 50 米。人员、动物和物质转运应采取单一流向，以防交叉污染和疫病传播。场区四周、道边及运动场周围要植树绿化。

三、肉驴舍的建设

驴舍建筑要根据当地的气温变化和驴场生产用途等因素来确定，以坐北朝南或朝东南双坡式驴舍最为常用。驴舍要有一定数量和大小的窗户或通风换气孔，以保证太阳光线充足和空气流通。驴舍大门入口处要设置水泥结构消毒池。驴舍内主要设施有驴床、饲槽、清粪通道、粪尿沟、饮水槽和通风换气孔等。

四、驴舍内环境控制

通过窗户或通风换气孔来调控驴舍内的有害气体和温度。同时，及时清除粪便，以减少有害气体的排放，保证驴舍内环境达到国家标准。

第七节　驴常见病

肉驴从习性上讲，比起马、牛等家畜更耐粗饲，抗病力也较强，但这并不等于就不生病。尤其在集约化养殖条件下，要严格执行"防治结合、预防为主"的方针，更要注意环境卫生，防止疫病发生。肉驴同骡马一样，容易患传染性贫血、鼻疽和破伤风等。

一、急性胃扩张

驴误食了过多的精料或吃了易发酵饲料，引起不安，明显腹痛，呼吸急促，有时呈犬坐姿势，肠音减弱或消失。

治疗：先用胃管将胃气体、液体导出，并用生理盐水反复洗胃，然后内服水合氯醛15~25克、酒精50~70毫升、福尔马林15毫升，加温水500毫升，一次灌服，也可灌服食醋0.5~1千克或酸菜水1~2千克。还可用液体石蜡500~1 000毫升、稀盐酸15~20毫升、普鲁卡因粉3~4克、常水500毫升，1次灌服。

二、口炎

常以流口水和口腔黏膜潮红、肿胀或溃疡为主。

治疗：首先要检查口腔内有无异物，更换柔软饲料，用1%盐水、2%~3%的硼酸、2%~3%的小苏打或0.1%高锰酸钾或1%明矾等冲洗口腔。

三、胃肠炎

饲喂霉败饲料或不清洁的饮水或采食了有毒的植物、气候骤变等引起食欲减退，舌苔重，腹泻，粪便稀呈粥样或水样，腥臭，粪便中混有黏液、血液和脱落的坏死组织，有的有脓液。

治疗：首先要抑菌消炎。灌服0.1%的高锰酸钾溶液2 000~3 000毫升或磺胺脒20~30克。其次要止泻。用液体石蜡500~1 000毫升、鱼石脂10~30克、酒精50毫升内服，还可灌服炒面0.5~1千克，浓茶水1 000~2 000毫升。再次要补液、强心。静补氯化钾不超过0.3%，强尔心液10~20毫升，皮下注射或静脉注射。

四、肠阻塞

天气骤变，吃了粗硬难消化的饲草，草料突然改变而吃食过多及饮水不足，食盐不足引起站立不安，肚疼起卧，口干而臭，肠音减弱，腹围增大，可摸到肠内有坚硬结粪。

治疗：首先要镇痛。用5%水合氯醛、酒精注射液100~200毫升、30%安乃近注射液20~40毫升；其次内服磷酸盐缓冲剂或用醋曲300~500克、酵母粉500克、温水1 000~2 000毫升；再次补液、强心。宜用复方氯化钠注射液与5%葡萄糖注射液，5%碳酸氢钠注射液。

五、驴胃蝇

由于胃内寄生大量驴胃蝇，刺激局部发炎、溃疡，使驴的食欲减退，消化不良，腹痛，消瘦。

治疗：内服敌百虫30~50毫升或用二硫化碳15~18毫升，投药前绝食18~24小时，只饮水。

六、蹄叉腐烂

因驴舍不洁，地面潮湿、运动不足、削蹄不当引起蹄叉腐烂。

治疗：彻底削除腐烂的角质及污物，用3%来苏儿或1%高锰酸钾溶液清洗后，在蹄叉处涂5%碘酊，再灌入热松馏油，绷带包扎或棉球塞紧。

七、马腺疫

马腺疫主要危害肉驴的咽喉、颈肩、肺肠等部位，发病时肉驴的鼻、咽喉部位发炎，下颌肿大，身体发热，体温可达40~41℃，另外还表现为食欲不振、精神不振、行动不便。随着病情发展，下颌肿大处破溃，流出脓液，造成全身化脓性炎症，这些脓液如果经呼吸进入肉驴肺部或胸腔，会造成肺叶腐烂，严重时导致肉驴死亡。

防治方法：在发病前期可在下颌肿大出涂抹碘酊，加快其化脓破溃，再将已经化脓变软部位切开排脓，并用稀释的高锰酸钾水清洗即可痊愈。而如果病情已经发展到全身化脓性炎症，则要静脉注射青霉素才可治愈。

八、疥癣病

疥癣病是一种皮肤传染病，它是由疥螨引起的，疥螨寄生在肉驴的身上，刺激肉驴的皮肤，病驴在患病后皮肤极痒，出现脱毛现象，患处还会出现流黄水和结痂。而肉驴常常啃咬，磨墙擦桩，烦躁不安，无法正常的采食和休息，长久以往会导致其生长缓慢、消瘦严重，而在冬季时因毛发大面积脱落，保暖效果低而冻死。

防治方法：疥癣病主要在于预防，经常擦洗驴身，做好驴舍卫生，发现患病驴及时隔绝，防止感染其他驴。患病后可用敌百虫溶液喷涂或洗刷患部，每3~4天喷涂或洗刷一次，半月即可痊愈。

九、支气管肺炎

支气管肺炎不止在肉驴身上发生，它还是很多家畜的常见疾病，主要是由肺炎球菌以及病原微生物侵入因饥饿、受寒冷刺激而导致抵抗力下降的肉驴。肉驴在发病时表现为精神沉郁，身体发热，呼吸急促、困难，呼吸还伴有噪声。

防治方法：发病时首先要消除炎症，可用磺胺制剂或抗生素治疗，或者静脉注射青霉素，效果极佳。

十、蛔虫病

蛔虫病是由寄生在小肠内的蛔虫引起的一种寄生虫病。主要侵害2岁以下的幼驹，尤以10月龄内的幼驹最易感染。幼驹生长发育停滞，并出现神经症状，如强直性痉挛、后肢麻痹、狂躁不安等。肺部有大量幼虫时，还会引起咳嗽。

防治方法：搞好厩舍卫生，将粪便堆积发酵，避免粪便污染饲草和饮水，是预防本病的关键。秋季是驱虫的黄金季节，可按每千克体重30~50毫克的比例，把精制敌百虫用温水配成5%的溶液，在清晨空腹时用胃管投入。也可将10%的敌百虫溶液混在适量麸皮内，搅拌均匀后让牲畜自由采食。

十一、破伤风

破伤风又叫强直症，是一种由破伤风梭菌产生的外毒素所引起的一种创伤性、中毒性人畜共患传染病。本病对各种家畜均易感，其中，单蹄动物最易感。猪、羊、牛次之，猫仅在极少数情况下发病。各种动物都可能感染，以哺乳动物发病较多。感染途径为各种自然创伤和手术创伤。

（一）临床症状

临床症状为病驴头部肌肉僵直，开口困难，食草困难。眼凝视，第三眼睑瞬膜外翻，四肢僵直运步困难，用木棍敲金属刺激病畜惊恐不安，并且大汗淋漓，呼吸明显增快，心悸亢进，排粪迟滞。测量体温38.4℃，体温正常。

（二）治疗

1. 中和毒素

一次性给病驴注射破伤风抗毒素60万单位，其中，20万单位皮下注射，其余40万单位静脉注射。其后每天注射维持量30万单位，连续注射3天。

2. 解痉镇痛

静脉注射25%硫酸镁溶液100毫升及0.25%普鲁卡因溶液100毫升，每天1次，直至痉挛缓和。

3. 消灭病原

给病畜肌内注射青霉素200万单位，连用5天。对伤口进行了扩创处理除去坏死组织，用2%高锰酸钾溶液、碘酊消毒处理。

4. 加强护理

要求畜主解开笼头将病畜置于光线较暗、通风良好、清洁干燥的畜舍中，使病畜保持安静，避免音响等声音刺激，以减少痉挛发生次数。通过治疗3天，口腔可以张开时，要求畜主给病驴少给勤添饲料，四肢及腰背拘症减轻时，应每天牵遛病驴，以促进病驴早期恢复肌肉机能。

（三）预防

1. 防治发生外伤

尽量避免外伤平时应爱护动物定期刷洗清洁畜体尽可能地防止动物发生外伤。发生外伤后，及时处理，以防感染。一旦发生外伤最好注射预防量抗破伤风血清。

2. 手术无菌操作手术、注射药物或接产时均应坚持无菌操作

所用器械均应进行消毒或灭菌处理，手术部位及手术人员的手臂也需进行消毒。

重视无菌操作更不允许在实施阉割、去势等小手术时用黄土或草木灰撒布伤口。

3. 发病较多地区每年定期注射破伤风类毒素

大动物用量为一次皮下注射 1 毫升，注射一个月后产生免疫力，免疫期为 1 年，翌年再注射 1 毫升，免疫力可持续 4 年。

第十章 鸡养殖技术

第一节 蛋鸡的饲养管理

一、雏鸡的饲养管理

育雏是一项细致的工作，要养好雏鸡应做到眼勤、手勤、腿勤、科学思考。

1. 观察鸡群状况

要养好雏鸡，学会善于观察鸡群至关重要，通过观察雏鸡的采食、饮水、运动、睡眠及粪便等情况，及时了解饲料搭配是否合理，雏鸡健康状况如何，温度是否适宜等。

观察采食、饮水情况主要在早晚进行，健康鸡食欲旺盛，晚上检查时嗉囊饱满，早晨喂料前嗉囊空，饮水量正常。如果发现雏鸡食欲下降，剩料较多，饮水量增加，则可能是舍内温度过高，要及时调温，如无其他原因，应考虑是否患病。

观察粪便要在早晨进行。若粪便稀，可能是饮水过多、消化不良或受凉所致，应检查舍内温度和饲料状况；若排出红色或带肉质黏膜的粪便，是球虫病的症状；如排出白色稀粪，且粘于泄殖腔周围，一般是白痢。

2. 定期称重

为了掌握雏鸡的发育情况，应定期随机抽测5%左右的雏鸡体重与本品种标准体重比较，如果有明显差别时，应及时修订饲养管理措施。

（1）开食前称重。雏鸡进入育雏舍后，随机抽样50~100只逐只称重，以了解平均体重和体重的变异系数，为确定育雏温度、湿度提供依据。如体重过小，是由于雏鸡从出壳到进入育雏舍间隔时间过长所造成的，应及早饮水、开食；如果是由于种蛋过小造成的，则应有意识地提高育雏温度和湿度，适当提高饲料营养水平，管理上更加细致。

（2）育雏期称重。为了了解雏鸡体重发育情况，应于每周末随机抽测50~100只鸡的体重，并将称重结果与本品种标准体重对照，若低于标准很多，应认真分析原因，必要时进行矫正。矫正的方法是：在以后的3周内慢慢加料，以达到正常值为止，一般的基准为1克饲料可增加1克体重，例如，低于标准体重25克，则应在3周内使料量增加25克。

3. 适时断喙

由于鸡的上喙有一个小弯弧，这样在采食时容易把饲料刨在槽外，造成饲料浪费。

当育雏温度过高，鸡舍内通风换气不良，鸡饲料营养成分不平衡，如缺乏某种矿物元素或蛋白质水平过低、鸡群密度过大、光照过强等，都会引起鸡群之间相互啄羽、啄肛、啄趾或啄裸露部分，形成啄癖。啄癖一旦发生，鸡群会骚动不安，死淘率明显上升。如不采取有效措施，将对生产造成巨大损失。在生产中，一般针对啄癖产生的原因，改变饲料配方，减弱光照强度，变换光色（如红光可有效防止啄癖），改善通风换气条件，疏散密度等来避免啄癖继续发生，而且可减少饲料浪费。所以，在现代养鸡生产中，特别是笼养鸡群，必须断喙。

断喙适宜时间为 7~10 日龄，这时雏鸡耐受力比初生雏要强得多，体重不大，便于操作。断喙使用的工具最好是专用断喙器，它有自动式和人工式两种。在生产中，由于自动式断喙器尽管速度快，但精确度不高，所以，多采用人工式。如没有断喙器，也可用电烙铁或烧烫的刀片切烙。

断喙器的工作温度按鸡的大小、喙的坚硬程度调整，7~10 日龄的雏鸡，刀片温度达到 700℃较适宜，这时，可见刀片中间部分发出樱桃红色，这样的温度可及时止血，不致破坏喙组织。

断喙时，左手握住雏鸡，右手拇指与食指压住鸡头，将喙插入刀孔，切去上喙 1/2，下喙 1/3，做到上短下长，切后在刀片上灼烙 2~3 秒，以利止血。

断喙时雏鸡的应激较大，所以，在断喙前，要检查鸡群健康状况，健康状况不佳或有其他反常情况，均不宜断喙。此外，在断喙前可加喂维生素 K。断喙后要细致管理，增加喂料量，不能使槽中饲料见底。

4. 密度的调整

密度即单位面积能容纳的雏鸡数量。密度过大，鸡群采食时相互挤压，采食不均匀，雏鸡的大小也不均匀，生长发育受到影响；密度过小，设备及空间的利用率低，生产成本高。所以，饲养密度必须适宜。

5. 及时分群

通过称重可以了解平均体重和鸡群的整齐度情况。鸡群的整齐度用均匀度表示。用鸡群平均体重±10%范围内的鸡数占总测鸡数的百分比来表示。均匀度大于80%，则认为整齐度好，若小于70%则认为整齐度差。为了提高鸡群的整齐度，应按体重大小分群饲养。可结合断喙、疫苗接种及转群进行，分群时，将过小或过重的鸡挑出单独饲养，使体重小的尽快赶上中等体重的鸡，体重过大的，通过限制饲养，使体重降到标准体重。这样就可提高鸡群的整齐度。逐个称重分群，费时费力，可根据雏鸡羽毛生长情况来判断体重大小，进行分群。

二、育成鸡的饲养管理

育成鸡一般是指 7~18 周龄的鸡。育成期的培育目标是鸡的体重体型符合本品种或品系的要求；群体整齐，均匀度在 80%以上；性成熟一致，符合正常的生长曲线；良好的健康状况，适时开产，在产蛋期发挥其遗传因素所赋予的生产性能，育成率应达

94%~96%。

（一）入舍初期管理

从雏鸡舍转入育成舍之前，育成鸡舍的设备必须彻底清扫、冲洗和消毒，在熏蒸消毒后，密闭空置3~5天后进行转群。转入初期必须做如下工作。

（1）临时增加光照。转群第一天应24小时供光，同时在转群前做到水、料齐备，环境条件适宜，使育成鸡进入新鸡舍能迅速熟悉新环境，尽量减少因转群对鸡造成的应激反应。

（2）补充舍温。如在寒冷季节转群，舍温低时，应给予补充舍内温度，补到与转群前温度相近或高1℃左右。这一点，对平养育成鸡更为重要。否则，鸡群会因寒冷拥挤起堆，引起部分被压鸡窒息死亡。如果转入育成笼，每小笼鸡数量少，舍温在18℃以上时，则不必补温。

（3）整理鸡群。转入育成舍后，要检查每笼的鸡数，多则提出，少则补入，使每笼鸡数符合饲养密度要求，同时清点鸡数，便于管理。在清点时，可将体小、伤残、发育差的鸡捉出另行饲养或处理。

（4）换料。从育雏期到育成期，饲料的更换是一个很大的转折。育雏料和育成料在营养成分上有很大差别，转入育成鸡舍后不能突然换料，而应有一个适应过程，一般以1周的时间为宜。从第7周龄的第1~2天，用2/3的育雏料和1/3的育成料混合喂给；第3~4天，用1/2的育雏料和1/2的育成料混合喂给；第5~6天，用1/3的育雏料和2/3的育成料混合喂给，以后喂给育成料。

（二）日常管理

日常管理是养鸡生产的常规性工作，必须认真、仔细地完成，这样才能保证鸡体的正常生长发育，提高鸡群的整齐度。

（1）做好卫生防疫工作。为了保证鸡群健康发育，防止疾病发生，除按期接种疫苗，预防性投药、驱虫外，要加强日常卫生管理，经常清扫鸡舍，更换垫料，加强通风换气，疏散密度，严格消毒等。

（2）仔细观察，精心看护。每日仔细观察鸡群的采食、饮水、排粪、精神状态、外观表现等，发现问题及时解决。

（3）保持环境安静稳定，尽量减缓或避免应激。由于生殖器官的发育，特别是在育成后期，鸡对环境变化的反应很敏感，在日常管理上应尽量减少干扰，保持环境安静，防止噪声，不要经常变动饲料配方和饲养人员，每天的工作程序更不能变动。调整饲料配方时要逐渐进行，一般应有一周的过渡期。断喙、接种疫苗、驱虫等必须执行的技术措施要谨慎安排，最好不转群，少抓鸡。

（4）保持适宜的密度。适宜的密度不仅增加了鸡的运动机会，还可以促进育成鸡骨骼、肌肉和内部器官的发育，从而增强体质。网上平养时一般每平方米10~12只，笼养条件下，按笼底面积计算，比较适宜的密度为每平方米15~16只。

（5）定期称测体重和体尺，控制均匀度。育成期的体重和体况与产蛋阶段的生产性能具有较大的相关性,育成期体重可直接影响开产日龄、产蛋量、蛋重、蛋料比及产蛋高峰持续期。体型是指鸡骨骼系统的发育,骨骼宽大,意味着母鸡中后期产蛋的潜力大。饲养管理不当,易导致鸡的体型发育与骨骼发育失衡。鸡的胫长可表明鸡体骨骼发育程度,所以通过测量胫长长度可反映出体格发育情况。

为了掌握鸡群的生长发育情况,应定期随机抽测 5%~10% 的育成鸡体重和胫长,与本品种标准比较,如发现有较大差别时,应及时修订饲养管理措施,为培育出健壮、高产的新母鸡提供参考依据,实行科学饲养。

(6)淘汰病、弱鸡。为了使鸡群整齐一致,保证鸡群健康整齐,必须注意及时淘汰病、弱鸡,除平时淘汰外,在育成期要集中两次挑选和淘汰。第一次是在 8 周龄前后,选留发育好的,淘汰发育不全、过于弱小或有残疾的鸡。第二次是在 17~18 周龄,结合转群时进行,挑选外貌结构良好的,淘汰不符合本品种特征和过于消瘦的个体,断喙不良的鸡在转群时也应重新修整。同时还应配有专人计数。

(7)做好日常工作记录。

三、产蛋鸡的饲养管理

产蛋鸡一般是指 19~72 周龄的鸡。产蛋阶段的饲养任务是最大限度地消除、减少各种应激对蛋鸡的有害影响,为产蛋鸡提供最有益于健康和产蛋的环境,使鸡群充分发挥生产性能,从而达到最佳的经济效益。

(一)观察鸡群

观察鸡群是蛋鸡饲养管理过程中既普遍又重要的工作。通过观察鸡群,及时掌握鸡群动态,以便于有效地采取措施,保证鸡群的高产稳产。

(1)清晨开灯后,观察鸡群的健康状况和粪便情况。健康鸡羽毛紧凑,冠脸红润,活泼好动,反应灵敏,越是产蛋高的鸡群,越活泼。健康鸡的粪便盘曲而干,有一定形状,呈褐色,上面有白色的尿酸盐附着。同时,要挑出病死鸡,及时交给兽医人员处理。

(2)在喂料给水时,要注意观察料槽和水槽的结构和数量是否适合鸡的采食和饮水。查看鸡的采食饮水情况,健康鸡采食饮水比较积极,要及时挑出不采食的鸡。

(3)及时挑出有啄癖的鸡。由于营养不全面,密度过大,产蛋阶段光线太强或脱肛等原因,均可引起个别鸡产生啄癖,这种鸡一经发现应立即抓出淘汰。

(4)及时挑出脱肛的鸡。由于光照增加过快或鸡蛋过大,从而引起鸡脱肛或子宫脱出,及时挑出进行有效处理,即可治好。否则,会被其他鸡啄死。

(5)仔细观察,及时挑出开产过迟的鸡和开产不久就换羽的鸡。

(6)夜间关灯后,首先将跑出笼外的鸡抓回,然后倾听鸡群动静,是否有呼噜、咳嗽、打喷嚏和甩鼻的声音,发现异常,应及时上报技术人员。

(二)定时喂料

产蛋鸡消化力强,食欲旺盛,每天喂料以三次为宜:第一次 6 时 30 分至 7 时 30

分；第二次上午 11 时 30 分至 12 时；第三次 18 时 30 分至 19 时 30 分，三次的喂料量分别占全天喂料量的 30%、30% 和 40%。也可将 1 天的总料量于早晚两次喂完，晚上喂的应在早上喂料时还有少许余料量，早上喂的料量应在晚上喂料时基本吃完。1 天喂两次料时，每天要匀料 3~4 次，以刺激鸡采食。应定期补喂沙砾，每 100 只鸡，每周补喂 250~350 克沙砾。沙砾必须是不溶性砂，大小以能吃进为宜。每次沙砾的喂量应在 1 天内喂完。不要无限量的喂沙砾，否则会引起硬嗉症。

（三）饲养人员要按时完成各项工作

开灯、关灯、给水、拣蛋、清粪、消毒等日常工作，都要按规定、保质保量地完成。

每天必须清洗水槽，喂料时要检查饲料是否正常，有无异味、霉变等。要注意早晨一定让鸡吃饱，否则会因上午产蛋而影响采食量，关灯前，让鸡吃饱，不致使鸡空腹过夜。

及时清粪，保证鸡舍内环境优良。定期消毒，做好鸡舍内的卫生工作，有条件时，最好每周 2 次带鸡消毒，使鸡群有一个干净卫生的环境，从而使其健康得以保证，充分发挥其生产性能。

（四）拣蛋

及时拣蛋，给鸡创造一个无蛋环境，可以提高鸡的产蛋率。鸡产蛋的高峰一般在日出后的 3~4 小时，下午产蛋量占全天产蛋量的 20%~30%，生产中应根据产蛋时间和产蛋量及时拣蛋，一般每天应拣蛋 2~3 次。

（五）减少各种应激

产蛋鸡对环境的变化非常敏感，尤其是轻型蛋鸡。任何环境条件的突然改变都能引起强烈的应激反应，如高声喊叫、车辆鸣号、燃放鞭炮等，以及抓鸡转群、免疫、断喙、光照强度的改变、新奇的颜色等都能引起鸡群的惊恐而发生强烈的应激反应。

产蛋鸡的应激反应，突出表现为食欲不振，产蛋下降，产软蛋，有时还会引起其他疾病的发生，严重时可导致内脏出血而死亡。因此，必须尽可能减少应激，给鸡群创造良好的生产环境。

（六）做好记录

通过对日常管理活动中的死亡数、产蛋数、产蛋量、产蛋率、蛋重、料耗、舍温、饮水等实际情况的记载，可以反映鸡群的实际生产动态和日常活动的各种情况，可以了解生产，指导生产。所以，要想管理好鸡群，就必须做好鸡群的生产记录工作。也可以通过每批鸡生产情况的汇总，绘制成各种图表，与以往生产情况进行对比，以免在今后的生产中再出现同样的问题。

（七）减少饲料浪费

可采取以下措施：加料时，不超过料槽容量的 1/3；及时淘汰低产鸡、停产鸡；做好匀料工作；使用全价饲料，注意饲料质量，不喂发霉变质的饲料；产蛋后期对鸡进行限饲；提高饲养员的责任心。

第二节　肉鸡的饲养管理

一、肉仔鸡的饲养管理

（一）重视后期育肥

肉仔鸡生长后期脂肪的沉积能力增强，因此，应在饲料中增加能量含量，最好在饲料中添加3%~5%的脂肪。在管理上保持安静的生活环境、较暗的光线条件，尽量限制鸡群活动，注意降低饲养密度，保持地面清洁干燥。

（二）添喂沙砾

1~14天，每100只鸡喂给100克细沙砾。以后每周100只鸡喂给400克粗沙砾，或在鸡舍内均匀放置几个沙砾盆，供鸡自由采用，沙砾要求干净、无污染。

（三）适时出栏

肉用仔鸡的特点是，早期生长速度快、饲料利用率高，特别是6周龄前更为显著。因此，要随时根据市场行情进行成本核算，在有利可盈的情况下，提倡提早出售。目前，我国饲养的肉仔鸡一般在6周龄左右，公母混养体重达2千克以上，即可出栏。

（四）加强疫病防治

肉鸡生长周期短，饲养密度大，任何疾病一旦发生，都会造成严重损失。因此，要制定严格的卫生防疫措施，搞好预防。

1. 实行"全进全出"的饲养制度

在同一场或同一舍内饲养同批同日龄的肉仔鸡，同时出栏，便于统一饲料、光照、防疫等措施的实施。第一批鸡出栏后，留2周以上时间彻底打扫消毒鸡舍，以切断病原的循环感染，使疫病减少，死亡率降低。全进全出的饲养制度是现代肉鸡生产必须做到的，也是保证鸡群健康、根除病原的最有效措施。

2. 加强环境卫生，建立严格的卫生消毒制度

搞好肉仔鸡的环境卫生，是养好肉仔鸡的重要保证。鸡舍门口设消毒池，垫料要保持干燥，饲喂用具要经常洗刷消毒，注意饮水消毒和带鸡消毒。

3. 疫苗接种

疫苗接种是预防疾病，特别是预防病毒性疾病的重要措施，要根据当地传染病的流行特点，结合本场实际制定合理的免疫程序。最可靠的方法是进行抗体检测，以确定各种疫苗的使用时间。

4. 药物预防

根据本场实际，定期进行预防性投药，以确保鸡群稳定健康。如1~4日龄饮水中加抗菌药物（环丙沙星、蒽诺沙星），防治脐炎、鸡白痢、慢性呼吸道病等疾病，切断蛋传疾病。17~19日龄再次用以上药物饮水3天，为防止产生抗药性，可添加磺胺增

效剂。15 日龄后地面平养鸡，应注意球虫病的预防。

二、肉种鸡的饲养管理

现代肉鸡育种以提高肉用性能为中心，以提高增重速度为重点，育成的肉用鸡种体形大，肌肉发达，采食量大，饲养过程中易发生过肥或超重，使正常的生殖机能受到抑制，表现为产蛋减少、腿病增多、种蛋受精率降低，使肉种鸡自身的特点和肉种鸡饲养者所追求的目的不一致。解决肉种鸡产肉性能与产蛋任务的矛盾，重点是保持其生长和产蛋期的适宜体重，防止体重过大或过肥。所以，发挥限制饲养技术的调控作用，就成为饲养肉种鸡的关键。

（一）体重控制

在保证肉用种公鸡营养需要量的同时应控制其体重，以保持品种应有的体重标准。在育成期必须进行限制饲喂，从 15 周龄开始，种公鸡的饲养目标就是让种公鸡按照体重标准曲线生长发育，并与种母鸡一道均匀协调地达到性成熟。混群前每周至少一次、混群后每周至少两次监测种公鸡的体重和周增重。平养种鸡 20～23 周龄公母混群后，监测种公鸡的体重更为困难，一般是在混群前将所挑选的±5%标准体重范围内 20%～30%的种公鸡做出标记，在抽样称重过程中，仅对做出标记的种公鸡进行称重。根据种公鸡抽样称重的结果确定喂料量的多少。

（二）种公鸡的饲喂

公母混群后，种公鸡和种母鸡应利用其头型大小和鸡冠尺寸之间的差异由不同的饲喂系统进行饲喂，可以有效地控制体重和均匀度。种公鸡常用的饲喂设备有自动盘式喂料器、悬挂式料桶和吊挂式料槽。每次喂完料后，将饲喂器提升到一定高度，避免任何鸡只接触，将次日的料量加入，喂料时再将喂料器放下。必须保证每只种公鸡至少拥有 18 厘米的采食位置，并确保饲料分布均匀。采食位置不能过大，以免使一些凶猛的公鸡多吃多占，均匀度变差，造成生产性能下降。随着种公鸡数量的减少，其饲喂器数量也应相应减少。经证明，悬挂式料桶特别适合饲喂种公鸡，料槽内的饲料用手匀平，确保每一只种公鸡吃到同样多的饲料。应先喂种母鸡料，后喂种公鸡料，有利于公母分饲。要注意调节种母鸡喂料器格栅的宽度、高度和精确度，检查喂料器状况，防止种公鸡从种母鸡喂料器中偷料，否则种公鸡的体重难以控制。

（三）监测种公鸡的体况

每周都应监测种公鸡的状况，建立良好的日常检查程序。种公鸡的体况监测包括种公鸡的精神状态，是否超重，机敏性和活力，脸部、鸡冠、肉垂的颜色和状态，腿部、关节、脚趾的状态，肌肉的韧性、丰满度和胸骨突出情况，羽毛是否脱落，吃料时间，肛门颜色（种公鸡交配频率高肛门颜色鲜艳）等。平养肉种鸡时，公鸡腿部更容易出现问题，如跛行、脚底肿胀发炎、关节炎等，这些公鸡往往配种受精能力较弱，应及时淘汰。公母交配造成母鸡损伤时，淘汰体重过大的种公鸡。

（四）适宜的公母比例

公母比例取决于种鸡类型和体形大小，公鸡过多或过少均会影响受精率。自然交配时一般公母比例为（8.5~9）：100 比较合适。无论何时出现过度交配现象（有些母鸡头后部和尾根部的羽毛脱落是过度交配的征兆），应按 1∶200 的比例淘汰种公鸡，并调整以后的公母比例。按常规每周评估整个鸡群和个体公鸡，根据个体种公鸡的状况淘汰多余的种公鸡，保持最佳公母比例。人工授精时公母比例为 1∶（20~30）比较合适。

（五）创造良好的交配环境

饲养在"条板—垫料"地面的种鸡，公鸡往往喜欢停留在条板栖息，而母鸡却往往喜欢在垫料上配种，这些母鸡会因公鸡不离开条板而得不到配种。为解决这个问题，可于下午将一些谷物或粗玉米颗粒撒在垫料上，诱使公鸡离开条板在垫料上与母鸡交配。

（六）替换公鸡

如果种公鸡饲养管理合理，与种母鸡同时入舍的种公鸡足以保持整个生产周期全群的受精率。随着鸡群年龄的增长不断地淘汰，种公鸡的数目逐渐减少。为了保持最佳公母比例，鸡群可在生产后期用年轻健康强壮公鸡替换老龄公鸡。对替换公鸡应进行实验室分析和临床检查，确保其不要将病原体带入鸡群。确保替换公鸡完全达到性成熟，避免其受到老龄种母鸡和种公鸡的欺负。为防止公鸡间打架，加入新公鸡时应在关灯后或黑暗时进行。观察替换公鸡的采食饮水状况，将反应慢的种公鸡圈入小圈，使其方便找到饮水和饲料。替换公鸡（带上不同颜色的脚圈或在翅膀上喷上颜色）应与老龄公鸡分开称重，以监测其体重增长趋势。

第三节　坝上长尾鸡

一、秋冬季

近年来，随着人们生活水平的提高，人们对食品的消费观念发生了根本转变，对肉蛋的品质、口味、营养及安全等方面的要求越来越高。仅养鸡场生产的肉鸡越来越不能满足消费者的特殊需要，而散养的坝上长尾鸡以围林、山地野养为主，以五谷杂食和田间地头草虫为食，生产的蛋肉风味醇香、营养丰富、安全无公害，备受消费者青睐。因此，坝上长尾鸡养殖业成为了坝上很多贫困村脱贫致富的好项目。但是在养殖过程中出现了很多饲养管理与疾病防治方面的问题，尤其是秋冬季节的饲养技术不能过关，给自己在经济上造成了很大的损失。因为养殖户一般是每年2—5月进雏，入秋后鸡群陆续进入高产期，但秋冬季来临时，气温逐渐降低，温度变化无常，昼夜温差逐渐加大，鸡群对此应激相应加大，热量消耗不断增大，同时，外界饲料资源也逐渐枯黄，不能满足机体的营养需要，加上光照时间变短，常导致坝上长尾鸡的生产性能下降，甚至停产。另外，一些养鸡户鸡舍过于简陋，保温性能差，增大了饲养管理难度。特别是坝上的秋冬季气候冷凉长尾鸡极易患呼吸道疾病、胃肠道疾病，如果管理不当就会给坝上长尾鸡养殖造成很大的经济损失，所以养殖坝上长尾鸡必须注意每个环节的管理技术。

（一）保温

坝上长尾鸡生态养殖，一般采用放牧与补饲相结合的方式饲养，鸡只的采食、活动等行为受环境气候变化影响很大，尤其是冬天，昼夜温差大，气候多变，白天最高温度大多也在-15℃，气温很低，外界饲草资源减少，饲料补饲量增加，鸡只采食很多，可产蛋率并不理想，有的甚至停产。坝上长尾鸡产蛋最适宜温度为13~23℃，饲料最佳利用率温度为18~21℃，如果在此基础上，环境每下降1℃，鸡只就需要多消耗1.5克饲料来补充，由于温度低，机体热量消耗增加，摄取的热量大部分用来维持体温，影响了产蛋率。因此，做好冬季保温工作对节约饲料、提高产蛋率具有很重要的意义。具体措施如下。

（1）在冬季到来之前，对鸡舍进行一次全面的检查与维修，关好门窗（或在门窗上装订塑料布）防止贼风侵入，同时还要做好供暖设施的购置与安装。要求鸡舍能够挡风遮雨，保证在夜间能够有效御寒，尽可能使舍内的温度达到5℃以上，不要低于0℃。用10厘米厚的麦秸或稻草作舍内地面垫料，让鸡群晚上卧下休息时胸腹部不受凉。保持舍内温度是冬季养好坝上长尾鸡的重要条件，趁白天鸡群到舍外活动的时间对鸡舍进行全面通风，既可以有效降低舍内有害气体的浓度，也有利于降低舍内湿度。

（2）在鸡舍的向阳处建塑料活动暖棚，建造时在塑料活动暖棚的内侧底部围1米高的铁丝网围墙，可防止鸡只啄坏暖棚，也可在天气暖和时通风。塑料活动暖棚的面积，以每平方米4~6只为宜。

（3）冬季寒冷时，尽量减少放养时间，一般情况下就在塑料暖棚内活动，天气暖和时可在9时以后放养，15时左右收回。

（二）通风换气

冬季保温和通风换气是一对矛盾体，如果只重视保温而忽视了通风，就会引发疾病，也会影响鸡群的正常生产性能，在塑料温棚里饲养柴鸡一定要通风换气，最好在南面向阳处留有一排换气窗，北面可少留几个，一般不刮风的情况下，可将有铁丝网部分的塑料掀起通风。这样既能保持棚内空气新鲜，同时也有利于保温。

（三）散养密度与规模

养殖规模要与配套利用的资源条件相适应，若规模过大，超出了所承载资源的吸纳能力，反而不能体现所应有的生态效果。散养密度应按宜稀不宜密的原则，一般每亩林地散养200~300只。密度过大草虫等饵料不足，增加精料饲喂量，影响鸡肉、蛋的口味；密度过小，浪费资源，生态效益低。散养规模一般以每群300~500只为宜，每群间隔50米，采用全进全出制。

（四）合理补饲

冬季气温低，鸡的热量消耗大，要适当提高玉米、谷类等能量饲料的比例，使鸡饲料的能量水平高出正常标准的 5%～10%。增加维生素 A、维生素 E 的用量，全面满足柴鸡对蛋白质、矿物质、维生素的需求。还可在饲料中加入 3%～5% 植物油或油渣、炒热的黄豆粉，保证坝上长尾鸡冬季的能量需要。冬季由于缺乏青草、青绿叶等绿色饲料，为保证鸡蛋品质，必须加喂干槐树叶粉、苜蓿草粉、米糠、青菜叶、胡萝卜等绿色饲料。一般白天放养时喂饲草饲料，早晚补饲时喂精饲料，每天补饲饲料量应根据鸡群的采食情况而定，一般在 100 克左右。冬季天短夜长，晚上应多加料进行补饲，或者在熄灯前 19 时加喂 1 次。另外，要防止饲料发霉变质，确保食品安全。

（五）搞好饮水管理

冬季气温低，为鸡群提供的饮水尤其是置于舍外的饮水极易上冻结冰，不仅使鸡群随时饮水受阻，而且影响其健康和生理机能。所以应少给勤添，保证全天能饮到清洁的饮水，在下午鸡回棚后要把水清理干净，防止晚上结冰。如果能够每天为鸡群提供 2～3 次温水（水温约 35℃），并定期刷洗水盆，以保持卫生，对于提高其产蛋性能有很大帮助。

（六）补光

由于冬季自然光照时间短，应人工补光照达到 16 小时。要求灯泡高度以离地面 2 米、每 0.37 平方米有 1 瓦光照为宜，光照时间不可随意改变，特别是产蛋后期，更不宜降低光照强度或缩短光照时间，否则会大幅度降低产蛋率。通常实行早晚两次补光，早晨固定在 5 时开始补到天亮，17 时开始补到 21 时，每天开关灯时间不变。产蛋鸡的光照时间最长不超过 17 小时。时间过长既耗电，鸡又容易疲劳，蛋的破损率易增高。无论光照时间怎样安排，必须保证产蛋鸡有 8 小时的黑暗时间休息。补充光照时间开灯与关灯的时间要有规律。不可随便改变，以免打乱鸡的生活习惯，引起不安，甚至惊群；蛋鸡光照应逐渐延长，不能缩短，否则会出现产蛋下降；光照增加的时间过快时，发育差的鸡会过早开产，造成脱肛，在产蛋早期死去。增加光照还要与饲喂制度有机结合，夜间在舍内放置水料盆，放上足够的水料，供鸡只夜间自由采食。单给光照不给饲料会出现疲劳，尤其是冬季，在光照下无料可吃，鸡不断活动，能量消耗更多，因此应注意补饲。对于健康状况不良、发育较差、体重轻，以及不足 6 月龄的鸡群，一般不进行人工补充光照，或推迟一段时间再给予补充，否则达不到高产的目的。

（七）调整鸡群

在整个蛋鸡生产周期内，要定期调整鸡群，母鸡产蛋率随周龄的增长逐渐递减。为了便于饲养管理，保持群体较高的生产水平，临近冬季时，要将鸡群中病、弱、瘦、小、残、瞎、生长发育不良有恶癖的鸡及时淘汰。在产蛋期间要经常性地淘汰寡产鸡和弱残鸡，及时淘汰换羽早且生长缓慢的鸡，褪色次序混乱、不彻底的鸡，喙长、窄、直、呈鸭嘴状的鸡，胸窄、浅、胸骨短或弯曲的鸡，抱窝鸡，病态鸡等低产的鸡、只保留那些健康、高产的鸡，确保鸡群整齐，稳步高产。

（八）预防天敌的危害

在放养过程中，一定要预防天敌的为害。天敌主要有鹰、黄鼠狼、山猫等。近几年鸡场统计在1%的自然损失率当中，鸡只放养时受天敌的伤害就在60%以上，经济损失较大。要对鸡舍进行加固，防止夜间黄鼠狼、山猫偷袭，白天放养不能离人，发现鸡受惊，乱飞乱跳，及时到场制止赶走天敌。

（九）及时收集鸡蛋

尤其是到了冬季，外界气温较低，如果不及时收集鸡蛋，往往会被冻裂，造成不必要的损失。因此要在秋冬季节增加捡蛋次数，尽量避免鸡蛋在产蛋窝内过夜。储存时也要注意保温。产蛋窝尽量放置在向阳背风的地方，在舍内多放置一些，产蛋窝内多放置一些垫草保温。

（十）做好卫生防疫工作

冬季，天气寒冷，气温下降，大风和冰雪常常不期而至。由于温度低，病毒存活时间长，鸡只在寒冷应激下抵抗力下降，加之冬季鸡舍需要保温，养殖户常常关闭通风口，导致鸡舍内空气质量下降，使鸡群冬季长期处于缺氧、低温、高湿、高氨、高二氧化碳的恶劣环境之中，导致鸡抵抗能力降低、易患疾病，特别是导致呼吸道病多发，如非典型新城疫病、慢性禽流感病、非病原性呼吸道病、败血性支原体病（慢呼）、细菌性呼吸道感染（如大肠杆菌引起的气囊炎）、传染性鼻炎等。要想防治疾病除做到以上几点保证饲料营养、做好保温工作、合理通风补光外还要做到以下几点。

（1）建立严格的的卫生消毒制度。严格禁止收购鸡蛋和淘汰鸡人员进入生产区。冬季是呼吸系统传染病的流行季节，因此，环境消毒、用具消毒、饮水消毒、带鸡消毒一样也不能少。环境消毒，对鸡只散养环境进行严格的喷洒消毒，每周1次，禁止闲杂人员进入。用具消毒，每日对所用过的料盘、料桶、水桶、饮水器等饲养器具，用0.01%菌毒清、百毒杀或0.05%强力消毒灵液洗刷干净。饮水消毒，菌毒净和百毒杀在蛋和肉中无残留，可用于饮水消毒。带鸡消毒，可用两种以上消毒液轮换喷雾消毒，一周2次。实施饮水消毒时，其药物浓度必须准确。

（2）做好疫苗的预防接种。坝上长尾鸡虽然体质较笼养鸡健壮，抗病力强，但也只是普通病较少，对传染性疾病则同样易感。要对照免疫接种计划表、免疫接种记录表和秋冬季鸡常发病免疫程序，进行仔细认真的检查和分析，对超过免疫保护期的鸡群、没有接种的鸡群、免疫效果不好的鸡只，都应根据当地疫情实际，及时补种疫苗，以便堵死防疫漏洞，保证鸡群安全度过冬季。重要传染病防疫的遗漏往往导致功亏一篑，特别是禽流感、新城疫等传染病的防疫更是必不可少。秋冬交季前要做好禽流感疫苗的预防，以后应每隔2~3个月注射1次，每次用量0.5~0.7毫升/羽。新城疫疫苗也应每隔2~3个月1次，有条件的鸡场最好通过免疫检测结果来确定最佳的免疫时机。在免疫接种前后3~5天停服抗病毒药物，同时不能带鸡消毒，以免影响免疫效果。在饲料中适当添加口服补液盐、维生素C、维生素E、多种维生素等抗应激药物以防止各种应激。

（3）认真做好药物防治。冬季呼吸道疾病多发，做好药物防治是非常重要的。在饲料中加入多种维生素、微量元素、大蒜素、黄芪多糖以及中药制剂如清瘟败毒散等，以提高自身免疫力。细菌性感染时可用恩诺沙星、环丙沙星饮水投服。真菌病如曲霉菌病，可用制霉菌素、硫酸铜等饮水投服治疗。病毒病如传染性支气管炎、传染性喉气管炎等，虽然对抗生素药物无效，但有时为了防止细菌继发感染，可适当使用抗生素与抗病毒及一些抗病毒的中草药，如板蓝根、大青叶、金银花等。

（4）常见寄生虫病防治。因许多昆虫，诸如蚂蚱、蚂蚁、家蝇、蚯蚓等是鸡寄生虫的中间宿主，鸡啄食后容易感染寄生虫病而导致重大经济损失。为此，应加强散养坝上长尾鸡寄生虫病的防治工作。

散养鸡常见的寄生虫病有鸡赖利绦虫病、仔鸡蛔虫病。积极的预防工作是防止寄生虫病的关键。具体措施如下：①一般散牧 20~30 天后，就要进行第一次驱虫，相隔 20~30 天再进行第二次驱虫。驱虫主要是指驱除体内寄生虫，如蛔虫、绦虫等。可使用驱蛔灵、左旋咪唑或丙硫苯咪唑。第一次驱虫每只鸡用驱蛔灵半片，第二次驱虫每只鸡用驱蛔灵 1 片。可在晚上直接口服或把药片研成粉末，与晚餐的全部饲料拌匀进行喂饲。一定要仔细将药物与饲料拌得均匀，否则容易产生药物中毒。第二天早晨要检查鸡粪，看看是否有虫体排出，然后要把鸡粪清除干净，以防鸡啄食虫体。如发现鸡粪里有成虫，次日晚餐可用同等药量再驱虫 1 次，以求彻底将虫驱除。②经常清扫栖息舍内的粪便及垫草，并定点堆积发酵，以杀死虫卵。③加强饲养管理。保持鸡舍干燥、通风，定期彻底消毒；经常观察鸡群动态，做到"早发现，早治疗"；防止鸡群受到雨淋与兽害；合理调整精料的质量，增强机体的抵抗力。一旦发现寄生虫病例后，要及时采取治疗措施。

（5）细心观察鸡群。要做到五勤，勤观察、勤喂料、勤捡蛋、勤给水、勤清理。每天投料、喂水、捡蛋时，还要仔细观察鸡群的神态、食欲、饮欲，粪便等，若发现精神委顿、食欲不振的鸡也应及时挑出，做好进一步的检查和治疗。妥善处理病死鸡，做好消毒工作。同时还应随时注意周围地区疫病发生情况，以便及时采取相应措施。

（6）严格发病鸡处置及治疗措施。有鸡发病时，应立即隔离，单独饲养，采取救治措施，不能将病鸡和健康鸡同群饲养。因病死亡或不明原因死亡的鸡，应立即进行深埋处理，不能随意丢弃，更不能丢到交通要道上或水源地。对大群发病的鸡群，及时找技术人员诊治，做到早发现早治疗。

二、夏季

坝上长尾鸡属蛋用为主的蛋肉兼用型鸡种，因主要分布于河北北部的承德、张家口的坝上地区而得名，具有抗严寒、耐粗饲、适应性强等特点。张家口市主要分布在张北、沽源、康保等县。

坝上长尾鸡成年公鸡体重 1 700 克以上，成年母鸡体重 1 200 克以上。母鸡 7~10 月龄，体重达 1~1.5 千克开始产蛋。在高海拔、低气温、粗放型散养条件下，第一年平均产蛋 90~130 枚，第二年平均产蛋 120~140 枚，第三年与第一年持平，平均蛋重 47 克。蛋壳多为黄褐色，少数为白色，蛋壳厚，不易破裂，不易受细菌感染，耐贮存。蛋黄为深黄色，颜色深度达 10 级左右，含脂肪高，蛋黄面凸起、完整、有韧性，蛋白澄清、透明、黏稠。由于坝上地区粮食作物少，产量低，坝上长尾鸡主要是放牧饲养，自行觅食适量补饲。夏秋草盛季节，鸡只几乎终日活动于莜麦垄和草丛中，即使冬、春季节，只要不刮大风，地面无积雪，依然活动于田地、草滩上。长期的粗放管理，形成了体形较小，体质健壮，活泼好动，行动灵活，飞翔力、觅食力、抗病力和逃避天敌能力强，远距离户外活动范围广，抗严寒、耐粗饲、适应性强等特点。

夏季气候炎热，很容易对坝上长尾鸡的生产造成影响，加之舍内或室外地面潮湿、污浊，各种病原微生物极易生长繁殖，诱发各种呼吸道及肠道疾病，从而使鸡群发病率增高，食欲下降，采食量减少，饮水量增加，粪便变稀，且蛋重变小，蛋壳变薄，破蛋率增加，产蛋量下降，给鸡群生产带来影响。要想鸡群健康生产，带来经济效益，夏季饲养须注意以下几点。

（一）防暑降温

长尾鸡最适宜的环境温度为 13~20℃，若温度高于 29℃，则产蛋量下降 10%~20%；37.8℃时，鸡有中暑的危险。因此，防暑降温是夏季饲养的关键，具体办法如下。

（1）降温。在鸡舍的向阳面搭设遮阳网，避免阳光直射；鸡舍外墙粉刷成白色可反射一部分阳光，减少热量的吸收；在自然通风条件较差的情况下，可直接向鸡舍内喷洒凉水降温；在鸡舍周围种草植树，减少反射热。

（2）及时清粪。鸡粪易发酵产生热，而且散发有害气体，每天早晚各清扫一次鸡舍，保持舍内清洁干燥。

（3）通风换气。将鸡舍窗户全部打开，有条件的可在鸡舍内安装风扇，以提高空气对流，确保舍内凉爽。

（4）减少密度。散养密度应按宜稀不宜密的原则，一般每亩林地散养 250 只左右，密度过大草虫等饵料不足，增加精料饲喂量，影响鸡肉、蛋的口味，同时饲养密度大，不利于鸡体散热，诱发各种疾病；密度过小，浪费资源，生态效益低。舍内饲养一般每平方米饲养 5 只左右为宜，室外散养一般以每群 200~300 只为宜，每群间隔 50 米，采用全进全出制。

（5）延长采食时间、增加饮水次数和每日饲料供应。每天天一亮就放鸡，傍晚延长采食时间，保证清洁饮水，提高日粮的营养含量，增加每日精料和优质青绿饲料的供应，满足长尾鸡的体能消耗和产蛋需求。

（二）调整日粮

长尾鸡群因夏季高温，造成采食量减少，所以要合理调整日粮，更好地满足鸡群的营养需要，早晚应多喂蛋白质较高的、能量较低的日粮，饲料中适当增加蛋白质和维生素的比例，全面满足长尾鸡对蛋白质、矿物质、维生素的需求，蛋白质可增加

2%~3%，在特别高热期间，饮水中添加小苏打和维生素 A、维生素 E 的用量，减轻因呼吸过快而发生的呼吸性碱中毒，饲料中添一些中草药来缓解或治疗热应激。饲料要少喂勤添，饲槽要保持清洁，以免影响鸡的食欲下降或引起肠胃疾病，注意观察蛋壳的颜色，适当增加预混料的配比，这样有利于减少热应激，提高产蛋率和蛋的品质。

（三）钙质补充

为使长尾母鸡高产和降低蛋的破损率，产蛋期应经常检查钙的供应情况。产蛋期日粮中含钙量要保持在 3.2%~3.5%，在高温或产蛋率高的情况下，含钙量可加到 3.6%~3.8%，但进一步提高对产蛋不利。目前普遍采用贝壳粉和石粉作钙源，日粮中贝壳粉和石粉的配合以 2∶1 较为适宜，这样蛋壳强度最好。另外，在钙源充足的情况下出现蛋壳缺陷时，还应考虑钙、磷之间的比例和维生素 D_3 的含量是否合适。一般在日粮中含钙量 3%~3.5% 的情况下，磷以 0.45% 为最佳，而维生素 D_3 的标准为维生素 A 标准的 10~12 倍最好。

（四）给鸡群饮充足的清凉深井水

通常长尾鸡的饮水量平均每只 200~300 毫升，水温以 10℃ 左右为宜，夏季舍外水管埋好，避免外露，防止因太阳直射造成水温升高，保证全天饮水充足，并保持饮水清洁，同时可在饮水中加入盐以维持机体对无机盐的需求，鸡群若断水 24 小时，产蛋量下降 30%，需要 25~30 天才能恢复，若断水 30 小时以上，鸡群就会有大量羽毛脱落，所以在夏季高温季节必须要保证长尾鸡清洁充足的饮水，最好能饮用清凉深井水。

（五）加强鸡舍和厂区卫生和消毒工作

（1）夏季高温季节工作重点是消灭蚊虫、苍蝇，搞好舍内、舍外及厂区卫生，减少各种传染疾病的发生。

（2）鸡舍按时清粪，1 周清粪 3 次，保证舍内环境清洁卫生。

（3）做好鸡舍及厂区内外的消毒工作。合理有效的消毒措施是维持鸡群健康的重要保证，主要作用有：一是可以给鸡群降温，二是可以降低鸡舍空气中的粉尘、氨气和病原微生物的含量。通过消毒可杀死鸡舍细菌与病毒，所以坚持每天带鸡消毒 1 次。搞好鸡舍消毒的同时，厂区主要道路、长尾鸡经常集中聚集的地方，实行每天消毒 1 次，特别针对进出车辆作严格的消毒处理，尽量避免各种传染病的发生。

（4）水线消毒，1 周水线内消毒 1 次。

（六）按时做好鸡群免疫工作

夏季适合各种病原微生物及寄生虫繁殖，加之高温应激，导致机体对疾病的抵抗力减弱，是长尾鸡常见病的多发季节。因此要做好防疫隔离，除按时进行鸡新城疫、霍乱、鸡瘟等疫苗注射外，还要定期消毒鸡舍，切断病原传播途径。每隔 7~10 天用抗毒碱、来苏尔等消毒 1 次，发病期间每日消毒 1 次。要定期在饲料中添加适量环丙沙星、氟哌酸等抗生素，增强机体对疾病的抵抗力。

第十一章　鸭养殖技术

第一节　雏鸭的饲养管理

0~4周龄的鸭称为雏鸭。雏鸭绒毛稀短，体温调节能力差；体质弱，适应周围环境能力差；生长发育快，消化能力差；抗病力差，易得病死亡。雏鸭饲养管理的好坏不仅关系雏鸭的生长发育和成活率，还会影响鸭场内鸭群的更新和发展、鸭群以后的产蛋率和健康状况。

一、及时分群，严防堆压

雏鸭在"开水"前，应根据出雏的大小、强弱分开饲养。笼养的雏鸭，将弱雏放在笼的上层、温度较高的地方。平养的要将强雏放在育雏室的近门口处，弱雏放在鸭舍中温度最高处。第二次分群是在吃料后3天左右，将吃料少或不吃料的放在一起饲养，适当增加饲喂次数，比其他雏鸭的环境温度提高1~2℃。对患病的雏鸭要单独饲养或淘汰，以后可根据雏鸭的体重来分群，每周随机抽取5%~10%的雏鸭称重，未达到标准的要适当增加饲喂量，超过标准的要适当减少饲喂量。

二、从小调教下水，逐步锻炼放牧

下水要从小开始训练，千万不要因为小鸭怕冷、胆小、怕下水而停止。开始1~5天，可以与小鸭"点水"（有的称"潮水"）结合起来，即在鸭篓内"点水"，第5天起，就可以自由下水活动了。注意每次下水上来，都要让它在无风温暖的地方梳理羽毛，使身上的湿毛尽快干燥，千万不可带着湿毛入窝休息。下水活动，夏季不能在中午烈日下进行，冬季不能在阴冷的早晚进行。

5日龄以后，即雏鸭能够自由下水活动时，就可以开始放牧。开始放牧宜在鸭舍周围，适应以后，可慢慢延长放牧路线，选择理想的放牧环境，如水稻田、浅水河沟或湖塘、种植荸荠、芋芳的水田，种植莲藕、慈姑的浅水池塘等。放牧的时间要由短到长，逐步锻炼。放牧的次数也不能太多，雏鸭阶段，每天上下午各放牧1次，中午休息。每次放牧的时间，开始时20~30分钟，以后慢慢延长，但不要超过1.5小时。雏鸭放牧水稻田后，要到清水中游洗一下，然后上岸理毛休息。

三、搞好清洁卫生，保持圈窝干燥

随着雏鸭日龄增大，排泄物不断增多，鸭篓和圈窝极易潮湿、污秽，这种环境会使雏鸭绒毛沾湿、弄脏，并有利于病原微生物繁殖，必须及时打扫干净，勤换垫草，保持篓内和圈窝内干燥清洁。换下的垫草要经过翻晒晾干，方能再用。育雏舍周围的环境，也要经常打扫，四周的排水沟必须畅通，以保持干燥、清洁、卫生的良好环境。

四、建立稳定的管理程序

蛋鸭具有集体生活的习性，合群性很强，神经类型较敏感，其各种行为要在雏鸭阶段开始培养。例如，饮水、吃料、下水游泳、上岸理毛、入圈歇息等，都要定时、定地，每天有固定的一整套管理程序，形成习惯后，不要轻易改变，如果改变，也要逐步进行。饲料品种和调制方法的改变也如此。

第二节 育成鸭的饲养管理

育成鸭一般指5~16周龄的青年鸭。育成鸭饲养管理的好坏，直接影响产蛋鸭的生产性能和种鸭的种用价值。育成鸭具有生长发育快、羽毛生长速度快、器官发育快、适应性强等特点。育成阶段要特别注意控制生长速度和群体均匀度、体重和开产日龄，使蛋鸭适时达到性成熟，在理想的开产日龄开产，迅速达到产蛋高峰，充分发挥其生产潜力。

育成鸭的整个饲养过程均在鸭舍内进行，称为圈养或关养。圈养鸭不受季节、气候、环境和饲料的影响，能够降低传染病的发病率，还可提高劳动效率。

一、加强运动

鸭在圈养条件下适当增加运动可以促进育成鸭骨骼和肌肉的发育，增强体质，防止过肥。冬季气温过低时每天要定时驱赶鸭在舍内做转圈运动。一般天气，每天让鸭群在运动场活动两次，每次1~1.5小时；鸭舍附近若有放牧的场地，可以定时进行短距离的放牧活动。每天上下午各2次，定期驱赶鸭子下水运动1次，每次10~20分钟。

二、提高鸭对环境的适应性

在育成鸭时期，利用喂料、喂水、换草等机会，多与鸭群接触。如喂料的时候，人可以站在旁边，观察采食情况，让鸭子在自己的身边走动，遇有"娇鸭"静伏在身旁时，可用手抚摸，久而久之，鸭就不会怕人，也提高了鸭子对环境的适应能力。

三、控制好光照

舍内通宵点灯，弱光照明。育成鸭培育期，不用强光照明，要求每天标准的光照时间稳定在8~10小时，在开产以前不宜增加。如利用自然光照，以下半年培育的秋鸭最为合适。但是，为了便于鸭子夜间饮水，防止因老鼠或鸟兽走动时惊群，舍内应通宵弱光照明。如30平方米的鸭舍，可以安装一盏15瓦灯泡，遇到停电时，应立即点上有玻璃罩的煤油灯（马灯）。长期处于弱光通宵照明的鸭群，一遇突然黑暗的环境，常引起严重惊群，造成很大伤亡。

四、加强传染病的预防工作

育成鸭时期的主要传染病有两种：一是鸭瘟，二是禽霍乱。免疫程序：60~70 日龄，注射 1 次禽霍乱菌苗；100 日龄前后，再注射 1 次禽霍乱菌苗。70~80 日龄，注射 1 次鸭瘟弱毒疫苗。对于只养 1 年的蛋鸭，注射 1 次即可；利用两年以上的蛋鸭，隔 1 年再预防注射 1 次。这两种传染病的预防注射，都要在开产以前完成，进入产蛋高峰后，尽可能避免捉鸭打针，以免影响产蛋。以上方法也适用于放牧鸭。

五、建立一套稳定的作息制度

圈养鸭的生活环境比放牧鸭稳定，要根据鸭子的生活习性，定时作息，制订操作规程。形成作息制度后，尽量保持稳定，不要经常变更。

六、选择与淘汰

当鸭群达到 16 周龄的时候可以对鸭群进行一次选择，将有严重病、弱、残的个体淘汰，因为这些鸭性成熟晚、产蛋率低、容易死亡或成为鸭群内疾病的传播者。如果是将来作种鸭的，不仅要求选留的个体要健康、体况发育良好，而且体形、羽毛颜色、脚蹼颜色要符合品种或品系标准。

第三节　蛋鸭的饲养管理

母鸭从开始产蛋到淘汰（17~72 周龄）称为产蛋鸭。

一、饲养

（一）饲料配制

圈养产蛋母鸭，饲料可按下列比例配给：玉米粉 40%、麦粉 25%、糠麸 10%、豆饼 15%、鱼粉 6.2%、骨粉 3.5%、食盐 0.3%，另外，还应补充多种维生素和微量元素添加剂。也可以根据养鸭户的能力和条件做一些替换饲料，如缺少鱼粉，可捕捞小杂鱼、小虾和蜗牛等饲喂，可以生喂，也可以煮熟后拌在饲料中喂。饲料不能拌得太黏，达到不沾嘴的程度就可以。食盆和水槽应放在干燥的地方，每天要刷洗 1 次。每天要保证供给鸭充足的饮水，同时，在圈舍内放一个沙盆，准备足够、干净的沙子，让母鸭随便吃。

（二）饲喂次数及饲养密度

饲养中注意不要让母鸭长得过肥，因为肥鸭产蛋少或不产蛋。但是，也要防止母鸭过瘦，过瘦也不产蛋。每天要定时喂食，母鸭产蛋率不足 30% 时，每天应喂料 3 次；产蛋率在 30%~50% 时，每天应喂料 4 次；产蛋率在 50% 以上时，每天喂料 5 次。鸭夜间每次醒来，大多都会去吃料或去喝水。因此，对产蛋母鸭在夜间一定要喂料1次。对产蛋的母鸭要尽量少喂或者不喂稻糠、酒糟之类的饲料。在圈舍内饲养母鸭，饲养的数量不能过多，每平方米6只较适宜，如有30平方米的房子，可以养产蛋鸭180只左右。

二、圈舍的环境控制

圈舍内的温度要求在10～18℃。0℃以下母鸭的产蛋量就会大量减少，到-4℃时，母鸭就会停止产蛋。当温度上升到28℃以上时，由于气温过热，鸭吃食减少，产蛋也会减少，并会停止产蛋，开始换羽。因此，温度管理的重点是冬天防寒，夏天防暑。在寒冷地区的冬天，产蛋母鸭圈舍内要烧火炉取暖，以提高舍内温度。要给母鸭喝温水，喂温热的料，增加青绿饲料，如白菜等，以保证母鸭的营养需要。另外，要减少母鸭在室外运动场停留的时间。夏季天气炎热时，要将鸭圈的前后窗户打开，降低鸭舍内的温度，同时，要保持鸭圈舍内的干燥，不能向地面洒水。

三、不同阶段的管理

（一）产蛋初期（开产至200日龄）和前期（201～300日龄）

不断提高饲料质量，增加饲喂次数，每日喂4次，每日每只150克料。光照逐渐加至16小时。本期内蛋重增加，产蛋率上升，体重要维持开产时的标准，不能降低，也不能增加。要注意蛋鸭初产习性的调教。设置产蛋箱，每天放入新鲜干燥的垫草，并放鸭蛋作"引蛋"，晚上将产蛋箱打开。为防止蛋鸭晚间产蛋时受伤害，舍内应安装低功率节能灯照明。这样经过10天左右的调教，绝大多数鸭便去产蛋箱产蛋。

（二）产蛋中期（301～400日龄）

此期内的鸭群因已进入高峰期而且持续产蛋100多天，体力消耗较大，对环境条件的变化敏感，如不精心饲养管理，难以保持高产蛋率，甚至引起换羽停产，因而这也是蛋鸭最难养的阶段。此期内日粮中的粗蛋白质水平比产蛋前期要高，达20%；并特别注意钙的添加，日粮含钙量过高影响适口性，为此可在粉料中添加1%～2%的颗粒状钙，或在舍内单独放置钙盆，让鸭自由采食，并适量喂给青绿饲料或添加多种维生素。光照时间稳定在16小时。

（三）产蛋后期（401～500日龄）

产蛋率开始下降，这段时间要根据体重与产蛋率来定饲料的质量与数量。如体重减轻，产蛋率80%左右，要多加动物性蛋白；如体重增加，发胖，产蛋率还在80%左右，要降低饲料中的代谢能或增喂青料，蛋白保持原水平；如产蛋率已下降至60%左右，就要降低饲料水平，此时再加好料产蛋量也不能恢复。80%产蛋率时保持16小时光照，60%产蛋率时加到17小时。

（四）休产期的管理

产蛋鸭经过春天和夏天几个月的产蛋后，在伏天开始掉毛换羽。自然换羽时间比较长，一般需要 3~4 个月，这时母鸭就不产蛋了，为了缩短换羽时间，降低喂养成本，让母鸭提早恢复产蛋，可采用人工强制的方法让母鸭换羽。

第四节　肉鸭的饲养管理

肉鸭分大型肉鸭和中型肉鸭两类。大型肉鸭又称快大鸭或肉用仔鸭，一般养到 50 天，体重可达 3.0 千克左右；中型肉鸭一般饲养 65~70 天，体重达 1.7~2.0 千克。

肉用仔鸭从 4 周龄到上市这个阶段称为生长育肥期。根据肉用仔鸭的生长发育特点，进行科学的饲养管理，使其在短期内迅速生长，达到上市要求。

一、舍饲育肥

育肥鸭舍应选择在有水塘的地方，用砖瓦或竹木建成，舍内光线较暗，但空气流通。育肥时舍内要保持环境安静，适当限制鸭的活动，任其饱食，供水不断，定时放到水塘活动片刻。这样经过 10~15 天育肥饲养，可增重 0.25~0.5 千克。

二、放牧育肥

南方地区采用较多，与农作物收获季节紧密结合，是一种较为经济的育肥方法。通常一年有三个肥育饲养期，即春花田时期、早稻田时期、晚稻田时期。事先估算这三个时期作物的收获季节，把鸭养到 40~50 日龄，体重达到 2 千克左右，在作物收割时期，体重达 2.5 千克以上，即可出售屠宰。

三、填饲育肥

（一）填饲期的饲料调制

肉鸭的填肥主要是用人工强制鸭子吞食大量高能量饲料，使其在短期内快速增重和积聚脂肪。当体重达到 1.5~1.75 千克时开始填肥。前期料中蛋白质含量高，粗纤维也略高；而后期料中粗蛋白质含量低（14%~15%），粗纤维略低，但能量却高于前期料。

（二）填饲量

填喂前，先将填料用水调成干糊状，用手搓成长约 5 厘米、粗约 1.5 厘米、重 25 克的剂子。一般每天填喂 4 次，每次填饲量为：第 1 天填 150~160 克，第 2~3 天填 175 克，第 4~5 天填 200 克，第 6~7 天填 225 克，第 8~9 天填 275 克，第 10~11 天填 325 克，第 12~13 天填 400 克，第 14 天填 450 克，如果鸭的食欲好则可多填，应根据情况灵活掌握。

（三）填饲管理

填喂时动作要轻，每次填喂后适当放水活动，清洁鸭体，帮助消化，促进羽毛的生长；舍内和运动场的地面要平整，防止鸭跌倒受伤；舍内保持干燥，夏天要注意防暑降温，在运动场搭设凉棚遮阴，每天供给清洁的饮水；白天少填晚上多填，可让鸭在运动场上露宿；鸭群的密度为前期每平方米 2.5~3 只，后期每平方米 2~2.5 只；始终保持鸭舍环境安静，减少应激，闲人不得入内；一般经过 2 周左右填肥，体重在 2.5 千克以上便可出售上市。

第三部分　果树产业篇

第十二章　苹果栽培技术

第一节　选用良种

目前，我国从国外引进和选育的栽培品种有 250 个，用于商品栽培的主要品种只有 20 个左右。早熟品种主要有早捷、藤牧 1 号、新嘎拉、珊夏等；中晚熟品种主要有元帅系、津轻、金冠、新乔纳金等；晚熟品种主要有着色富士系、王林、澳洲青苹等。

第二节　苹果周年生产技术

一、萌芽期

萌芽前整地、中耕除草。全园喷 1 次杀菌剂，可选用 10%果康宝、30%腐烂敌或腐必清、3~5 波美度石硫合剂或 45%晶体石硫合剂。

花芽膨大期，对花量大的树进行花前复剪；追施氮肥，施肥后灌 1 次透水，然后中耕除草。丘陵山地果园进行地膜覆盖穴贮肥水。

花序伸出至分离期，按间距法进行人工疏花，同时，除去所留花序中的部分边花。全树喷 50%多菌灵可湿性粉剂（或 10%多抗霉素、50%异菌脲）加 10%吡虫啉。上年苹果棉蚜、苹果瘤蚜和白粉病发生严重的果园，喷 1 次毒死蜱加硫黄悬浮剂。

随时刮除大枝、树干上的轮纹病瘤、病斑及腐烂病和干腐病和干腐病病皮，并涂腐殖酸铜水剂（或腐必清、农抗 120、843 康复剂）杀菌消毒。

二、开花期

人工辅助授粉或果园放蜂传粉，壁蜂授粉。

盛花期喷 1%中生菌素加 300 倍硼砂防治霉心病和缩果病；喷保美灵、高桩素以端正果形，提高果形指数；喷稀土微肥、增红剂 1 号促进苹果增加红色；花量过多的果园进行化学疏花。

对幼旺树的花枝采用基部环剥或环割，提高坐果率。

三、幼果期

花后及时灌水 1~2 次。结合喷药，叶面喷施 0.3%尿素或氨基酸复合肥、0.3%高效钙 2~3 次。清耕制果园行内及时中耕除草。

花后 7~10 天，喷 1 次杀菌剂加杀虫杀螨剂。可选用 50% 多菌灵可湿性粉剂（或70% 甲基硫菌灵）加入四螨嗪或三唑锡。花后 10 天开始人工疏果，疏果须在 15 天内完成。疏果结束后，果实套袋前 2~3 天，全园喷 50% 多菌灵可湿性粉剂（或 70% 代森锰锌可湿性粉剂、50% 异菌脲可湿性粉剂）加入 25% 除虫脲或 25% 灭幼脲、20% 氰戊菊酯。施药后 2~3 天红色品种开始套袋，同一果园在 1 周内完成。监测桃小食心虫出土情况，并在出土盛期地面喷布辛硫磷或毒死蜱。

夏季修剪。应及时疏除萌蘖枝及背上徒长枝，对果台副梢和结果组中的强枝摘心，对着生部位适当的背上枝、直立枝进行扭梢。

四、花芽分化及果实膨大期

采用 1∶2∶200 波尔多液与多菌灵、甲基硫菌灵、代森锰锌等杀菌剂交替使用。防治轮纹病、炭疽病，每隔 15 天左右喷药 1 次，重点在雨后喷药。斑点落叶病病叶率30%~50% 时，喷布多抗霉素或异菌脲。未套袋果园视虫情继续进行桃小食心虫的地面防治，然后在树上卵果率达 1%~1.5% 时，喷联苯菊酯或氯氟氰菊酯或杀铃脲悬浮剂，并随时摘除虫果深埋。做好叶螨预测预报，每片叶有 7~8 头活动螨时，喷三唑锡或四螨嗪。腐烂病较重的果园，做好检查刮治及涂药工作。

春梢停长后，全园追施磷钾肥，施肥后浇水，以后视降水情况进行灌水。实行覆盖制对果园进行覆盖，清耕制果园灌水后及时中耕除草，果园刈割后覆盖树盘。晚熟品种在果实膨大期可追一次磷钾肥，并结合喷药叶面喷施 2~3 次 0.3% 磷酸二氢钾溶液。

提前进行销售准备工作。早熟品种及时采收并施基肥。

继续做好夏季修剪工作。山地果园进行蓄水，平地果园及时排水。

五、果实成熟与落叶期

采收前 20~30 天红色品种果实摘除果袋外袋，经 3~5 天晴天后摘除内袋。同时（采前 20 天），全园喷布生物源制剂或低毒残留农药，如 1% 中生菌素或百菌清或 27% 铜高尚悬浮剂，用于防治苹果轮纹病和炭疽病。树干绑草把诱集叶蛾。果实除袋后在树冠下铺设反光膜，同时，进行摘叶、转果。秋剪疏除过密枝和徒长枝，剪除未成熟的嫩梢。

全园按苹果成熟度分期采收。采前在苹果堆放地，铺 3 厘米细沙，诱捕脱果做茧的桃小食心虫幼虫。采后清洗分级，打蜡包装。黄色品种和绿色品种可连袋采收。拣拾苹果轮纹病和炭疽病的病果。

果实采收后（晚熟品种采收前）进行秋施基肥。结合施基肥，对果园进行深翻改土并灌水。检查并处理苹果小吉丁虫及天牛。

落叶后，清理果园落叶、枯枝、病果。土壤封冻前全园灌冻水。

六、休眠期

根据生产任务及天气条件进行全园冬季修剪。结合冬剪，剪除病虫枝梢、病僵果，刮除老粗翘皮、枝干病害的病瘤、病斑，将刮下的病残组织及时深埋或烧毁。然后全园喷 1 次杀菌剂，药剂可选用波尔多液、农抗 120 水剂、菌毒清水剂或 3~5 波美度石硫合剂或 45%晶体石硫合剂。

　　进行市场调查。制定年度果园生产计划，准备肥料、农药、农机具及其他生产资料，组织技术培训。

第十三章　梨栽培技术

第一节　梨园建立

梨园应选择较冷凉干燥，有灌溉条件交通方便的地方，梨树对土壤适应性强，以土层深厚，土壤疏松肥沃、透水和保水性强的沙质壤土最好。山地、丘陵、平原、河滩地都可栽植梨树，山区、丘陵以选向阳背风处最好。山地、丘陵梨园沿等高线栽植，定植前必须对定植行进行深翻改土，做好水土保持工程后再栽苗。

第二节　梨树周年管理技术

一、休眠期

制定果园管理计划。准备肥料、农药及工具等生产资料，组织技术培训。

病虫害防治。刮树皮，树干涂白。清理果园残留病叶、病果、病虫枯枝，集中烧毁。

全园冬季整形修剪。早春喷布防护剂等防止幼树抽条。

二、萌芽期

做好幼树越冬的后期保护管理。新定植的幼树定干、刻芽、抹芽。根基覆地膜增温保湿。

全园顶凌刨园耙地，修筑树盘。中耕、除草。生草园准备播种工作。

及时灌水和追施速效氮肥。宜使用腐熟的有机肥水（人粪尿或沼肥）结合速效氮肥施用，满足开花坐果需要，施肥量占全年 20% 左右。按每亩定产 2 000 千克，每产 100 千克果实应施入氮 0.8 千克、五氧化二磷 0.6 千克、氧化钾 0.8 千克的要求，每亩施猪粪 400 千克，尿素 4 千克，猪粪加 4 倍水稀释后施用，施后全园春灌。

芽鳞片松动露白时全园喷 1 次铲除剂，可选用 3~5 波美度石硫合剂或 45% 晶体石硫合剂。梨大食心虫、梨木虱为害严重的梨园，可加放 10% 吡虫啉可湿性粉剂 2 000 倍液消灭越冬和出蛰早期的害虫及防治梨大食心虫转芽。在根部病害和缺素症的梨园，挖根检查，发现病树，及时施农抗 120 或多种微量元素。在树基培土、地面喷雾或树干涂抹药环等阻止多种害虫出土、上树。

花前复剪。去除过多的花芽（序）和衰弱花枝。

三、开花期

注意梨开花期当地天气预报。采用灌水、熏烟等办法预防花期霜冻。

据田间调查与预测预报及时防治病虫害。喷 1 次 20%氰戊菊酯乳油 3 000 倍液或 10%吡虫啉可湿性粉剂 2 000 倍液，防治梨蚜、梨木虱。剪除梨黑星病梢，摘梨大食心虫、梨实蜂虫果，利用灯光诱杀或人工捕捉金龟子、梨茎蜂等害虫。悬挂性诱捕器或糖醋罐，测报和诱杀梨小食心虫。落花后喷 80%代森锰锌可湿性粉剂 800 倍液防治黑星病。梨木虱、梨实蜂严重的梨园加喷 10%吡虫啉可湿性粉剂 1 000~1 500 倍液。

花期放蜂、喷硼砂，人工授粉，疏花疏果。

四、新梢生长与幼果膨大期

生长季节可选用异菌脲可湿性粉剂 1 000~1 500 倍液等防治黑星病、锈病、黑斑病。选用 10%吡虫啉可湿性粉剂 2 000 倍液或苏云金芽孢杆菌、浏阳霉素等防治蛾类及其他害虫。及时剪除梨茎蜂虫梢和梨实蜂、梨大食心虫等虫果，人工捕杀金龟子。

果实套袋。在谢花后 15~20 天，喷施 1 次腐殖酸钙或氨基酸钙，在喷钙后 2~3 天集中喷 1 次杀菌剂与杀虫剂的混合液，药液干后立即套袋。

土肥水管理。树体进入"亮叶期"后施肥，土施腐熟有机肥水（人粪尿或沼液等）或速效氮肥，适当补充钾肥（如草木灰等），其用量为猪粪 1 000 千克、尿素 6 千克、硫酸钾 20 千克，并灌水，并根据需要进行叶面补肥。同时，进行中耕锄草，割、压绿肥，树盘覆草。

夏季修剪。抹芽、摘心、剪梢、环割或环剥等调节营养分配，促进坐果、果实发育与花芽分化。

五、果实迅速膨大期

保护果实，注重防治病虫害。病害喷施杀菌剂，如 1∶2∶200 波尔多液、异菌脲（扑海因）可湿性粉剂 1 000~1 500 倍液等。防虫主要选用 10%吡虫啉可湿性粉剂 2 000 倍液、20%灭幼脲 3 号 25 克/亩、1.2%烟碱乳油 1 000~2 000 倍液、2.5%鱼藤酮乳油 300~500 倍液或 0.2%苦参碱 1 000~1 500 倍液等。

追施氮、磷、钾复合肥（土施）。施入后灌水，促进果实膨大。结合喷药多次根外补肥。干旱时全园补水，中耕控制杂草，树盘覆草保墒。

继续夏季修剪。疏除徒长枝、萌蘖枝、背上直立枝，对有利用价值和有生长空间的枝进行拉枝、摘心。幼旺树注意控冠促花，调整枝条生长角度。

吊枝和顶枝。防止枝条因果实增重而折断。

六、果实成熟与采收期

红色梨品种。摘袋透光，摘叶、转果等促进着色。

防治病虫害，促进果实发育。喷异菌脲可湿性粉剂 1 000~1 500 倍液，同时，混合代森锰锌可湿性粉剂 800 倍液等。果面艳丽、糖度高的品种采前注意防御鸟害。

叶面喷沼液等氮肥或磷酸二氢钾。采前适度控水，促进着色和成熟，提高梨果品种。采前 30 天停止土壤追肥，采前 20 天停止根外追肥。

果实分批采收。及时分级、包装与运销。清除杂草，准备秋施基肥。

第十四章　核桃栽培技术

第一节　品种选择

优良品种是发展核桃产业的重要物质基础。当前，国内重点推广的并适宜南方地区种植的核桃优良品种有以下两类。

晚实类优良品种：晋龙1号（山西）、礼品1、2号（辽宁）、川核系列。

早实类优良品种：中林1号、香玲、丰辉、鲁光、绿波、新早丰、温185、陕核1号、西林1号等。

第二节　园地选择

在地势开阔，背风向阳的地带选择土层0.8米以上、肥沃、保水、透气、微酸性至微碱性，地下水位在2米以下的壤土或沙壤土园地建园为好。

第三节　栽植技术

一、栽植密度

在土质良好，肥力较高的地方，采用5米×7米或6米×8米的密度；在土层较薄、肥力较低的山坡地，采用4米×6米或5米×7米的密度。

二、整地

坡度小于100°的缓坡地，可于秋冬季沿等高线挖100厘米×100厘米×80厘米的栽植穴；坡度100°~250°的坡地，可先筑水平梯带，带宽2~3米，带内定点挖80厘米×80厘米×60厘米的栽植穴。每穴施腐熟的农家肥（厩肥、堆草、渣肥等）20千克及磷肥0.5~1千克，与表土混匀填入栽植穴中下部。回填时表土放在下面，心土放在上面。

三、栽植

核桃在11月至翌春萌动前都可以栽植。栽植前应先修剪伤根、烂根和过长的主侧根。如根系失水，可先放入水中浸泡半天或进行泥浆蘸根处理，使根系充分吸水。栽植时按苗木根系大小挖开穴土，放入苗木，舒展根系，做到苗正根舒。再按"三埋二踩一提苗"的方法，分层填土踏实，使根系与土壤紧密结合，浇足定根水，待水渗下后再填一层细土。栽植深度以超过苗木根颈原土痕处 2~5 厘米为宜。

第四节　整形修剪

一、树形

核桃一般适宜两种树形，主干型和开心型。

二、修剪要点

核桃树修剪一般宜在秋季落叶前或春季展叶初期进行，以减少伤流，避免营养物质损失。盛果前的幼树，主要以培育树形为主，在选留主、侧枝的基础上，采用短截、疏除等方法，培养辅养枝，促发新枝，培育结果枝。盛果树主要是疏除、回缩过密枝，细弱枝和下垂枝，保持各细枝条均匀分布，旺盛生长，培养各级结果枝组，增大结果面，促进丰产稳产。衰老树重度回缩各级骨干枝，刺激隐芽（潜伏芽）萌发新梢，更新树冠和培养新结果枝组。

第五节　土壤肥水管理

一、土壤管理

定植后至结果前的幼龄树应及时除草松土，每年除草 2~3 次，松土可结合除草进行，也可在雨后土壤疏松时进行，松土深度为 5~15 厘米。成龄核桃园的土壤管理主要是翻耕土壤，促进土壤熟化，改良土壤结构。翻耕时期在每年秋冬季结合施基肥进行，沿树冠滴水线向外扩挖深 40 厘米、宽 50 厘米的圆形或条状沟，然后将基肥和表土放入沟底并混匀，心土覆盖在上面。

二、肥料管理

施肥主要有基肥和追肥两种形式。基肥主要以迟效性农家肥为主，如厩肥，堆肥、饼肥等，又称底肥。追肥是对基肥的一种补充，主要在树体生长期施入，以速效肥为主，以满足核桃树某一生长阶段对养分的大量需求。

在结果前的 1~5 年间，每年施肥量为：氮肥 100~500 克，磷、钾肥各为 20~100 克。全年施肥 2~3 次，第 1 次在展叶初期（3 月中下旬）进行，以速效氮肥为主，施肥量占全年施肥量的 30%~35%；第 2 次在 5 月下旬进行，以氮、磷、钾复合肥为主，施肥量占全年施肥量的 25% 左右；第 3 次在 10 月中旬至 11 月上旬，以腐熟农家肥为主，结合翻耕土壤进行，施肥量占全年施肥量的 40%~45%。

核桃树进入结果期后，施肥量也要相应增加，在增施氮肥的同时，注意增施磷钾肥。结果树每年施肥3~4次，第1次在3月中下旬，施氮肥150~200克和适量磷肥，第2次在6月中旬前后，以氮、磷、钾复合肥为主，各施200克左右；第3次在7月中下旬，果实硬核期进行，施复合肥200~300克，第4次在果实采收后至11月上旬进行，主要以农家肥为主，每株施30~50千克，适当配施氮肥和磷肥。

在核桃生长期（5—8月）还可以进行叶面喷肥，在缺水少肥地区尤为适用。叶面肥主要是0.3%~0.5%的尿素液、0.5%~1%的过磷酸钙液。

三、水分管理

核桃萌动和发芽抽梢期（3—4月）、开花后至果实膨大期（6月前后）、花芽分化至硬核期（7—8月），如遇干旱要及时灌水。建在平坦处或低洼地的核桃园，应提前挖好排水沟，遇园地积水时须迅速排出。

第十五章　桃栽培技术

第一节　定　植

选大小基本一致，根系多、无病虫害、芽饱满的苗木，把侧根剪平滑，浸在1%的硫酸铜溶液中5分钟，再放到2%石灰液中浸2分钟。按定植穴栽植，栽植深度以苗圃地根颈痕迹处为标准，太深苗木长势不旺。根系要舒展，苗木要直立，做到"一提二踩三封土"，栽后及时浇水。定植时间因不同地区而异，在冀南地区一般在3月下旬定植。如果苗较弱，为防止抽条可套细塑料袋保湿，提高成活率。

第二节　定植后的当年管理

一、整形修剪

温室桃的特点是密度大、树冠小、生长期长、生长量大。在整形上第一年不强求树形，但要求有足够的枝量，为翌年丰产打下基础，至于树形，3年内完成即可。

二、肥水管理

在肥水管理上要"前促后控"。"前促"是指在6月底以前，要求供足肥水，促进生长。定植成活后及时浇水，以后一直保持地面湿润，浇水时要追施氮肥，施肥量由少逐渐增多。"后控"指6月底以后要控水控肥，追肥要以磷钾肥为主。

三、促花技术

（一）多效唑促花

在6月底至7月初、7月底至8月初，各喷一次800~1000毫克/升多效唑，可抑制营养生长，促进花芽形成，特别注意在喷多效唑时，叶背面为主，叶正面为辅，喷至叶片滴水为宜。

（二）人工促花

在喷多效唑之前，根据整形的要求，对主枝拉枝，调整主枝角度。在7—8月剪除密挤枝，对背上旺长枝要及时疏除或拉枝改变角度，还可通过拿枝软化、拧梢等措施促花。在冀南地区7月下旬至8月下旬要随时调整枝条密度，否则枝条生长不健壮，花芽发育不充实，影响翌年产量。

四、秋施基肥

施肥时间在 9 月中旬最为理想。早秋施基肥，翌年在果实发育期施肥区域根系分布很多，对肥料利用率高；晚秋施基肥，在果实发育期施肥处根系分布较少，对肥料利用率低。

施肥种类：有机肥 4 000~5 000 千克，过磷酸钙 100 千克，氮磷钾复合肥 50 千克。

五、冬季修剪

采取长枝修剪技术，主枝上每 15~20 厘米留一个长果枝，空间大时适当多留，剪除密挤枝、细弱枝、徒长枝。剪完后每亩留枝量 7 000~7 500 个长果枝，另外，适当留一些中短果枝。

六、灌冻水

上冻前浇一次水。

第三节 撤膜后的管理

一、更新修剪

需冷量在 700~800 小时的桃品种，在冀南地区 4 月中旬果实采收，在大连地区 4 月上旬采收。果实采果后在单位面积内树体已形成，空间基本占满，但撤棚后与露地有同样的生长时间，如果不采取更新修剪，势必造成严重郁闭。更新修剪是指将树冠内绝大部分枝梢剪掉，促其重新生长的修剪方法。

二、采果后土肥水管理

结合采后重剪，进行一次挖沟施肥。在行间挖 30 厘米宽、30~40 厘米深的沟，沟内施用腐熟的有机肥，每亩 4 000~5 000 千克，再掺入氮、磷、钾复合肥 50 千克。施肥后全园灌透水，然后松土。以后根据天气情况，适时灌水并做好雨季排水。

三、夏季管理

（一）定梢

更新修剪后 10 天左右，在小橛上长出许多新梢，待新梢长至 5~10 厘米时，进行定梢，同时，要及时抹除骨干枝上的萌蘖。

（二）喷多效唑

在新梢平均长至 30~35 厘米时，喷 800~1 000 毫克/升多效唑，4 周后再喷 1 次，共喷 2~3 次。

第十六章　脐橙栽培技术

脐橙是柑橘的品种之一，属多年生常绿果树，品质优良、无籽多汁、色泽鲜艳。福安市地处中亚热带，属海洋性季风气候，光照充足，高温多雨，相对湿度较大，是脐橙生产的适宜区，其种植面积非常广阔。同时，随着人民生活水平的不断提升，人们对果品质量要求越来越高，发展无公害脐橙已成必然趋势。

第一节　建　园

园地要选择环境优美，周边生态环境良好，无污染源，土壤肥沃深厚，水田地下水位低，土层厚；山坡地坡度在30°以下，易于排灌，交通便利。选择山体南面、土质疏松、透气良好的轻质沙壤土作为脐橙种植园更好。在这样的园地上种出的果实不但果大皮薄，肉质细嫩，而且味道特别甜美，品种的优良特性可以得到最大限度表达，据测可溶性固形物可达16%以上，固酸比可达30∶1，甜酸非常适口。确保园地交通方便，水源充足，修筑必要的道路、排灌和蓄水、附属建筑等设施，营造防护林。同时，选用耐高温多湿、抗逆性强的良种栽培，如纽荷尔、华盛顿、52、福本、朋娜、卡拉卡拉、塔罗科等优良品种。

第二节　栽　植

建园后全园深翻20厘米，按株行距3米×4米挖定植坑，规格为1立方米，先将杂草、绿肥等粗有机肥加适量钙镁磷肥和石灰填入穴底，每立方米再用猪、牛栏粪50千克拌土平坑，最后用1千克腐烂厩肥加0.5千克复合肥，拌细土垒培高出土面20～30厘米的方形定植堆。种植时将苗木根系摆布均匀，分层舒展，然后填土压实浇足定根水。

第三节　土肥水管理

一、土壤管理

脐橙在生长过程中对土壤的理化性质要求较高，需肥量大，为此必须改良土壤，补充土壤养分，做到年年扩穴改土，于秋梢停长后进行，在树冠滴水线，挖两条宽60厘米，深50厘米扩穴沟，逐年向外扩展。扩穴改土用绿肥、杂草、秸秆等40千克，石灰 1.5 千克，磷肥 1 千克，饼肥 5 千克，腐熟有机肥 20 千克，土肥拌匀回填。

果园间作套种可以提高土地利用率，以短养长，并抑制杂草生长，培养地力。种植的间作物和草类应与脐橙无共性病虫，浅根、矮秆，以豆科作物、禾本科牧草为宜，如大豆、西瓜、百喜草、黑麦草等。适时刈割翻埋于土壤中和覆盖于树盘。在高温干旱季节，用果园中割的杂草或秸秆覆盖树盘，厚度为 15～20 厘米，覆盖物要距主干约 10 厘米；在冬寒前要对树根进行培土，培土高度 8～10 厘米，埋住根茎，翌春需及时扒开。

每年夏秋季节中耕 2～3 次，确保土壤疏松无杂草，中耕深度 8～15 厘米，雨季不宜中耕。

二、肥料管理

1. 幼树施肥

掌握勤施薄施原则，以氮肥为主，配合磷、钾肥。全年施肥 4～6 次，春、夏、秋梢抽生前半个月施 1 次促梢肥，株施腐熟有机肥 0.5 千克，复合肥 0.3 千克。每次新梢自剪后，追施 1～2 次壮梢肥。随着树龄增大，逐年加大施肥量，同时配合根外追肥。

2. 结果树施肥

以多施有机肥，合理施用无机肥为原则。一般年施肥 3～4 次，亩施基肥 2 500 千克，钙镁磷肥 100 千克，追肥（以人畜粪尿、沼液为主）2 000 千克，加适量复合肥、尿素等 150 千克。水肥在根前开环状沟淋施，干肥在树冠滴水线边缘开对称浅沟施用，每次位置轮换并逐渐外移。

3. 水分管理

脐橙在春梢萌动及开花期和果实膨大期对水分敏感，此期发生干旱应及时灌溉。雨季及时清淤，疏通排灌系统，做到雨停水干。

第四节 整形修剪

一、幼树

树形采用自然圆头开心形，苗木定干高度 60～70 厘米，主干高度 40～50 厘米。选留三个分布均匀、着生角度合理、生长势较强的新梢作主枝，其余枝条除少数留作辅养枝外全部抹去，采用拉枝或立支柱的方式，使主枝分枝角呈 30°～50°。翌年春梢抽生后，每个主枝上选留 1～2 个相互错开的枝条作副主枝，同时选留一定量的侧枝作辅养枝，副主枝与主干呈 60°～70°。幼树时期尽量轻剪或避免修剪，以增加枝梢密度和叶面积，使幼树提早结果，修剪时尽量采取抹芽、摘心、放梢等手段，除短截主枝、副主枝的延长枝外，其余枝均保留。新梢长 3～5 厘米时，疏除过密新梢；新梢长至 8～10 片叶时摘去顶端，促其老熟；秋梢一般不摘心，以免萌发晚秋梢。

二、结果树

及时回缩结果枝组、落花落果枝组和衰弱枝组，适当疏去过密新梢，控制夏梢，剪除病虫枝、枯枝和交叉枝。对于当年抽生的夏、秋梢营养枝，通过短截部分枝梢，调节翌年产量，防止大小年结果；对于较拥挤的骨干枝实行大枝修剪，开"天窗"，使树冠保持通风透光。

第五节　花果管理

一、保花保果

根据树体营养状况，花期使用微肥和营养元素进行保花保果，在盛花期至幼果期喷施叶面营养液肥 2~3 次，可用 0.2% 尿素加 0.2% 磷酸二氢钾加 0.1% 硼砂混合液喷施，以提高脐橙坐果率，提高产量。禁止高浓度，多次使用生长调节剂保果。

二、控花疏果

树势弱的树，在花期要适度疏去部分花量，特别是无叶花，使之适量挂果，同时，通过培肥，促发健壮枝梢，恢复树势。强枝适当多留花，弱枝少留或不留，有叶花多留，无叶花少留或不留，抹除畸形花等。人工疏果即在生理落果后，疏除小果、病虫果、畸形果。

第六节　果实套袋

在生理落果结束后，经疏果、喷药后及时选择生长正常、健壮的果实进行套袋。选择具有抗水、透气性良好的专用袋对果实进行套袋保护，在果实采收前 15 天左右对其进行摘袋。

第七节　病虫害防治

无公害优质脐橙病虫害防治过程中，应大力推广农业防治、生物防治和物理防治综合技术措施。农业防治如选用抗病性强的品种、合理间作套种、冬季果园深翻及清园、抹梢控梢、加强土肥水管理、增强树势等。物理防治主要利用害虫的趋光性和趋化性进行诱杀，种植户在夏季果园悬挂频振式杀虫灯，对诱杀卷叶蛾、象鼻虫、金龟子等害虫有着显著效果。生物防治主要推广使用生物制剂防治害虫，或对害虫天敌进行保护，实现病虫害防治，如通过捕食螨以及食螨瓢虫等有效防治叶螨。此外，使用农药防治应禁止施用高残留、高毒农药，合理使用高效、低毒、低残留无污染的农药，以确保脐橙达到绿色无公害果品的要求。

第十七章　砂糖橘栽培技术

砂糖橘又称十月橘，主要种植于广东省广宁、四会一带，因味道鲜美、口感清甜而受到广泛欢迎。目前，广西壮族自治区（全书简称广西）也正在大量种植砂糖橘，当地气候温暖降水量充沛，具有较好的种植条件。随着人们生活水平的提高，砂糖橘因其养颜、清心、助消化等功效而受到越来越多人的欢迎，销售价格越来越高，销路越来越广，是近几年发展速度较快的一种农产品。因此，农户种植砂糖橘时，要重点关注高产栽培技术，从而提高砂糖橘的产量。

第一节　气候条件要求

砂糖橘对气温具有较高的要求，要求年平均气温在18~21℃，最低气温不能低于-5℃。砂糖橘根系较浅，不耐干旱和渍水。因此，对降水量有一定的要求，年降水量最好在1 250~2 050毫米。

例如，钟山县地处东经110°58′~111°31′、北纬24°17′~24°46′，处于热带与亚热带季风气候过渡地带，这一特殊的地理位置使其兼有两者的气候特征，但偏向于大陆性气候，形成了钟山县独有的"光热丰富，雨量充沛，温凉合度，寒暑适宜；夏长春短，季节分明；夏涝秋旱，雨水不均；春迟秋早，冬季霜雪；雨热同季，冬干春湿"的气候特点。因此，可以给砂糖橘种植提供较好的气温和降雨条件。

第二节　土壤选择

砂糖橘对土壤要求不高，在大多数土质中均可正常生长。但是如果要使砂糖橘具有产量高、生长快、结果早等特点，那么种植土壤必须要求土质疏松、营养丰富、保温性能强，并且种植地要具有灌排性能好、交通方便、旱地、冲槽地等特点。

第三节　品种选择

砂糖橘易感染黄龙病、溃疡病等病害，因而在选择品种时，要选择种性较好、生长健壮的品种，最好选择高度40厘米以上、主根比较粗壮、茎粗0.3~0.5厘米侧根较多的砂糖橘苗木。另外，还可以根据实际需求选择亲和性较强的砧木。若要使砂糖橘苗树早熟且矮化，砧木最好选择枳壳；若要使砂糖橘晚熟树干直立，则砧木最好选择酸橘。

第四节　种　植

一般情况下，砂糖橘种植密度为 3 000~4 500 株/公顷，行株距为 2.0 米×1.5 米或 2.0 米×1.0 米；在山地种植时，种植密度为 1 500 株/公顷，行株距为 3 米×2 米。种植时间为 2—3 月，尽量选择土质比较肥沃疏松的河边冲积土。砂糖橘的根系不能与未完全腐熟的有机肥直接接触，避免烧伤根系，影响生长。种植前，要将苗树上部分枝叶剪去，以降低水分的蒸发量，可以剪去主根，保留须根，用新鲜的黄泥土蘸根，有条件的可以在蘸根时加入少许生根粉。在种植过程中，种植坑要浅，苗树垂直放入坑中，使其须根自行舒展，然后填土，压实，在树盘上覆盖稻草、杂草等，浇足定根水。在种植后 1 个月之内，要适时淋水，保证苗树须根周围的土壤湿润。

第五节　幼苗期管理

一、肥水管理

种植 15 天以后，部分苗树开始发芽，40 天以后，浇淋腐熟的粪水，或者每株浇施 0.5%尿素水溶液 1~2 勺，浇施次数为 1~2 次。未重新生根发芽的苗树不能太早施肥。随着苗树生长天数的增加，要逐渐增加粪水的用量、浓度，同时，在粪水中加入适量尿素。种植翌年，施肥次数可以减少，但同时要增加化肥与粪水的用量。

二、整形修剪

砂糖橘树形通常采用自然开心形。定植以后，保留 3 条主枝，3 条主枝之间的角度成 120°，主干与主枝之间的角度成 40°。如果 2 个主枝之间的角度较小，可以用绳子将其拉大，直到主枝定型以后将绳子去除。如果主枝成熟，则可以保留 35 厘米的长度，多余部分截掉；在裁剪副主枝时，可以根据扩大冠幅且对下部枝条不遮挡的原则进行。单独的直立长枝要及时剪去，保留弱枝，使其成为副枝。因为砂糖橘生长速度较快，且枝叶茂盛，所以要定期进行整形修剪，通常每株砂糖橘苗树保留 3~4 条新梢即可。

第六节　成园期施肥管理

一、春梢肥

春梢肥通常在 2 月施入，具体技术措施如下。

结果树以速效肥为主，栽植时间较短的苗树主要施梢前肥和梢后肥。如果遇到干旱，要及时灌水，避免因干旱对春梢和花序的生长与发育产生影响。

加强根外施肥的力度，结果树通常选择硼砂、酸铵等肥料，需要喷肥 2 次，每隔 7

天喷 1 次。

结果树处于结果盛期时，要疏除多余的春梢；新种植的苗木如果没有足够的春梢，可以根据"去零留整"的原则进行 1~2 次抹芽，从而保证春梢的生长。

疏除多余花序。

二、谢花小果肥

谢花小果肥一般在砂糖橘结果谢花时施入，有利于提高坐果率。施肥量根据结果量而定，结果多则多施，结果少则少施。谢花小果肥以复合肥为主，施肥量为 0.2~0.5 千克/株。此外，对夏枝的萌发量要进行有效控制，避免与果实竞争营养。

三、秋梢肥

砂糖橘全年最后一个生长高峰期即为秋梢期，这个时期需要大量肥料，施肥量占全年总需肥量的 30%~40%，因为此时果实要进行二次生长，需要大量养分，并且秋梢生长也需要大量养分。这一时期根系需要吸收大量养分，既要给新梢生长提供养分，又要给果实二次膨大提供养分。因此，一旦养分不足，秋季受天气影响，根系缺乏活力，不能吸收足够的养分，秋梢容易出现"秋黄"。

四、采前（后）肥

如果砂糖橘果树树势轻弱挂果率较低，可以在摘果前后施 1 次速效肥，促进果树生长和花芽分化。如果砂糖橘果树生长健壮，则不需要再对其进行施肥。采果完成以后，要全园培土 1 次，对根系较浅的果树有良好的保护作用，可以安全过冬。

第七节　病虫害防治

一、黄龙病

黄龙病对砂糖橘具有严重的为害性，目前还没有有效的防治药剂。该病的主要特征表现为树冠上部叶片全部变黄，染病叶片以中脉为中心线，出现黄绿相间且不规则的斑驳病斑 4 个。

防治措施：栽植时要选择脱毒苗，加强对蚜虫和木虱的防治，并且对病害要及时发现并进行治理。

二、炭疽病

该病的主要特征表现为患病叶片出现红霉点，呈轮状。

防治措施：在 4—5 月和 8—9 月，要加强药剂防治，可以使用 70%托布津 600~800 倍液喷洒；果树在幼龄期可以喷 0.5% 等量波尔多液 1 次；还要加强冬季果园清理力度。

三、潜叶蛾

该虫害以幼虫钻食叶肉，使叶片卷缩。

防治措施：在新梢长到 1 厘米时喷 24% 万灵水乳油 1 500~2 000 倍液、5% 绿福 1 000~1 500 倍液防治，每隔 5 天喷 1 次，喷 2 次即可。

四、蚧类虫

红蜡蚧、吹绵蚧、盾蚧等几种蚧类虫害对砂糖橘果树有较大的影响，发生蚧类虫以后会导致果实产量大幅下降，并且还会引发煤烟病。

防治措施：5—6 月是第 1 代幼虫生长高峰期，此时可以连续喷洒 2 次蚧杀特和速扑杀 1 500 倍液防治。

第十八章　柚子栽培技术

柚子又名文旦、香栾、朱栾、内紫等，柚子是芸香科植物柚的成熟果实，产于我国福建、江西、广东、广西等南方地区。柚子清香、酸甜、凉润，营养丰富，药用价值很高，是人们喜食的水果之一，也是医学界公认的最具食疗效果的水果，柚子茶和柚子皮也都具实用价值。

第一节　定　植

一、定植密度

柚子长势旺，树冠大，嫁接树6~7年即进入盛果期，因此成片栽植密度不宜过密。20°以上的坡地，亩栽45株；10°~20°的坡地，亩栽40株；10°以下的缓坡地，亩栽35株左右。柚树喜欢温暖、潮湿、需肥水，要求土层深厚肥沃，柚树要特别注意栽在土壤较为肥后、水分较充足的土壤或者水源条件好的地方。

二、定植时间

一般以春秋雨季为宜，春季2月底至4月下旬；秋季9月中旬至10月中旬。有条件的，其他季节也可定植，但不宜在冬季底温和夏季伏旱条件下定植。

三、定植密度

株行距4米×4米或者4米×5米，一般亩栽40株左右，也可矮化，密植，亩栽50~60株。

四、定植方法

1. 定植前

挖1米见方的大坑，施足大量有机肥和适量磷肥做底肥，并回土高出地面20~30厘米。

2. 定植时

将苗木轻轻放于穴中，以松碎土栽植，用手把根团周围细泥压实，嫁接口露出地面。

3. 定植后

理好窝盘高出地面20厘米，灌足定根水。

第二节　土壤耕作

一、深翻扩穴，熟化土壤

深翻改土，熟化土壤必须从建园开始，逐年扩大。幼树可在树外围挖环形沟，分年深耕。成年柚园可在树冠外围挖条沟状深沟，深 0.5，宽 0.7 米，分层埋施绿肥等有机肥和无机肥，也可隔年、隔行或者每株每年轮换位置深翻。

二、大种绿肥，用地养地

大种绿肥覆盖地面，夏季可防止冲刷，降低土温，增加空气湿度和抑制杂草，同时可以增加土壤有机质，提高土壤肥力。如果间种豆科、蔬菜等，还可增加早期效益，其茎秆、残枝败叶覆盖并翻入土种，增加土壤有机质。

三、中耕培土

中耕时结合除草，一般每年中耕 3~4 次，即在冬季采果后，夏季或者秋季，结合播种、间作各中耕 1 次。中耕深度 10~15 厘米（结合间作播种，适当加深），越近树干越浅，以免损失大根，培土宜在干旱季节来临前或者冬天采果后进行。在缓坡地带，3~4 年培土 1 次，在坡度大、冲刷严重的地方，隔年培土 1 次。

第三节　施　肥

幼树树小，根幼嫩，宜勤施薄施，一年可施 5~6 次，对结果树一般要施 4 次肥，即还阳肥、催芽肥、稳果肥和壮果肥。

一、还阳肥（基肥）

在采果前后施，其施肥量占全年施肥量的一半，应施大量的绿肥、堆肥、圈粪、饼肥等迟效肥，并配合速效氮肥和磷肥。

二、催芽肥（花前肥）

一般在 2—3 月进行，这次肥应以速效氮肥为主，主要施用人畜粪，适当结合施用尿素。

三、稳果肥

在 6 月落果前半个月施速效氮肥和磷肥，可施用腐熟人畜粪，喷施过磷酸钙 1% 浸出液。

四、壮果肥

6月中下旬施用，施速效性氮肥和磷钾肥。

第四节　灌溉与排水

柚树周年常绿，枝梢年生长量大，挂果期长，叶大果大，对水分的要求高。栽培柚树必须通过灌溉来保证其水分要求，进行灌溉时要根据柚树各个物候期对水分的需要与当时干旱情况而定。总的来说，其全年的生长发育过程都需要适量的水分，特别是春芽萌发和开花期、果实生长盛期最为敏感，有春旱伏旱，这时必须进行灌溉。地势较低，地下水位高的地方或者雨季注意排水，在雨季来临前或者暴雨季节应随时检查柚园排水系统，及时修整疏导，做到排水畅通无阻。

第五节　整形修剪

柚树树势强盛，树体高大，幼龄期在肥水充足条件下，顶端优势强，枝梢生长直立，容易形成主干明显树形，新梢多而强盛，结果后枝条因果重而下垂，枝条向下弯曲，致树形成伞状，光照不易透入树冠内部而枝衰果小，柚树的结果母枝大部分都在树冠内部，为二年生的无叶枝（俗称爪爪）。根据柚树的生长结果特性，生产上宜选用"变侧主干形"和自然"开心形"，干高宜为40~60厘米，主枝间隔30~40厘米，共培养5~6个主枝。修剪柚树时应做到"顶上重，四方轻，外围重，内部轻"，即在树冠四周枝叶密集处，修剪疏稀，顶部枝条重剪，内部枝条轻修剪，使树冠内部光照良好，结果多而品质好，一般树冠内部3~4年生侧枝上的较纤细的无叶枝，是优良的结果母枝，必须注意保留。在树冠外围过长或者扰乱树形、影响树势均衡的侧枝，应注意疏剪与短截，达到通风透气的目的。

第六节　柚子的病虫害防治

一、柚子的病害防治

柚子的主要病害有黄龙病、溃疡病、疮痂病、炭疽病，其防治方法同柑橘，可以参照应用。溃疡病对柚子为害比较严重。溃疡病由细菌引起，主要侵害新梢、嫩叶和幼果，形成近圆形、木栓化、表面粗糙、黄褐色、直径0.3~0.5厘米的溃疡斑，引起落叶、落果，影响生长和产量，降低果实外观和内在质量。防治方法以预防为主，综合治理，严格检疫制度，建立无病母本园、采穗圃和育苗基地，防止病苗出圃，发病园地应采取综合措施防治。

1. 彻底清园

采收后剪除病枝、病叶，清理病果落果，就地烧毁。清园后全面喷洒石硫合剂，消灭越冬病源。

2. 每次抽梢期及时防治传染病源的害虫

如潜叶蛾和恶性叶虫等。每次新梢露顶后（自剪前）及花谢后每隔 10 天、30 天、50 天喷 1 次药。可选药物有 1∶2∶100 倍量的波尔多液，每毫升 600~1 000 单位的农用链霉素加 1%乙醇溶液、50%代森锌水剂 500~800 倍液、50%退菌特粉剂 500~800 倍液等。

二、柚子的虫害防治

柚子主要虫害有红蜘蛛、锈壁虱等螨类，矢尖蚧、褐圆蚧等蚧类，柑橘潜叶蛾，吉丁虫类等。

1. 螨类防治方法

可用 73%的克螨特乳油 2 000~4 000 倍液、50%的三唑环锡 1 500~2 000 倍液、20%三氯杀螨醇乳油 800~1 000倍液喷洒。

2. 蚧类防治方法

可在幼虫发生期连续喷洒 20%杀灭菊酯乳油 3 000 倍液 1~2 次。

3. 柑橘潜叶蛾防治方法

可在大多数新梢长到 0.5~1.0 厘米时开始每隔 5~10 天喷 1 次 25%溴氰菊酯 2 500~3 000倍液或 40%水胺硫磷 800~1 000倍液。

4. 吉丁虫类防治方法

可在成虫羽化盛期而未出洞前，刮光树干已死树皮，用 1∶1 的 40%乐果乳油加煤油涂在被害处，成虫出洞高峰期，用 80%的敌敌畏乳油 1 000 倍液或 90%敌百虫 1 000~1 500 倍液喷射树冠。

第十九章　冬枣栽培技术

冬枣是一种口感甜脆且营养价值较高的晚熟鲜食品种，深受消费者与种植户的青睐。近年来，随着栽培面积不断扩大，相应的种植管理要求也越来越高。因此，本文以冬枣无公害丰产栽培概述为切入点，重点分析其技术要点，以期为冬枣种植户们提供一定的技术参考，切实提升冬枣的经济价值。

第一节　大棚管理

一、大棚类型

无公害大棚可选用水泥檩条、镀锌铁管等进行构建，通常无公害冬枣种植选用的是全竹竿大棚，其具有构造简单、建设容易、采光良好、经济实惠等特点，有利于冬枣提升产量与品质、无公害程度等。虽前期投入较高，但是后续可反复使用，且管理费用较低。也可选用钢管与混凝土进行大棚搭建，虽一次性投资较大，并不利于反复使用，但种植空间较大且较为牢固。

二、大棚管理

大棚搭建区域最好选在排灌水条件较好的沙壤土地，棚膜可使用无滴膜，并确保棚膜幅与幅之间有压茬，每一组竿中间压膜线应将竹竿压紧、压实，同时注意预留大棚通风口。扣棚时应以早通风、慢升温为原则，可选择2月平均温度在4~5℃的晴天进行，若遇到倒春寒、雪天等情况则需要推迟一周左右的时间再进行扣棚。棚内栽植冬枣株行距应为每亩230株最为适宜。

扣棚后棚内的光照时间一般在6~7小时，5—6月最长，为11~13小时。升温后，在后续的大棚管理中，应注意针对冬枣不同发育时期进行温度与湿度的控制，如萌芽前期应保持昼温15~18℃，夜温不能低于7℃，抽枝展叶和花芽分化需要17~18℃，19℃以上逐渐现蕾，20℃以上开始开花，22~25℃进入盛花期，相对湿度70%~80%；盛花期则应保持昼温22~35℃，夜温15~18℃，相对湿度70%~85%；果实发育期需保持昼温25~30℃，相对湿度小于60%等。

第二节　栽培管理

一、施肥管理

冬枣是耐旱性较差，需肥量、需水量较大的一个品种。因而，在进行施肥管理时应以有机肥为主进行无公害栽培，秋期冬枣采摘后到落叶前需要施入基肥，在种植过程中可辅以合氮磷钾复合肥、中微量元素肥进行定期施肥，进入追肥阶段可适当补充稀有元素肥。着重增强冬枣果树的营养水平、结果能力与坐果率。

二、浇水管理

在扣棚之前结合秋季基肥应进行大面积深度灌溉。若遇严重旱情，须进行紧急渗灌、滴灌等多次、少量的浇水作业，严禁大水漫灌，导致沤棚现象。也可利用水肥一体技术进行管理，有效避免缩果、落果的现象，从而达成丰产目标。

三、花期管理

在冬枣花期到来之前，进行抹芽、拉枝、摘心等处理，配合环剥进行疏果工作。在授粉阶段，可在棚内放蜂，大大提高授粉率的同时可以获得高品质的无公害枣花蜜，一举两得。蜂箱需放置在距离大棚 100～200 米处，可以有效提升 80%～200% 的坐果率。需要注意的是，在进入花初期后直到盛花期，都需要大棚保持高温。因此，需要重点关注大棚温湿度与浇水管理。

四、采收管理

冬枣采收不可像其他枣类使用杆振法、乙烯利催落的方法。前者会造成果实粉碎性创伤，难以贮藏且不利于运输；后者会造成冬枣果实脱水，果肉失去脆嫩质地，严重降低冬枣质量和品质。因此，冬枣要适时采收，当着色指数达到 20% 时，可根据实际用途进行人工采收，利用高凳、软面且光滑的盛放容器，切忌暴力揪拉，同时应避开清晨露水未干时，避免出现裂果现象。

第三节　病虫害管理

一、农业防治技术

主要是需要将落叶、病残体、落果、杂草等及时带出大棚再进行销毁。冬季、早春害虫羽化前，在冬枣树周围深挖 10～20 厘米清理越冬蛹虫，还可起到一定的松土作用。对冬枣树形依据其栽种密度进行修剪，及时处理茂密枝条，保证通风、透光性。有条件的地方还可在土地封冻前进行灌冻水措施。

二、物理与生物防治技术

可利用黑光灯诱杀成虫；或在害虫化蛹之前在枣树主干、分叉处扎草束，诱集幼虫聚集后将草束一同烧毁。

生物防治方面，盛花期可在树盘内播撒白僵菌；在大棚内设置适量害虫天敌的食物，调节害虫种群密度。需要注意的是，生物防治技术需要谨慎使用，虽然十分有利于冬枣的无公害栽培，但若处理不当，会造成破坏该地区生物、生态平衡的严重问题。

三、化学防治技术

在大棚扣棚一周后与萌芽期前，各喷洒一次波美度石硫合剂，有效防治大棚内病虫越冬。在萌芽阶段也要及时调整温度在 15~20℃，配合杀螨剂、杀菌剂进行交替喷施。可选在上午进行喷施，从树冠开始一直喷施到底，对棚内病虫害进行有效封杀，最后喷施的药剂可通过水分自然蒸发。需要注意的是，在化学防治阶段，需要谨慎、科学地使用化学制剂，以免破坏冬枣的无公害属性。

第二十章　樱桃栽培技术

第一节　园地选择与规划

一、气候条件

大樱桃对气候条件要求是年平均气温 10℃以上，日均温度 10℃以上的日数在 150 天以上，冬季绝对低温不低于-20℃，年日照时数 1 200~2 800 小时。

二、土壤条件

大樱桃根浅，大部分分布在土壤表层，不抗旱，不耐涝，不抗风。大樱桃对土肥水管理要求较高，要求土质肥沃，水分适宜，透气性良好。

三、园地选择

选择地下水位低，不易渍水的地方，土壤 pH 值 6.0~7.5；选择没有霜冻为害或为害较轻的地方；选择土壤深厚、透气性较好，以及保水强的沙壤土和壤土；选择离水源较近、有水浇条件的地方，且周围环境、土壤未被污染。

四、园地规划

在选定的园地上，对栽植、排灌系统、作业道路以及养猪积肥等场地进行统一安排，以经济利用土地，充分发挥各种设施的效益。要营造好防护林，搞好栽植区的划分、道路的设置和排灌系统的设置。

第二节　栽　植

一、栽植方式与密度

栽植方式有长方形、正方形、三角形以及等高栽植等。长方形栽植，行距大于株距，其优点是通风透光良好，便于操作，也有利于间作，目前在生产上应用最普遍。

栽植密度依土壤、整形方式而定，密度多为 3 米×4 米或 3 米×5 米，每公顷栽植 667~834 株。

二、栽植技术

（一）定植时期

春、秋两季均可栽植。

（二）栽植方法

先挖好定植穴，穴的大小一般为 60~80 厘米见方。定植前先将表土填进坑里，再填有机肥 15~20 千克，并与土混合拌匀、踩实。栽苗时要将根系舒展开，嫁接口朝迎风方向，以防风折，栽植深度以根颈部与地面相平为宜。栽植后，在苗木周围培土作树盘，立即灌定根水，水要浸透，待水渗下后覆土，并要及时松土保墒或盖地膜，确保成活。

第三节 土肥水管理

一、土壤管理

（一）深翻扩穴

山区丘陵果园多半土层较浅，土壤贫瘠；平地果园，一般土层较厚但排水不畅，透气性差。深翻扩穴结合施有机肥可以加厚土层，改善透气性和土壤结构。深翻扩穴要从幼树开始，坚持年年进行。大樱桃采后时间较长，深翻扩穴应在秋季结合秋施基肥进行。山区丘陵果园可用半圆形扩穴法，平地和沙滩果园可用"井"字沟法深耕或深翻，分年完成。

（二）中耕松土

雨后和浇水后要中耕松土，中耕一般深 5~10 厘米，具体次数要依降水和浇水情况而定。中耕时要注意加高树盘土层，防止雨季渍涝。

（三）树盘覆草

覆草以夏季为好，樱桃根系较浅，覆草可降低高温对表层根系的伤害，还可起到保湿作用。但土质黏重的平地及涝洼地不宜提倡覆草。

（四）果园间作

幼树期间，可间作经济作物，一般以花生、豆类等矮秆作物为主，不宜间作小麦、甘薯、玉米等。间作时要留 1 平方米以上的树盘，大樱桃开始结果后，不宜再间作。

二、合理施肥

大樱桃需肥较为集中，贮藏养分至关重要，要特别重视秋施基肥，并抓住开花前后和采收后两个关键时期追肥。

（一）秋季基肥

大樱桃成熟早，采收早，落叶也较早，秋施基肥时间以早为好。一般在 9 月中旬至 10 月下旬落叶以前施入基肥。基肥早施有利于增加树体养分的贮备，施用量约占全年施肥量的 70%。施肥量应根据树龄、树势、结果多少及肥料种类而定。一般幼树长至初结果树株，施入粪尿 30~60 千克或猪圈粪 80 千克左右；盛果期大树株施入粪尿 60~90 千克或施猪圈粪 100 千克左右。基肥必须连年施用。

（二）追肥

土壤追肥主要在花果期和采果后进行。大樱桃花果期间追肥，盛果期大树一般每株施复合肥 1.5~2.5 千克或人粪尿 30 千克；采果后（一般 6 月中下旬至 7 月上旬）每株施人粪尿 60~70 千克或猪粪尿 100 千克、豆饼 2.5~3.5 千克、复合肥 1.5~2.0 千克。采用 6~10 条辐射沟或环状沟施肥法。根外追肥也集中在前期使用。萌芽前可喷 1 次 2%~4% 尿素；萌芽后到果实着色前可喷 2~3 次 0.3%~0.5% 的尿素；花期可喷 0.3% 硼砂 1~2 次。

三、灌溉与排水

一般每年要浇足花前水、硬核水、采后水和封冻水。大樱桃在硬核期（5 月初至 5 月中旬）10~30 厘米土层内的土壤田间持水量不能低于 60%，此次灌水量要大。采前 10~15 天，灌水应本着少量多次的原则。大樱桃怕涝，降水量大时，应注意及时排水。

第四节　整形修剪

一、整形方式

（一）自然开心形或多主枝丛状形

无中央领导干，干高 20~40 厘米，全树主枝 2~5 个，多数 3~4 个，开张角度 40°~45°，每主枝上有 3~5 个侧枝，均匀排列，单轴延伸，其上只留结果枝组。

（二）小冠疏层形

有中央领导干，干高 50 厘米左右，全树 6~8 个主枝，分 3~4 层。一般下层主枝较多，开张角度 60°左右；上层主枝较少，开张角度 45°左右。各层主枝上留 2~4 个侧枝，侧枝上可根据情况适当培养副侧枝，在各级骨干枝上，配备结果枝组。

（三）改良主干

具有中干，树冠整体与苹果树的自由纺锤形相似。干高 50~60 厘米，中干上配备 15~20 个单轴延伸主枝，开张角度近于水平，其上着生大量结果枝组，树高达 3 米左右时落头开心。

二、修剪

（一）休眠期修剪

休眠期修剪从 11 月中旬落叶开始至翌年 3 月中旬萌芽时结束，修剪时间一般以 2

月中下旬接近萌芽期修剪较为适宜。一般采用短截、缓放和缩剪的方法。

（二）生长期修剪

生长期修剪主要在新梢生长期和采果后这两段时间，新梢生长期可采取摘心、拉枝或环剥等措施抑制新梢旺长，促生分枝，增加枝量，促进花芽分化。采果后修剪多采用疏枝的办法，疏除过密、过强、紊乱树冠的多年生大枝。

第五节　花果管理

一、花期授粉

（一）人工授粉

采集与主栽品种亲和力高的品种的花粉，采花宜在铃铛花期进行。授粉在主栽品种盛花初期开始，人工授粉 2~3 次，可采用人工点授和授粉器授粉。

（二）昆虫授粉

主要有蜜蜂和壁蜂。在初花期人工放养，为大樱桃树授粉。

二、疏蕾和疏果

（一）疏蕾

疏蕾在开花前进行，主要疏除细弱果枝上的小花蕾和畸形花蕾。每个花束状果枝上，保留 2~3 个饱满壮花蕾即可。

（二）疏果

疏果一般在 4 月中下旬大樱桃生理落果后进行。一个花束状果枝留 3~4 个果实，最多 4~5 个，要把小果、畸形果和着色不良的下垂果疏除。

三、防止和减轻裂果

防止裂果除要选择不易裂果的品种外，建园时尽量选用沙壤土，要加强果实发育的后期管理，保持土壤湿度为最大持水量的 60%~80%。要小水勤浇，避免忽干忽湿，最宜采用穴贮膜技术，还可在采收前喷施钙盐，减少病虫为害和机械损伤。另外，还可用防雨棚防止裂果。

四、预防鸟害

鸟害是大樱桃的一大危害，每年因鸟害造成的减产要占到总产的 30% 左右。因此，大樱桃成熟时，要用防鸟网防护，或人工驱鸟。

第六节 病虫害综合防治

防治原则是以农业和物理防治为基础，生物防治为核心，按照病菌、虫害的发生规律和经济阈值，科学使用化学防治技术，有效控制病虫为害。

一、农业防治

采取剪除病虫枝、清除枯枝落叶、刮除树干翘皮、翻树盘、地面秸秆覆盖、科学施肥等措施抑制病虫害发生。

二、物理防治

根据害虫生物学特性，采取糖醋液、枝缠草绳和黑光灯等方法诱杀害虫。

三、生物防治

人工释放赤眼蜂，助迁和保护瓢虫、草蛉、捕食螨等天敌，利用昆虫性外激素干扰成虫交配。

四、化学防治

根据防治对象的生物学特性和为害特点，允许使用生物源农药、矿物源农药和低毒有机合成农药，有限度地使用中毒农药，禁止使用剧毒、高毒、高残留农药。

第七节 植物生长调节剂的使用

在大樱桃生产中应用的植物生长调节剂主要有赤霉素、细胞分裂素类及延缓生长和促进成花类物质等。允许有限度使用对改善树冠结构和提高果实品质及产量有显著作用的植物生长调节剂，禁止使用对环境造成污染和人体健康有危害的植物生长调节剂。

一、允许使用的植物生长调节剂及技术要求

主要允许使用的种类有苄基腺嘌呤、6-苄基腺嘌呤、赤霉素类、乙烯利、矮壮素、壮丰安等。技术要求为严格按照规定的浓度、时期使用，每年最多使用1次，安全间隔期为20天以上。

二、禁止使用的植物生长调节剂

主要有比久、萘乙酸、2，4-二氯苯氧乙酸（2，4-D）等。

第八节　果实的采收和包装

一、采收时期

采收时期一般根据各品种的果实生育期限确定，外运或贮藏的大樱桃，果实达八成熟时采收较合适。采收应在晴天露水干后的上午或傍晚气温较低时进行。

二、采收方法

大樱桃果实不耐贮运，不抗机械伤，采果篮要用纸铺好，采收时应保留果梗，轻拿轻放。树冠不同部位及每花序内的果实的成熟期有差异，须分批采收。

三、分级包装

大樱桃是果中珍品，采下的果实应先进行大包装，可用花条木制箱、纸箱、纸盒、塑料盒、塑料箱等。小包装（零售包装）一般采用纸或无毒硬塑制的盒或盘。

主要参考文献

苏燕生, 2017. 农业产业提升综合培训教材 [M]. 北京：中国农业科学技术出版社

孙德强, 于卿, 2014. 现代农业综合实用技术 [M]. 北京：中国农业大学出版社.

王晓成, 高彬, 田禾, 2018. 现代农业综合种植实用技术 [M]. 北京：中国农业科学技术出版社.

于艳利, 康凤, 冯晓友, 2018. 畜禽规模化养殖与疫病防治新技术 [M]. 北京：中国农业科学技术出版社.

张家口市农业科学院, 2006. 张家口市农业实用技术汇编 [M]. 北京：中国农业大学出版社.